本书作者委员会

主任

胡志超

副主任

易中懿

委员

谢焕雄	顾峰玮	吴　峰	陈有庆	张延化
王建楠	刘敏基	颜建春	高学梅	张会娟
彭宝良	王海鸥	曹明珠	吴惠昌	王　冰
吕小莲	于昭洋	王申莹	王伯凯	游兆延
严　伟	周德欢	林德志	姚礼军	陆永光

大田作物生产机械化技术丛书　国家科技支撑计划项目"大田作物机械化生产关键技术研究与示范"成果
"十三五"江苏省重点图书出版规划项目

胡志超 著

花生生产
机械化关键技术

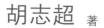

江苏大学出版社
JIANGSU UNIVERSITY PRESS

镇 江

图书在版编目(CIP)数据

花生生产机械化关键技术 / 胡志超著. — 镇江：
江苏大学出版社，2017.12
ISBN 978-7-5684-0654-3

Ⅰ. ①花… Ⅱ. ①胡… Ⅲ. ①花生—机械化栽培
Ⅳ. ①S233.75

中国版本图书馆 CIP 数据核字(2017)第 284439 号

花生生产机械化关键技术

Huasheng Shengchan Jixiehua Guanjian Jishu

著　　者/胡志超
责任编辑/吴蒙蒙
出版发行/江苏大学出版社
地　　址/江苏省镇江市梦溪园巷 30 号(邮编：212003)
电　　话/0511-84446464(传真)
网　　址/http://press.ujs.edu.cn
排　　版/镇江华翔票证印务有限公司
印　　刷/南京艺中印务有限公司
开　　本/718 mm×1 000 mm　1/16
印　　张/16.75
字　　数/333 千字
版　　次/2017 年 12 月第 1 版　2017 年 12 月第 1 次印刷
书　　号/ISBN 978-7-5684-0654-3
定　　价/68.00 元

如有印装质量问题请与本社营销部联系(电话：0511-84440882)

序

当前,我国农业资源与环境约束趋紧,发展方式粗放,农产品竞争力不强,农业劳动力区域性、季节性短缺,劳动力成本持续上升,拼资源、拼投入的传统生产模式难以为继。谁来种地、如何种地,成为我国现代农业发展迫切需要解决的重大问题。

机械化生产是农业发展转方式、调结构的重要内容,直接影响农民种植意愿和农业生产成本,影响先进农业科技的推广应用,影响水、肥、药的高效利用。2016年,我国农业耕种收综合机械化水平达到65%,农机工业总产值超过4 200亿元,成为全球农机制造第一大国,有效保障了我国的"粮袋子""菜篮子"。

与现代农业转型发展要求相比,我国关键农业装备有效供给不足,结构性矛盾突出。粮食作物机械过剩,经济作物和园艺作物、设施种养等机械不足;平原地区机械过剩,丘陵山区机械不足;单一功能中小型机械过剩,高效多功能复式作业机械不足,一些高性能农机及关键零部件依赖进口。同时,种养业全过程机械化技术体系和解决方案缺乏,农机农艺融合不够,适于机械化生产的作物品种培育和种植制度的标准化研究刚刚起步,不能适应现代农业高质、高效的发展需要。

"十二五"国家科技支撑计划项目"大田作物机械化生产关键技术研究与示范"针对我国粮食作物、经济作物和园艺作物农机农艺不配套问题,以农机化工程技术和农艺技术集成创新为重点,筛选适宜机械化的作物品种,优化农艺规范;按照种植制度和土壤条件,改进农业装备,建立机械化生产试验示范基地,构建农作物品种、种植制度、肥水管理和装备技术相互融合的机械化生产技术体系,不断提高农业机械化的质量和效益。

　　本系列丛书是该项目研究的重要成果,包括粮食、棉花、油菜、甘蔗、花生和蔬菜等作物生产机械化技术及土壤肥力培育机械化技术等,内容全面系统,资料翔实丰富,对各地机械化生产实践具有较强的指导作用,对农机化科教人员也具有重要的参考价值。

2017 年 5 月 15 日

前　言

花生是我国最具国际竞争力的优质优势油料作物,2016 年前花生在我国常年种植面积 7 000 多万亩,产量 1 700 万吨左右,面积全球第二大,产量第一大,总产约占全球的 40% 。近两年,随着我国农业供给侧结构性改革持续深入开展,花生种植面积较大幅度增加。

我国花生生产机械研发始于 20 世纪 60 年代,经过半个世纪的努力,在花生播种、收获、加工等环节上均开发出了科研样机或系列化产品,但播种、收获、干燥、脱壳环节机械性能和质量还不能完全满足生产要求,并且随着我国农村青壮年劳动力转移趋势加剧,农村劳动力结构性、季节性短缺等问题日益突出,产区农民对发展花生机械化的呼声越来越高,各生产环节机械化水平的持续提升将为我国花生产业健康发展发挥重要支撑作用。

本书从花生生产机械化最急需解决的播种、收获、干燥、脱壳关键技术研究入手,对与其机械化生产相关的花生生物、物理特性进行定量、定性分析与研究,并对各环节相关生产技术装备的研发现状进行了详细、系统的梳理和分析。播种环节,详细叙述了膜上打孔免放苗播种技术、花生膜上苗带压沟覆土免放苗播种技术和麦茬全量秸秆覆盖地花生免耕洁区播种技术所对应的设备整机及关键部件设计和试验示范效果,并着重阐述了我所自主研发的可一次性完成碎秸清秸、洁区播种、播后覆秸等功能的麦茬全量秸秆覆盖地花生免耕播种技术装备,目前相关技术已在主产区获得推广应用;收获环节,以市场应用最为广泛和最具代表性的分段收获和联合收获技术装备为研究对象,开展了整机及关键部件的相关设计和试验研究,其中包括我所自主研发的世界首台四行半喂入花生联合收获机和国内首台八行花生捡拾联合收获机,以及获国家技术发明二等奖的成果产品半喂入两行花生联合收获设备和 3 种花生分段收获设备等;干燥和脱壳是花生加工的重要和关键环节,本书着重阐述了箱式换向热风花生荚果干燥技术的相关理论研究,并开展了箱式热泵花生荚果干燥试验研究,为获得高效低损的种用花生脱壳设备,详细叙述了花生机械化脱壳主要形式及技术难点,并以市场上最常见的打击揉搓式花生脱壳设备为研究对象,开展了相关试验研究并进行了参数优化。

本书著者长期致力于农业技术装备研发工作,现任国家花生产业技术体系机械研究室主任,并受聘为"农业部主要农作物生产全程机械化推进行动专家指导组花生组"组长、"农业部农机化科技创新收获机械化专业组"组长,具有丰富的理论知识和实践经验。本书是著者及其团队成员近年来在花生生产机械化技术领域深入研究和对相关文献进行系统归纳总结基础上形成的,可为科研、教学及相关农业技术人员提供参考。

本书的完成得到了农业部南京农业机械化研究所各位领导和农产品收获与产后加工工程技术研究中心全体同仁的鼎力支持与无私帮助,在此向他们致以崇高的敬意和真诚的感谢! 由于著者水平所限,书中难免有不到之处,敬请广大读者不吝指正。

著 者

2017 年 8 月 10 日

目 录

第 **1** 章　国内外花生生产机械化技术概况

1.1　花生产业概况

1.1.1　全球花生种植概况

花生是世界四大油料作物之一。据联合国粮农组织(Food and Agricultrue Organization of the United Nations，FAO)统计，2014 年全球花生收获面积为 39 812.49 万亩、总产量为 4 391.54 万 t。2005—2014 年全球花生收获面积和产量数据如图 1-1 所示。

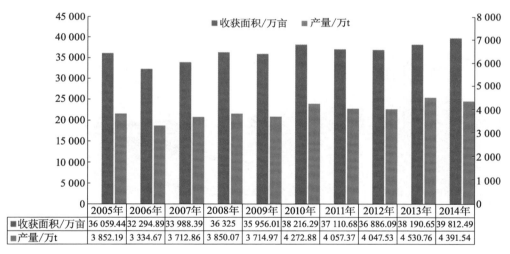

	2005年	2006年	2007年	2008年	2009年	2010年	2011年	2012年	2013年	2014年
■收获面积/万亩	36 059.44	32 294.89	33 988.39	36 325	35 956.01	38 216.29	37 110.68	36 886.09	38 190.65	39 812.49
■产量/万t	3 852.19	3 334.67	3 712.86	3 850.07	3 714.97	4 272.88	4 057.37	4 047.53	4 530.76	4 391.54

图 1-1　2005—2014 年全球花生收获面积和产量

2014 年,全球花生收获面积和产量排名前 10 位的国家如图 1-2 和图 1-3 所示。由图 1-2 和图 1-3 可知,全球花生种植主要集中在亚洲、非洲、南美洲等的一些欠发达国家,而西方发达国家中仅有美国等少数国家规模化种植花生,且种植面积在世界总种植面积中的占比很小。欧洲国家、日本和韩国均少有花生规模化种植,也未见其有相关的花生收获技术与装备研发报道。

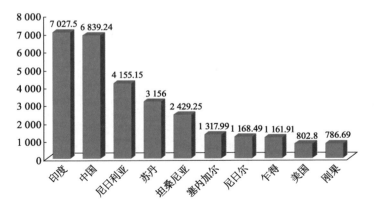

图1-2　2014年全球花生收获面积前10位的国家(单位:万亩)

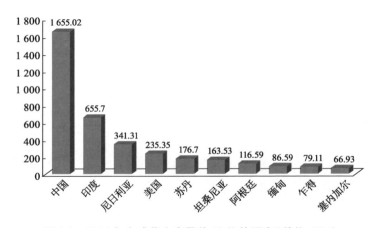

图1-3　2014年全球花生产量前10位的国家(单位:万t)

1.1.2　我国花生种植概况

根据国家统计局统计,2006—2015年我国花生种植面积和产量如图1-4所示,截至2015年我国花生种植面积约6 923.6万亩、总产量约1 643.97万t,我国花生收获面积世界第二,产量世界第一,总产量约占全球产量的40%,在全球具有举足轻重的地位。

2015年我国花生种植面积和产量前10名的省份如图1-5和图1-6所示。我国从东到西、从北到南,沙土、沙壤土、黏土,平原平川、丘陵山区、坡坡坎坎及边角地均有花生种植。

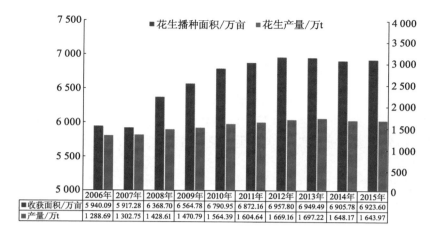

	2006年	2007年	2008年	2009年	2010年	2011年	2012年	2013年	2014年	2015年
■收获面积/万亩	5 940.09	5 917.28	6 368.70	6 564.78	6 790.95	6 872.16	6 957.80	6 949.49	6 905.78	6 923.60
■产量/万t	1 288.69	1 302.75	1 428.61	1 470.79	1 564.39	1 604.64	1 669.16	1 697.22	1 648.17	1 643.97

图 1-4　2006—2015 年我国花生种植面积和产量

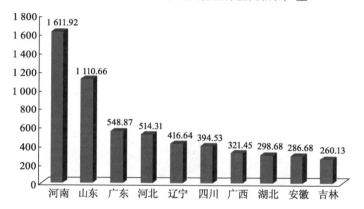

图 1-5　2015 年我国花生种植面积前 10 名的省份（单位：万亩）

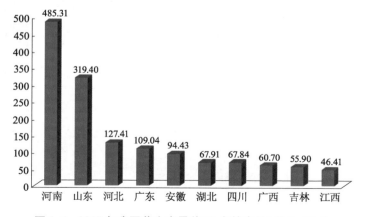

图 1-6　2015 年我国花生产量前 10 名的省份（单位：万 t）

花生是我国最具国际竞争力的优质优势油料作物,随着我国农业供给侧结构性改革的推进,特别是玉米种植面积的宏观调减,花生种植面积预计将出现较大幅度的增加,我国花生产业在全球的重要性和影响力将进一步增强。

1.1.3　我国花生机械化生产水平概况

花生生产机械化是花生产业发展的重要保障,发展花生生产机械化对促进花生产业健康发展具有重要意义,但花生产业是劳动密集型产业,是实现机械化难度很大的产业。

长期以来,我国农业机械化发展重点面向主要粮食作物,花生等经济作物的生产机械化问题在近些年才逐渐被关注和重视。总体来看,我国花生生产机械化目前还处于发展初期,研发与应用水平不仅与发达国家有很大的差距,与我国小麦、水稻等主要粮食作物机械化水平也有较大的差距。据中国农业机械化年鉴统计,2015 年我国花生与稻麦及其他主要农作物耕、种、收机械化水平如图 1-7 所示。随着我国农村青壮年劳动力转移趋势加剧,农村劳动力结构性、季节性短缺等问题日益突出,花生生产机械化水平低问题已成为制约我国花生生产发展和产业成长的主要瓶颈,产区对花生机械化生产技术的需求日趋迫切。

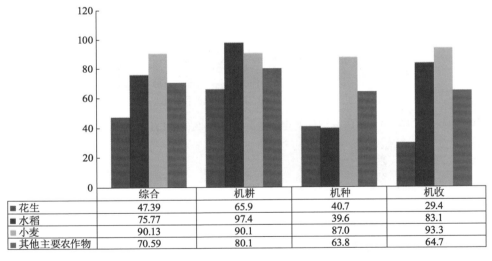

	综合	机耕	机种	机收
■花生	47.39	65.9	40.7	29.4
■水稻	75.77	97.4	39.6	83.1
■小麦	90.13	90.1	87.0	93.3
■其他主要农作物	70.59	80.1	63.8	64.7

图 1-7　2015 年我国花生与稻麦及其他主要农作物耕、种、收机械化水平(单位:%)

1.2　国外花生生产机械化技术概况

除了美国以外,发达国家鲜有花生规模化种植。美国花生生产机械化技术已较为成熟,其花生种植体系与机械化生产系统高度融合,耕整地、种植、植保、收获、干燥、脱壳等各个环节均已全面实现机械化。

1.2.1　美国花生机械化耕整地技术

美国花生种植主要集中在佐治亚、阿拉巴马、佛罗里达、德克萨斯等南部地区,这些地区多为沙质土壤、雨量充沛、无霜期长,自然条件优越,适宜花生种植。为了实现优质高产,其花生种植多采用一年一熟轮作制,轮作方式主要为玉米—花生—棉花等。玉米或棉花收获后,一般将秸秆直接粉碎还田,根茬留在土中不做处理,经过一年的风化腐蚀,田间残留秸秆和根茬对花生播种作业的影响已经很小。为了提高播种质量和种子发芽率,一般播前会采用圆盘耙、缺口耙对土壤进行表层耕作,以达到疏松土壤,为根系提供良好水、肥环境之目的。

1.2.2　美国花生机械化种植技术

美国花生种植多采用大型机械进行单粒精量直播,且种子全部经过严格分级加工处理,并采用杀菌剂和杀虫剂包衣。风沙地条件下,为防止风蚀,常采取免耕播种作业,多采用气吸式或指夹式精量排种器,以降低伤种率,保证发芽率和种群数。

1.2.3　美国花生机械化植保与田间管理技术

由于美国花生主产区气温高、空气湿度大,因此病虫草害发生较为普遍,其病虫草害防治多以化学药剂防治为主,配合农艺措施,通过轮作、深耕、施用除草剂、进行种子包衣等综合措施防治病虫草害。美国花生植保机械多为通用型设备,主要包括牵引式或自走式喷杆喷雾机和离心式粉剂撒布机。

花生不同生育期需水量不同,美国主要根据花生需水规律进行指标化和定量化灌溉,多采用大型移动式喷灌机,少数采用圆形喷灌机,其灌溉技术先进,灌溉均匀、效率高、水资源利用率高。

1.2.4　美国花生机械化收获技术

美国花生收获前多通过专业手段确定最佳收获期。具体方法:从田间随机拔起几株花生秧果,用高压水枪将花生荚果(秕果除外)上的泥土冲干净,置于空气中;在氧化作用下,不同成熟度的花生荚果果壳发生褐变的程度不同,将褐变的花生与先期制作好的色板进行颜色比对,根据颜色分布比例,确定最佳收获期,保证综合效益最大化。

美国花生收获全部采用两段式收获方式,收获日期确定后,收获时先采用挖掘收获机将花生挖掘、清土、翻倒,将花生荚果暴露在最上端使其快速干燥,自然晾晒3～5天后,含水率降至20%左右,采用牵引式或自走式捡拾联合收获机进行捡拾摘果作业。挖掘收获机作业后,如果花生荚果的含杂率过高,或为了加快晾晒速度,有时还可通过秧蔓条铺处理机(vine conditioner),将铺放于田间的花生植株再次捡起、清土、铺放晾晒。收获后的荚果直接卸入设有通风接口和管道的干燥车内,花生果秧通过收获机上装有的打散装置抛洒于田间,直接还田培肥,或通过捡拾打捆机收集,用作畜牧业饲料。

1.2.5 美国花生机械化干燥技术

美国花生干燥以产地干燥为主,干燥过程已实现机械化。收获后的花生荚果直接在田间装入专用干燥车,并拖运至附近的干燥站进行集中干燥,天气晴好且环境温度较高时,直接通常温空气进行干燥,环境温度较低或阴雨天气时,以液化气、天然气为燃料,对空气进行加热,再将热空气直接通入干燥车内进行干燥作业,干燥过程需2～3天。

美国花生干燥系统主要由厢式干燥室、热风炉、鼓风机、传感器、控制系统等组成。为保证干燥质量、效率和成本,美国对花生干燥特性、工艺、干燥热源等开展了大量研究。

1.2.6 美国花生机械化脱壳技术

美国花生脱壳研究起步较早,技术较为先进,脱壳作业已实现机械化、标准化,脱壳装备已实现规模化、成套化、系列化。美国花生脱壳设备生产率可达7～9 t/h,其脱壳主机采用多滚筒、变参数作业,以提高脱壳质量及适应性,同时辅助多级旋风分离装置,以提高清洁度,并减少粉尘污染。美国花生脱壳以成套生产线作业为主,且根据花生脱壳后的不同用途进行选别,将完好无损伤的花生作为种子,其他花生用来制作花生酱或满足其他加工需求。生产线通常可一次性完成花生原料初清、去石、脱壳、破碎种子清选等,在生产线的末端辅以人工选别以进一步剔除破碎花生仁果。为提高脱壳质量,美国还开展了不同脱壳原理及结构形式的研究。

1.3 我国花生生产机械化技术概况

我国花生生产机械研发始于20世纪后期,经过半个世纪的努力,我国花生耕整地、种植、收获、植保、干燥、脱壳各环节生产机械化均取得了长足发展。2015年我国花生机械化耕作、播种、收获和综合机械化水平分别已达到74.02%、41.87%、30.16%和51.22%,较2008年分别增加了20.06%、12.53%、12.11%和15.42%,

也研发出了花生干燥、脱壳等产后加工装备的科研样机或系列化产品,各生产环节机械化水平的持续提升为我国花生产业发展提供了重要支撑。

就全程机械化而言,我国花生耕整地、植保机械多为通用机具,已相对成熟,但种植、收获、干燥、脱壳环节机械性能和质量还不能完全满足生产要求。

1.3.1 机械化耕整地、田间管理技术

目前我国花生机械化耕作水平在 74% 左右。花生生产过程中的耕整地、施肥、施药机械多为通用机械,其中耕整地环节中,与常规动力配套的旋耕机、深耕犁、深松机等机械种类繁多,质量可靠,基本上可以满足生产需求;施肥、施药等田间管理环节中,无论是手动、电动、机动植保机械,还是固液肥施撒等设备均基本能满足要求。

1.3.2 机械化播种技术

我国早期的花生播种机为人畜力播种机,结构简单、重量轻、制造成本低,一次播一行,功能单一,目前在丘陵山地或中小地块亦有应用。20 世纪 80 年代,我国开始研制以拖拉机为动力的花生播种机,该播种机可以完成开沟、播种、覆土等作业,一次播种 2 行或 4 行,这是目前普遍应用的一类花生播种机。20 世纪 80 年代中后期,国内开发出了可一次性完成起垄、整畦、播种、覆膜、打孔、施肥、喷除草剂等作业的花生多功能复式播种机,并已在鲁、豫、冀、辽等花生产区得到了广泛应用。

各类不同机具投放市场,尤其是多功能花生覆膜播种机的成功应用,有效降低了播种劳动强度,提高了生产效率,也进一步提升了我国花生播种的机械化水平。统计资料表明,2015 年我国花生机械化播种水平达 41.87% 。

近年来,根据我国花生产业发展新需求,农业部南京农业机械化研究所创新研发出了麦茬全量秸秆覆盖地免耕播种机、垄作覆膜免放苗播种机等几种新型花生播种设备。研发的可一次性完成碎秸清秸、洁区播种、播后覆秸等功能的麦茬全量秸秆覆盖地花生免耕播种机,有效解决了茬口衔接、挂草壅堵、架种、晾种等问题,目前相关技术已在主产区获得推广应用。研发的可一次性完成起垄、施肥、覆膜、播种、覆土等功能的花生垄作覆膜免放苗播种机,有效解决了人工破膜放苗作业用工量大、劳动强度大等问题。

1.3.3 机械化收获技术

收获作业用工量占整个花生生产过程的 1/3 以上,作业成本占整个生产成本的 50% 左右,是花生机械化的发展重点和难点。花生机械化收获方式主要有分段式收获、两段式收获和联合收获 3 种。分段式收获即由多种不同设备分别(段)完

成挖掘、清土、摘果、清选等收获作业,分段式收获设备通常包括挖掘犁、挖掘收获机、摘果机等;两段式收获是指由花生挖掘收获机完成挖掘、清土和铺放,晾晒后再由捡拾联合收获机完成捡拾、摘果、清选、集果等作业;联合收获是指由一台设备一次性完成挖掘、清土、摘果、清选、集果和秧蔓处理等作业,是当前集成度最高的花生机械化收获技术。

近年来,国内已有不少科研单位、高校和生产企业对花生收获关键技术及装备进行了联合攻关,研制生产了多种类型的花生收获机械。但由于我国花生种植收获技术研发起步晚、投入少、制约因素多、难度大,造成我国花生机械化收获水平仍然较低,统计资料表明,2015 年我国花生机收水平为 30.16%。

花生挖掘收获机是现阶段我国花生生产中应用较多的设备,按结构形式不同,大体可分为 3 种:挖掘铲与升运杆组合而成的铲链组合式花生收获机,挖掘铲与振动筛组合而成的铲筛组合式花生收获机和挖掘铲与夹持输送链(带)组合而成的铲拔组合条铺式花生收获机。

花生摘果机根据喂入方式不同可分为全喂入式和半喂入式 2 种,全喂入式花生摘果机主要用于晾晒后的花生摘果作业,在我国豫、鲁、冀、东北等主产区应用普遍;半喂入式花生摘果机主要用于鲜湿花生摘果作业,在我国南方丘陵山区小田块及小区育种上已获应用。

花生捡拾联合收获机按照动力配置方式不同可分为自走式、牵引式和背负式 3 种,目前 3 种形式的捡拾联合收获机均处于小范围试验阶段,总体技术尚未成熟,但发展速度和发展趋势较好,有望成为我国花生收获机市场的主要机型之一。

花生联合收获机按照摘果方式不同可分为半喂入式和全喂入式 2 种。半喂入两行花生联合收获机目前技术已经成熟,多款产品已进入了购机补贴目录,并已在鲁、豫、冀等主产区得到普遍应用;全喂入式花生联合收获机目前仍处在样机试制与试验阶段,破损率大、损失率高问题突出,有待突破。

农业部南京农业机械化研究所作为国家花生产业技术体系机械研究室依托单位,近年来围绕半喂入联合收获技术和全喂入捡拾联合收获技术开展了大量研发工作。研发的 4HLB-2 半喂入式花生联合收获机连续多年被农业部列为农业主推技术,现已成为国内花生收获机械市场的主体和主导产品;研发的半喂入四行联合收获机整体技术性能已经成熟,目前已在临沭东泰机械有限公司进行产品化设计和产业化开发;研发的八行自走式捡拾联合收获机和四行牵引式捡拾联合收获机整体技术已趋于成熟,下一步将进入小批生产和推广应用阶段。农业部南京农业机械化研究所的研发成果"花生收获机械化关键技术与装备"荣获 2015 年度国家技术发明二等奖,其"农作物收获与产后加工创新团队"荣获 2013 年度中华农业科技奖优秀创新团队奖。

1.3.4　机械化干燥技术

干燥是保证花生品质与防止霉变的必要手段。长期以来,我国花生产地干燥主要依靠人工翻晒自然干燥方法,干燥周期长,对天气状况依赖较大。随着花生收获机械化不断推进,花生收获日趋集中,晒场资源越显不足,传统干燥方法已逐渐不能满足花生及时干燥的需求,鲜摘收获后的高湿花生荚果实现适时干燥问题尤为突出。花生产地干燥方面,目前国内尚无经济适用、国产化、成熟的花生专用干燥设备。为此,我国一些地区采用了一些兼用型干燥设备进行花生干燥。受花生荚果几何尺寸、外形等生物特性因素限制,可用于花生荚果干燥的设备主要有箱式固定床干燥机、翻板式箱式干燥机等形式。

近年来,农业部南京农业机械化研究所正致力于花生荚果干燥技术装备研发与试验工作,研制出了 5H‒1.5A 型换向通风干燥机等花生专用型干燥设备,并在豫、赣、苏等地进行了试验和示范,有力地促进了我国花生干燥技术发展。

1.3.5　机械化脱壳技术

脱壳是将花生荚果去掉外壳得到花生仁果的加工工序,是影响花生仁果及其制品品质和商品性的关键。我国花生脱壳设备虽较多,但多为食用及油用花生的单机脱壳设备,其脱壳部件多为旋转打杆与凹板筛组合式,脱壳以打击揉搓为主,存在破损率高、脱净率低、可靠性和适应性差等问题。目前我国尚无专用型种用花生脱壳设备,现阶段种用花生脱壳还主要依靠手工剥壳,少部分采用油用、食用脱壳设备进行脱壳,之后再进行人工挑选,费工费时。

近年来,农业部南京农业机械化研究所正致力于种用花生脱壳部件、脱壳方式技术攻关与创新,研发出了 6BH‒800 型种用花生脱壳机及花生种子带式清选、荚果分级等相关配套设备,并进行技术研发集成,集成了花生种子加工成套技术装备,连续多年在鲁、晋等重点龙头企业及种植大户进行了生产性试验和示范,试验示范表明,其破损率、脱净率等明显优于同类设备。

第 2 章　花生生物与物理特性

　　花生生物与物理特性对其播种、收获、干燥、脱壳等机械的研发设计有重要影响。在设计花生播种、收获、干燥、脱壳机械时,需要对与机械化生产相关的花生生物、物理特性进行定量、定性分析与研究。本章主要针对我国花生主产区常见品种的生物特性进行研究,还开展了花生播种、收获、干燥、脱壳方面的物理特性研究,为花生机械化生产设备的研发提供依据与参考。

2.1　植株生物特性

2.1.1　植株形态类型

　　花生在我国各地都有种植,主要分布于河南、山东、江苏、安徽、辽宁、河北、福建、广东、广西、四川等地区。根据花生品种类型的农艺学综合性状,我国花生主要分两大类群 4 个类型 8 个品种群,品种繁多,而且随着花生育种技术的不断进步,花生品种也在不断增加。依据花生植株形态特征,可将花生分为 3 种类型,如图 2-1 所示:① 直立型(第一对侧枝与主茎夹角小于 45°);② 半匍匐型(第一对侧枝近主茎基部与主茎约呈 60°);③ 匍匐型(第一对侧枝与主茎间形成近 90°夹角,侧枝几乎贴地生长)。通常直立型花生主茎高于分枝,匍匐型则分枝比主茎长。

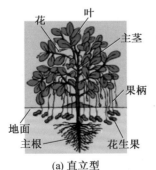

(a) 直立型　　　　　　　　(b) 半匍匐型　　　　　　　　(c) 匍匐型

图 2-1　花生植株形态

　　目前我国推广的花生品种多为直立型,如当前各主产区大面积推广的鲁花系列、豫花系列等。从外部形态看,花生植株主要包括根、茎、叶、花、果柄、荚果等部分。直立型花生的主茎垂直于地面,其植株特征:① 主茎高度因品种和栽培条件而异,一般为 350~600 mm,株丛范围为 ϕ150~300 mm;② 根系主要分布在地面下 300 mm 左右的耕作层中,主根长度一般在 200 mm 以内;③ 结果深度 60~100 mm,结果范围为 ϕ150~250 mm。花生荚果大小因品种而异。我国目前种植的多为大果花生,尤其是山东、河南、河北等主产区;中、小果花生在长江中下游和南部一些地区大面积种植。

2.1.2　荚果形状类型

花生果实为荚果,荚果形状、大小因品种而异,有普通形、斧头形、葫芦形、茧形、串珠形等形状,如图 2-2 所示。普通形荚果,果壳一般较厚,果壳与仁果间间隙较大,是典型的双仁荚果;茧形或葫芦形的珍珠豆型荚果,果壳较薄,果壳与仁果间间隙较小,也多为双仁荚果,仁果多为小粒或中小粒;串珠形荚果以多粒为主,果壳较厚,仁果表面光滑。

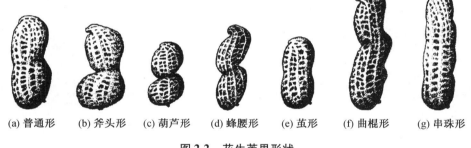

(a) 普通形　　(b) 斧头形　　(c) 葫芦形　　(d) 蜂腰形　　(e) 茧形　　(f) 曲棍形　　(g) 串珠形

图 2-2　花生荚果形状

我国黄淮海花生主产区(如山东、河南、河北、安徽、江苏等省)主要推广的花生品种以普通形、茧形和葫芦形为主;东北产区以串珠形和普通形为主;长江流域产区的湖北省等以斧头形为主;华南产区的福建省以茧形为主,广东省、湖南省、广西壮族自治区、江西省主要以茧形或葫芦形的珍珠豆型品种为主。外形规整、尺寸分布均匀的串珠形、普通形和茧形荚果较其他形状的荚果在花生收获作业的清选环节中可降低堵塞筛面的概率,提高清选效率,同时也有利于花生干燥、脱壳等产后加工作业。

2.2　播种物理特性

我国花生品种较多,不同品种间存在一定的差异。因此,通过研究不同品种花生仁果生物与物理特性,为花生播种机研发提供技术参考,以有效降低伤种率、提高取种率。

选取我国花生主产区海花、鲁花11、白沙和四粒红4个典型花生品种进行分析测量,其中海花和鲁花11为普通形荚果,白沙为茧形的珍珠豆型荚果,四粒红为串珠形荚果。按照《农业物料学》规定的测试方法,分别对不同品种的花生仁果的三轴几何尺寸、千粒重、容积密度、籽粒密度、滑动摩擦角进行测定,籽粒按不同品种随机选取,各品种含水率分别为6.12%(海花)、6.35%(鲁花11)、6.18%(白沙)、6.54%(四粒红)。利用KQ-1型颗粒强度测定仪测试不同品种、不同含水率、不同挤压位置条件下花生种子的破碎挤压力。

2.2.1　仁果几何尺寸

花生仁果的几何尺寸对播种机排种盘孔径尺寸等参数的设计选取有直接影响,因此需根据花生仁果的几何尺寸来调整排种盘的吸孔直径。随机选出4个品种的花生籽粒各50粒,分别测量其三轴尺寸(长、宽、厚),如图2-3所示,求其平均值及各尺寸变异系数,试验数据见表2-1。

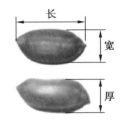

图2-3　仁果三轴尺寸

表2-1　花生仁果几何尺寸统计结果

品种	长度/mm	宽度/mm	厚度/mm	平均值/mm			变异系数/%		
				长度	宽度	厚度	长度	宽度	厚度
海花	16.30~22.56	7.98~11.92	7.50~9.60	19.15	9.82	8.60	8.80	11.32	6.36
鲁花11	16.52~22.16	8.56~11.76	7.76~9.52	19.32	9.96	8.60	6.77	8.99	5.30
白沙	15.08~19.16	8.70~10.98	7.56~9.56	16.92	9.74	8.63	6.43	5.44	6.86
四粒红	11.90~15.82	6.94~9.04	6.90~8.68	13.87	7.98	7.83	7.65	7.48	5.64

由统计结果可知,不同品种花生仁果的长度、宽度和厚度呈正态分布,海花、鲁花11、白沙、四粒红4个品种的仁果在几何尺寸上存在一定的差异,其中长度差异较大,海花、鲁花11仁果的长度较为接近且其值较大,白沙次之,四粒红最小;宽度和厚度上,海花、鲁花11、白沙较为接近,四粒红宽度、厚度均最小。白沙几何尺寸相对其他品种变异系数较小,海花几何尺寸相对其他品种变异系数较大,海花、鲁花11在宽度方面变异系数相对较大,由此可见白沙及四粒红仁果大小的离散性相对海花、鲁花11较好。因此,设计排种器时,需根据不同品种花生仁果的三轴尺寸对排种器进行适时更换与调整。

2.2.2 千粒重、容积密度、籽粒密度、孔隙率

花生仁果即花生籽粒的千粒重、容积密度、籽粒密度和孔隙率均与花生播种机种箱尺寸等参数设计相关,因此种箱设计时除需考虑整机结构的配比以外,还需预先测量花生种子的千粒重、容积密度、籽粒密度及孔隙率。

(1)千粒重

分别从每种花生籽粒的试样中取 5 组,每组随机选取 100 粒,用电子秤(精度为 0.01 g)测出每组总质量 M_i(g),然后由公式 $G_i = M_i \times 1\,000/100$ 求其千粒重(G_i)。

(2)容积密度

选用 HGT-1000A 容重器,依据《粮油检验 容重测定》(GB/T 5498—2013)中规定的相关操作过程进行测试。测试中,对于不同品种的花生籽粒,每个品种重复测试 3 次,求取平均值作为该籽粒的容积密度 ρ_b(kg/m³)。

(3)籽粒密度

利用比重瓶法测定,并依据《粮油检验 粮食、油料相对密度的测定》(GB/T 5518—2008)中的相关规定进行操作。分别对不同品种的花生籽粒进行测定,每个品种随机选择试样 5 组,分别测定其物料密度,求取平均值作为该品种籽粒的密度 ρ_s(kg/m³)。

(4)孔隙率

孔隙率指物料孔隙所占体积与物料总体积之比,是表征物料松散程度及空隙大小的指标。通过分别测定籽粒的容积密度 ρ_b 和籽粒密度 ρ_s,然后根据公式 $\varepsilon = (\rho_s - \rho_b)/\rho_s \times 100\%$ 计算得花生籽粒的孔隙率。

4 个典型花生品种籽粒的千粒重、容积密度、籽粒密度、孔隙率测定结果见表 2-2。

表 2-2 花生籽粒的千粒重、容积密度、籽粒密度、孔隙率统计结果

品种	千粒重/g	容积密度/(kg·m⁻³)	籽粒密度/(kg·m⁻³)	孔隙率/%
海花	879.03	541.23	621.02	12.84
鲁花 11	833.09	562.15	601.08	6.47
白沙	690.56	575.12	597.42	3.73
四粒红	455.47	625.33	646.13	3.22

由表 2-2 可知,不同品种花生籽粒的千粒重和孔隙率差异较大。海花、鲁花 11 千粒重较为接近,海花千粒重最大,四粒红千粒重最小;海花、鲁花 11、白沙容积密度较为接近,四粒红容积密度最大,海花容积密度最小;四粒红籽粒密度最大,白沙

籽粒密度最小;海花的孔隙率最大,四粒红的孔隙率最小。

2.2.3 滑动摩擦角

滑动摩擦角是反映农业物料物理特性的重要参数,其值大小可反映物料在接触部件上的滑动性能,不同品种、不同材质的接触面条件下,花生种子的流动性有所不同,直接影响着花生播种机种箱及排种管结构参数设计及材质选用。

滑动摩擦角通过斜面仪(见图2-4)进行测定。分别选择不同品种的花生籽粒,测试其在不同材料测试板上的滑动摩擦角,每种情况重复测试 5 次,取其平均值作为选定条件下花生籽粒在测试板上的滑动摩擦角。不同条件下花生籽粒的滑动性能试验结果见表2-3。

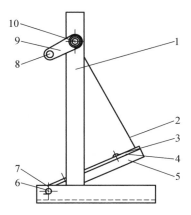

1—支架;2—提升绳;3—紧固螺钉;4—测试板;5—安装架;6—铰接;7—底座;8—摇把;9—摇臂;10—提升轴

图 2-4　斜面仪结构图

表 2-3　不同条件下花生籽粒的滑动性能

品种	铁板		有漆铁板		有机玻璃板	
	滑动摩擦角/(°)	标准差	滑动摩擦角/(°)	标准差	滑动摩擦角/(°)	标准差
海花	28.8	1.54	27.4	1.92	25.1	1.92
鲁花 11	30.5	2.43	28.8	1.13	26.2	0.95
白沙	29.2	1.33	28.0	0.84	24.7	2.23
四粒红	26.1	0.87	24.7	1.14	23.7	1.66

由表2-3可知,花生籽粒与铁板的滑动摩擦角较大,与有机玻璃的滑动摩擦角较小;鲁花 11 与铁板的滑动摩擦角最大,四粒红与有机玻璃的滑动摩擦角最小;鲁花 11 滑动摩擦角相对最大,白沙(大)次之,四粒红滑动摩擦角最小。也即不同品种、不同材质的接触面条件下,花生籽粒的流动性有所不同,同一品种的花生籽粒在有机玻璃板、有漆铁板、铁板上的流动性能依次降低;不同品种的花生籽粒,四粒红籽粒的流动性相对最好,鲁花 11 籽粒的流动性相对最差。籽粒的流动性差,散落性就差,散落过程中籽粒产生的损伤率就越大。

2.2.4 仁果力学特性

花生仁果破碎挤压力直接影响播种设备参数的设计与优选,对降低机械化播种时种子损伤率有重要意义。利用 KQ－1 型颗粒强度测定仪对花生种子进行了破碎挤压力测试,并分析了不同品种、不同含水率、不同挤压位置下花生种子的挤压破碎性能。

为获取不同含水率条件下花生种子挤压破碎特性,取其含水率(w)分别为 3.6%、7.8%、13.3%、16.5%和25.4%。试验按含水率的不同,每个品种的花生种子的挤压试验分为 5 组,每组按挤压位置分别进行正压、立压及侧压挤压,如图 2-5 所示,每种挤压位置均测试 4 次,求取最大破碎挤压力的平均值,试验结果与分析见表 2-4 和图 2-6、图 2-7。

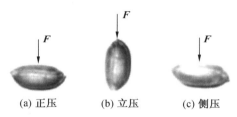

(a) 正压 (b) 立压 (c) 侧压

图 2-5 挤压位置

表 2-4 花生种子破碎挤压力测试结果

品种	挤压位置	含水率 w/%	最大挤压力/N	品种	挤压位置	含水率 w/%	最大挤压力/N
海花	立压	3.6	20.70	白沙	立压	3.6	18.70
		7.8	20.85			7.8	22.65
		13.3	34.25			13.3	33.00
		16.5	22.35			16.5	35.30
		25.4	28.45			25.4	37.45
	正压	3.6	32.25		正压	3.6	39.70
		7.8	35.35			7.8	53.00
		13.3	38.00			13.3	41.00
		16.5	34.65			16.5	40.75
		25.4	49.70			25.4	37.30
	侧压	3.6	40.60		侧压	3.6	48.65
		7.8	51.55			7.8	55.00
		13.3	53.10			13.3	45.55
		16.5	52.00			16.5	43.10
		25.4	46.65			25.4	42.40

续表

品种	挤压位置	含水率 w/%	最大挤压力/N	品种	挤压位置	含水率 w/%	最大挤压力/N
鲁花11	立压	3.6	19.75	四粒红	立压	3.6	20.85
		7.8	26.85			7.8	24.75
		13.3	27.75			13.3	25.90
		16.5	21.30			16.5	27.45
		25.4	23.00			25.4	29.15
	正压	3.6	25.30		正压	3.6	46.80
		7.8	35.15			7.8	38.50
		13.3	40.05			13.3	31.90
		16.5	37.45			16.5	29.95
		25.4	40.90			25.4	28.65
	侧压	3.6	44.20		侧压	3.6	45.70
		7.8	44.95			7.8	51.55
		13.3	48.50			13.3	38.95
		16.5	41.65			16.5	38.30
		25.4	40.40			25.4	36.30

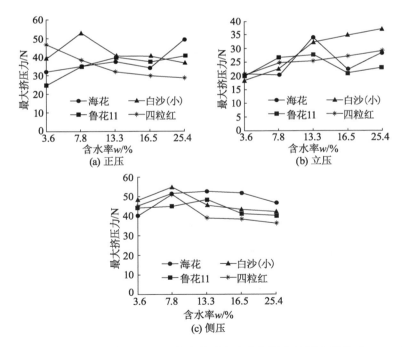

图 2-6　不同挤压位置下花生种子含水率与最大挤压力的关系

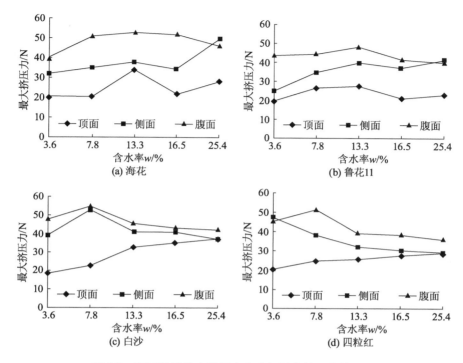

图 2-7　不同品种花生种子含水率与最大挤压力的关系

对表 2-4 中的测试结果进行方差分析可知,影响花生仁果最大挤压力的主次因素依次为挤压位置、品种、含水率。由图 2-6、图 2-7 可知花生仁果由于挤压位置的不同所能承受的最大挤压力有较大差异,由于其自身结构的特点,挤压面的不同,承受挤压力的仁果结构及组织也不同,侧向承受的破碎挤压力最大,正压次之,立压最小。不同品种花生仁果抵抗挤压破碎的能力不同,在相同含水率、相同挤压位置时,海花的最大挤压力通常略大于鲁花 11 的最大挤压力,白沙的最大挤压力通常略大于四粒红的最大挤压力,这与仁果内部组织结构、形状大小等因素有较大的关系。通常情况下,最大挤压力随含水率的增加先是有所增加,当达到一定值后则开始随着含水率的增加而有所降低。

2.3　收获物理特性

2.3.1　半喂入收获相关物理特性

（1）植株形态

我国花生品种繁多,而且随着花生育种技术的不断进步,花生品种也在不断增加。前已叙及,花生植株形态特征主要有直立型、半匍匐型和匍匐型 3 种类型,我国推广的花生品种多为直立型,因此我国花生收获设备也主要针对直立型,植株的主茎高度和株丛范围直接影响花生半喂入联合收获作业中扶禾装置的设计。我国花生主茎高度因品种和栽培条件而异,一般为 350 ~ 600 mm,株丛范围为 ϕ150 ~ 300 mm。

（2）结果深度和范围

在花生半喂入收获作业中,结果深度和范围主要影响收获设备中挖掘装置的挖掘深度、挖掘范围等参数设计,目前我国推广的花生品种结果深度为 60 ~ 100 mm,结果范围为 ϕ150 ~ 250 mm,因此在进行挖掘收获时,设备的挖掘深度应与花生结果深度匹配。

（3）荚果几何尺寸

在花生半喂入收获清选作业环节,需根据荚果的几何尺寸来设计清选装置筛体等参数,需测量荚果的三轴尺寸（长 L、宽 B、厚 H）,如图 2-8 所示。花生荚果几何尺寸因品种而异,我国目前种植的多为大果花生,尤其是山东、河南、河北等主产区,中、小果花生在长江中下游和南部一些地区大面积种植。选取典型花生品种泰花 4 号为半喂入花生收获的试验对象,荚果尺寸:长度均值 33.46 mm,宽度均值 14.52 mm,厚度均值 12.88 mm。

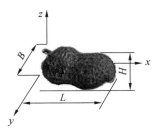

图 2-8　荚果三轴尺寸

（4）临界速度

物料从静止的流体中自由下落,最终达到匀速向下运动,这一速度称为该物料的沉降速度;如果流体以物料沉降速度向上运动,则物料颗粒将会在某一水平上呈悬浮状态,把此流体速度称为物料的悬浮速度。两者统称为临界速度,其意义不同而数值相同。临界速度直接影响花生收获设备清选装置风机等参数的设计,对降低收获后花生荚果含杂率等具有重要意义。物料的临界速度与其含水率有关,因此在花生半喂入收获中需根据花生荚果等高含水率情况下的临界速度来确定清选装置风机的相关参数,风速要小于荚果的临界速度保证其顺利地落入振动筛,不被吹出机外,又要最大限度地将茎秆、枝叶等杂质顺利地吹出设备。根据《农业物科学》,物料的临界速度 v_t 计算公式如下:

$$v_{\mathrm{t}} = \sqrt{\frac{2mg(\rho_{\mathrm{s}} - \rho_{\mathrm{f}})}{AC\rho_{\mathrm{s}}\rho_{\mathrm{f}}}} \tag{2-1}$$

式中:v_t——物料的临界速度,m/s;

　　　m——物料的质量,kg;

g——重力加速度，m/s^2；

ρ_s——物料的密度，kg/m^3；

ρ_f——空气的密度，kg/m^3；

A——垂直于流体流动方向的颗粒投影面积，m^2；

C——阻力系数。

通过文献检索也可知一般花生荚果临界速度为 10.0~14.5 m/s，仁果的临界速度为 12.5~15.0 m/s。

（5）果柄、秧柄拉断力

花生在不同生育期，尤其在成熟后期，其果柄与花生荚果、果秧的附着力随着成熟进行而不断变化，附着力变化影响机器收获作业中植株拔取、清土等过程中的落埋果损失，以及摘果作业中的荚果带柄率。机械收获作业时果柄因受直接或间接的外力作用而被折断，使花生荚果从花生植株分离，通常发生在果柄断点（秧蔓与果柄连接端）、荚果断点（果柄与荚果连接端），如图 2-9 所示，因此研究秧蔓与果柄拉断力和果柄与荚果拉断力对花生收获机的设计与正确把握适收期有重要意义。

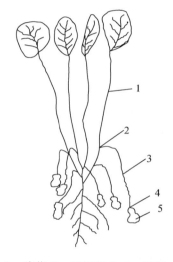

1—秧蔓；2—果柄断点；3—果柄；
4—荚果断点；5—荚果

图 2-9　荚果、果柄断点

选取典型花生品种泰花 4 号为研究对象，该品种为直立型，株型紧凑，株高中等，其种植于江苏泰州，采用两行覆膜春播种植模式，株距平均为 216 mm，株高平均为 370 mm，单穴结果直径平均为 165 mm，结果深度平均为 88 mm，主根深度平均为 160 mm，单穴结果数平均为 32 个。在花生成熟后期，利用拉压力测定仪对其荚果断点、果柄断点拉断力进行测试，分析拉断力在花生生长后期的变化规律。

选取生长期第 120~140 天范围的 20 天作为测试区间，每隔 2 天从试验地进行人工起秧，尽可能避免人工起秧破坏果柄与秧蔓、荚果的连接状态。每次试验随机挖起 5 穴花生植株，每穴中挑选与秧蔓、荚果连接完好的花生果柄 10 个，用拉压力测定仪分别测定秧蔓与果柄拉断力、荚果与果柄拉断力，每次拉断力各测试 50 组数据，记录结果取平均值，时间间隔分别记录为 0，2，4，…，20 天。

荚果断点、果柄断点的拉断力在生长后期的变化趋势如图 2-10 所示。从拉断力测试结果看出，荚果拉断力稍高于果柄拉断力，果柄与荚果的附着强度要大于果柄与秧蔓的附着强度。

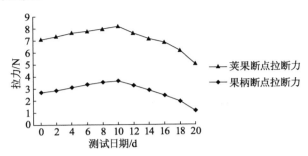

图 2-10 荚果拉断力、果柄拉断力在花生生长后期的变化趋势

2.3.2 全喂入收获相关物理特性

花生全喂入收获与半喂入收获不同,植株一般在田间晾晒后再进行全喂入收获作业。花生植株各部位含水率、果秧比及果柄、秧蔓和荚果的力学特性因晾晒时间的长短而变化。花生收获设备关键部件的设计与花生植株各部位含水率、果秧比、荚果几何尺寸,以及荚果、果柄和果秧的力学特性密切相关。以天府 3 号花生品种为研究对象,选取生长状况良好的花生植株进行相关测试。

(1)植株各部位含水率

花生果秧、果柄含水率主要影响花生收获设备的清选作业效果,荚果含水率主要影响摘果作业荚果破损率,并且花生植株各部位含水率因晾晒时间的长短而变化,因此研究植株各部位含水率的变化对提升收获设备作业性能和掌握全喂入花生收获的适收期有着重要的意义。

全喂入收获作业一般在花生起挖、铺放晾晒后进行,花生植株的含水率变化直观反映在挖掘收获后晾晒时间上,为了获得适收期内花生植株含水率的变化规律,从花生起收当天开始连续测量 7 天。试验选择午后进行,以避免露水与雾对试验结果的影响。分别对花生果秧、果柄、荚果的含水率进行测定,每次测定平行试样5 份,试验结果取平均值。

采用干燥减重法测试含水率,试样干燥前质量 m,每次花生果秧、果柄、荚果及仁果各取 5 份进行试验,放入电热鼓风干燥箱,干燥温度设为 95 ℃,设某一试样干燥前质量为 m_1,经过一段时间的干燥,直至各试样的质量不再改变,称得质量为m_2,则这一试样的含水率 $H = (m_1 - m_2)/m_1$,分别算出各试样的含水率,结果取平均值。

花生果秧、果柄、荚果及仁果含水率随晾晒时间的变化曲线如图 2-11 所示。刚起收的花生植株果秧、果柄、荚果、仁果部位含水率分别是 76.5%、62.6%、

48.1%、44.3%，经过 6 天晾晒后，含水率分别降至 11.7%、10.9%、18.9%、20.3%。果秧和果柄晾晒前 3 天含水率下降较快，之后下降速度变慢，整个过程大致呈渐近线关系，主要原因是晾晒初期，果秧和果柄的含水率与空气湿度之间的梯度值大，水分蒸发能力强，流失速率快，这也与其自身形态有关系，与空气充分接触则水分流失快。荚果和仁果总体上呈线性关系，含水率逐渐降低，前 3 天降低的速率较后期稍快，主要也是因为开始时含水率与空气湿度之间的梯度值大，水分流失较快。荚果通过果壳直接与外界接触，仁果在果壳里面，与外界未直接接触，导致仁果含水率降低速率最为缓慢，同时由于铺放的因素，荚果可能在果秧下面，导致晾晒不充分，其含水率变化速率不如果秧及果柄快，实际收获过程中影响晾晒质量的外界因素复杂多变，诸如温度与湿度、光照、风力、雾、霜、土壤类型等。

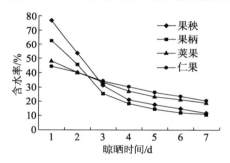

图 2-11　花生各部位含水率与晾晒时间关系

花生果秧含水率处于 20% 以下，其体积收缩，变得比较脆硬，柔软性下降，花生叶易脱落，可显著减轻摘果的作业负荷，有利于花生捡拾联合收获机作业，另外，由于日照、风等因素影响，荚果所带泥土易脱落，不但能减轻清选作业负担，还可有效控制壅土堵塞，减少喂入摘果部件中的质量，进而可增加喂入量。试验发现，当花生荚果含水率降到 25% 左右时，仁果与果壳之间形成空隙，用力摇动花生荚果，可明显感觉到花生仁果脱离果壳，能够自由晃动，可作为花生田间检验荚果含水率的一种简易方法。

（2）果秧比

花生植株果秧比是指花生荚果与植株去除荚果以外全部质量的比值，其对花生摘果的功耗、损失率及含杂率有重要影响。花生植株性状随晾晒时间有显著变化，花生各部分质量变化显著，适收期内果秧比不断变化。

在测量含水率的同时，取一定数量的花生植株 5 份，分别测量每份花生秧蔓和花生荚果的质量，计算得果秧比，结果取平均值。

花生果秧比随晾晒时间的变化如图 2-12 所示，花生果秧比从鲜湿植株的 0.7 左右增加到晾晒 4 天后的 1.0 左右，整个晾晒过程中，果秧的含水率下降的幅度大且速率快,使得花生果秧比增大。当果秧比达到 1.0 左右,花生叶容易脱落,果秧变得干脆,韧性降低,能够显著降低花生联合收获捡拾、摘果的工作负荷,某种程度上能够增加喂入量,提高联合收获机的作业效率,同时降低工作部件的缠绕、拥堵。

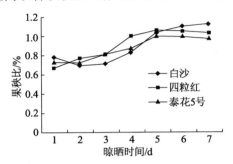

图 2-12 花生果秧比与晾晒时间关系

(3)荚果几何尺寸

在花生全喂入收获清选作业环节,花生荚果的外形尺寸对设备设计的影响同半喂入收获作业大体相同,也是主要与清选装置筛体参数设计有关,不再详述。全喂入收获选取典型花生品种天府 3 号为试验对象,荚果尺寸:长度均值为 28.89 mm,宽度均值为 13.59 mm,厚度均值为 14.52 mm。

(4)临界速度

临界速度的定义、计算公式及对花生收获过程中对设备清选装置的影响已在2.3.1 中述及,此处不再赘述。因在花生全喂入花生收获过程中植株是晾晒后再进行捡拾收获,含水率对临界速度有影响,但经过文献检索发现对花生收获来讲,含水率一定范围内的变化对其临界速度影响不大,因此在花生全喂入花生收获过程中花生荚果的临界速度可参考 2.3.1。

(5)力学特性

在花生全喂入收获作业中,收获期花生荚果的破壳力直接影响收获设备摘果滚筒转速的选取,影响着荚果的破损率指标,并且在收获过程中,要尽可能保持秧蔓的完整性才有利于后续的清选作业,因此果柄及茎秆力学特性对带柄率和清选作业有一定的影响。因此,在设计花生全喂入捡拾联合收获设备时,需考虑荚果、果柄、茎秆的力学特性。

① 果柄、秧柄拉断力

荚果断点、果柄断点拉断力如 2.3.1 中所述,试验样品取自江苏泗阳,试验于2016 年 10 月 9—15 日在农业部南京农业机械化研究所实验室进行,利用电子万能试验机采用竖直拉伸法测量花生果柄、秧柄临界拉断力,如图 2-13 和图 2-14 所示,用此拉力表示抗拉强度,从花生挖掘起秧当天算起共测量 7 天,与测量花生各部位含水率试验同步进行,从而研究适收期内花生果柄断点、荚果断点抗拉强度的变化规律,分别固定花生的果柄断点和荚果断点,进行基础参数设置(从 1 N 开始自动判断断裂)、速度设置(加载速度 20 mm/min)。每组试验在相同条件下重复 10 次,结果取平均值。

图 2-13　果柄断点测试

图 2-14　荚果断点测试

　　根据试验结果绘制出果柄断点、荚果断点断裂时拉力随晾晒时间的变化规律曲线,如图 2-15 所示。在特定晾晒条件、试验条件下,果柄断点、荚果断点拉断力的变化规律基本一致,果柄断点的拉断力整体大于荚果断点的拉断力。整个晾晒过程,果柄断点、荚果断点拉断力呈现先增大后减小趋势。荚果断点拉断力在晾晒2 天后达到最大值 16.8 N,果柄断点拉断力达到最大值 21.5 N,可推断出晾晒前3 天,花生荚果从植株上脱离困难。因此,捡拾摘果作业时,植株最好在晾晒 3 天后进行收获,以免影响摘净率和损失率。

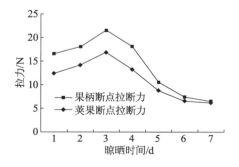
图 2-15　荚果断点、果柄断点拉断力与晾晒时间关系

② 茎秆拉伸与剪切力

全喂入摘果方式是将整个花生植株喂入摘果部件中,摘果滚筒及凹板筛对于整个花生植株都有力的作用,因此研究花生茎秆和果柄的拉伸、剪切力学特性是有必要的。

试验材料、设备与花生果柄断点、荚果断点抗拉强度试验一致,试验采用竖直拉伸法测量花生茎秆的临界拉断力,与果柄断点、荚果断点抗拉强度试验同步进行,共测量 7 天,选择花生果秧根部结合处以上 100 ~ 250 mm 处花生茎秆,剪出 60 mm茎秆试样,拉伸与剪切试验分别如图 2-16 和图 2-17 所示进行装夹,设置拉伸加载速度为 20 mm/min,剪切加载速度为 5 mm/min,将茎秆绷直并夹紧固定,重复 10 次,结果取平均值。

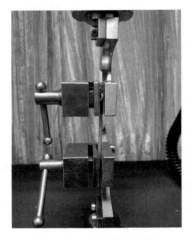

图 2-16　茎秆拉伸试验

图 2-17　茎秆剪切试验

花生茎秆受到拉力时,能够承受较大的力,拉伸前期,茎秆产生弹性变形,某个时刻拉力达到最大值时花生茎秆断裂,之后拉力急剧降低;剪切试验时,试样两端固定,剪切力不断增大,观察可知花生茎秆断裂,剪切力达到最大,而后急剧减小。根据试验结果绘制出花生茎秆拉伸及剪切时受的最大力随晾晒时间的变化规律曲线,如图 2-18 所示。

花生茎秆拉断及剪断时的力随着晾晒时间的增加,即随花生茎秆含水率的降低亦不断地减小。花生茎秆拉断力和剪断力分别从 212.7 N 和 118.4 N 降到 87.8 N 和 45.1 N,晾晒前期,下降速率较后期快,这与花生茎秆含水率下降的速率是一致的,含水率影响花生茎秆纤维的韧性,从而导致力的变化。晾晒 4 ~ 5 天,花生茎秆抗拉与抗剪强度在晾晒后期处于较低水平,当花生植株全部喂入摘果部件中,在摘果滚筒对于花生植株的冲击、甩打和凹板筛对其阻挡的组配作用下,将花生荚果从秧蔓上摘下。如果未及时收获,花生茎秆抗拉与抗剪强度进一步降低,容易造成过多碎枝碎秧,加重后续清选负担,影响了最终清洁度(含杂率)指标。

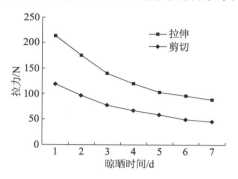

图 2-18　花生茎秆拉伸与剪切试验结果

③ 捡拾收获期花生荚果挤压力

花生荚果自身抗压强度是影响收获作业破损率的重要因素,若荚果抗压能力强,花生荚果不易破裂,因此有必要测试花生荚果抗压强度。

试验材料、设备与茎秆断点、荚果断点抗拉强度试验一致,试验从荚果三轴方向施压,即正压(沿宽度方向平行于荚果棱边结合面)、侧压(沿厚度方向垂直于荚果棱边结合面)、立压(沿荚果长度方面平行于荚果棱边结合面),如图 2-19 所示,与茎秆断点、荚果断点抗拉强度试验同步进行,共测量 7 天。设置加载速度为 10 mm/min。在相同的工况条件下,每组试验重复 10 次,结果取平均值。

(a) 正压　　　　　　　　　　(b) 侧压　　　　　　　　　　(c) 立压

图 2-19　花生荚果放置方式示意图

花生荚果破裂的压力随晾晒时间的变化曲线如图 2-20 所示。花生荚果各方向破坏受力随晾晒时间的增加而减小;本次试验,正压受力从 97.2 N 降到 55.6 N,侧压受力从 178.7 N 降到 85.1 N,立压受力从 86.3 N 降到 49.6 N,荚果含水率越低,纤维的脆性越大、韧性越小,其能够抵抗破裂的能力就越小;晾晒前期,壳体破坏时受力下降的速率较后期快,这与荚果含水率变化规律相似;同一时刻,侧压破裂所需力最大,正压和立压破裂所需力相差不多,立压破裂时所需压力最小,即最易使荚果破坏的方式是立压。花生壳接缝处的抗压强度相对较低,其破坏形式为花生果壳纵向结合部位破裂。

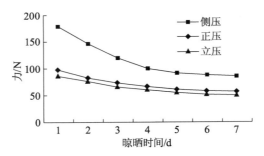

图2-20 花生荚果所受压力与晾晒时间的关系

2.4 干燥物理特性

花生荚果几何外形不规则,总体呈类圆柱状,中间局部缩缢,其缩缢程度影响着干燥过程热空气穿过料层的难易程度及与热空气接触换热的总表面积。花生荚果物理组成亦较复杂,由种仁和种皮构成了花生仁果,壳纤维和内表白膜构成了花生果壳,种皮、白膜、壳纤维是阻碍仁果水分向外迁移的主要因素。比热容、换热系数、汽化热等热力学特性亦是影响花生干燥过程的重要因素。

2.4.1 缩缢比

花生荚果缩缢比是指花生外壳最大直径与外壳中部2个仁果连接处的最小直径(腰径)之比,其值的大小和分布特征与花生的品种有关,与花生长、宽、厚等尺寸共同决定了堆层花生的孔隙度。针对泰花5号、鲁花、四粒红、白沙4个品种,随机选取50粒,测花生荚果大径、腰径并计算缩缢比,结果见表2-5。缩缢比值的大小、分布范围及离散程度受品种影响,但均值差异较小。鲁花的花生荚果形状不规则程度大,缩缢比方差值最大,均值偏离中值幅度明显高于其他3个品种,缩缢比分布离散程度高。白沙品种荚果形状相对规则,均值偏离中值幅度和方差值均最小,缩缢比分布离散程度低。

表 2-5　不同品种花生荚果缩缢比统计分析

品种	泰花 5 号	鲁花	白沙	四粒红
最大值	1.50	1.78	1.50	1.50
最小值	1.00	1.08	1.10	1.00
中值	1.25	1.43	1.25	1.25
平均值	1.27	1.29	1.23	1.22
方差	0.015 3	0.028 4	0.013 8	0.019 6

2.4.2　果壳厚度

果壳厚度是花生荚果的重要特征参数,新收获后的新鲜花生荚果果壳含有大量的水分,尽管对于薄层干燥花生果壳内的水分可以快速蒸发,但对于固定深层花生干燥,果壳过多的水分会对介质空气造成较大的水分携带压力,影响上层物料的快速干燥。同样,较厚的花生果壳,也会增强花生仁果蒸发出的水分穿透果壳向外传输的阻力,因此在花生品质选育时,在保证花生产量的前提下,还需综合考虑有利于机械化收获、干燥等因素,研究果壳较薄的高产花生品种。由 2.4.1 中所述可知,不同品种花生果壳厚度均值,其中白沙为 0.8 mm,四粒红为 1.3 mm,花育为 0.9 mm,鲁花为 1.0 mm。

2.4.3　比热容

美国 Wright 和 Porterfield 曾针对单颗花生荚果和批量花生荚果的比热与内部水分之间的关系进行研究。研究表明:由于花生荚果之间存在空隙,批量花生比热要小于单粒花生比热,但批量花生荚果的比热更具有实际应用意义。具体数学表达式如下:

$$c_p = 1.687 + 1.779 M^{0.881} \tag{2-2}$$

式中:c_p——批量花生荚果比热,J/(g·℃);

M——批量花生荚果平均干基水分,%。

2.4.4　换热系数

在花生荚果热风干燥过程中,热空气的对流传热是干燥的主要热量来源。根据牛顿定律对传热系数的定义,对流传递的热量可通过下式求得:

$$Q = h_H A (T_A - T) \tag{2-3}$$

式中:Q——传热速率,kW;

h_H——物料和空气界面的对流传热系数,kW/(m²·K);

A——有效表面积,m^2;

T_A——空气温度,K;

T——界面上的物料温度,K。

根据努塞尔准则,对流传热系数是流体与干燥物体之间的对流传热热流与流体在干燥物料上导热热流之比的一种度量。在花生荚果深床干燥过程中,热空气属于强迫对流,假设每级干燥段内温度场稳定,则每级干燥段的平均换热准则方程如下:

$$Nu' = \left(0.5 Re'^{\frac{1}{2}} + 0.2 Re'^{\frac{2}{3}}\right) \cdot Pr^{\frac{1}{3}} \tag{2-4}$$

式中:Nu'——修正的努塞尔数;

Pr——普兰特数;

Re'——修正的雷诺数,与努塞尔数 Nu、雷诺数 Re 的换算关系见式(2-5)、式(2-6):

$$Nu' = Nu \frac{\varepsilon}{1 - \varepsilon} \tag{2-5}$$

$$Re' = Re(1 - \varepsilon) \tag{2-6}$$

式中:ε——物料颗粒间的空隙率。

普兰特数可根据其定义进行求解,具体见式(2-7):

$$Pr = \frac{c_p u}{K_A} \tag{2-7}$$

式中:u——干燥空气动力黏度,kg/(m·s);

K_A——空气导热率,W/(m·℃)。

此外,努塞尔数 Nu、雷诺数 Re 可分别根据各自定义,通过式(2-8)、式(2-9)求得:

$$Nu = \frac{h_H d}{K_A} \tag{2-8}$$

$$Re = \frac{u_A \rho_A d}{u} \tag{2-9}$$

式中:Nu——努塞尔数;

Re——雷诺数;

d——花生荚果几何平均直径,m;

u_A——干燥空气速度,m/s;

ρ_A——干燥空气密度,kg/m^3。

整理式(2-4)~式(2-9)对流传热系数得:

$$h_H = K_A \frac{(1 - \varepsilon)}{\varepsilon d} \cdot \left[\frac{1}{2} \cdot \left(\frac{\rho_A \mu_A d(1 - \varepsilon)}{u}\right)^{\frac{1}{2}} + \frac{1}{5} \cdot \left(\frac{\rho_A \mu_A d(1 - \varepsilon)}{u}\right)^{\frac{2}{3}} \right] \cdot \left(\frac{c_p u}{K_A}\right)^{\frac{1}{3}}$$

$$\tag{2-10}$$

查干燥手册得:$K_A = 0.024$ W/$(m \cdot ℃)$,$u = 1.849 \times 10^{-5}$ kg/$(m \cdot s)$,将 K_A,u 及上文计算的 d,ε 数值代入式(2-10)可得式(2-11):

$$h_H = 192.28 \left(\rho_A \mu_A\right)^{\frac{1}{2}} + 210.02 \left(\rho_A \mu_A\right)^{\frac{2}{3}} \qquad (2-11)$$

2.4.5 汽化热

美国 Correa 对花生荚果内部水分汽化热进行了研究,可通过式(2-12)对花生荚果内部水分汽化热进行求解:

$$h_{fg} = 1\,691.86e^{-0.24M_e} + 2\,400.43 \qquad (R^2 = 0.999\,9) \qquad (2-12)$$

式中:h_{fg}——花生荚果中水的汽化热,kJ/kg;

M_e——花生荚果干燥平衡含水率(干基),%。

2.5 脱壳物理特性

花生的果壳质构与厚度、荚果果壳-仁果间隙、荚果与仁果的外形尺寸及荚果的力学特性都与荚果脱净率和仁果损伤率密切相关,因此以上因素对花生脱壳设备结构形式与参数的设计及关键部件材质的选用有重要的意义。

2.5.1 荚果和仁果的几何尺寸

花生荚果和仁果的外形几何尺寸因花生品种而异,对花生机械脱壳的脱净率和仁果损伤率都有重要影响,在脱壳作业时,既要保证荚果不能通过凹板筛,又要使仁果顺利通过凹板筛。白沙、四粒红、花育、鲁花花生荚果、仁果外形几何尺寸见表2-6。由表2-6可知,4个品种花生各方向尺寸分布范围均较广,尺寸差异较大。

表2-6 不同花生品种的几何尺寸

品种	荚果平均尺寸/mm			仁果平均尺寸/mm			果壳平均厚度/mm
	长	宽	厚	长	宽	厚	
白沙	32.5	12.7	12.6	16.6	9.9	8.9	0.8
四粒红	40.5	13.9	13.6	14.6	7.9	7.9	1.3
花育	36.9	13.2	12.1	16.6	9.5	9.7	0.9
鲁花	41.1	11.9	11.6	19.3	10.0	8.6	1.0

2.5.2 果壳质构与厚度

花生壳主要成分为粗纤维,质量分数为65.7%~79.3%,还有粗蛋白、粗脂肪、糖类、矿物质等,壳面呈现纵向网纹,果壳厚度因品种而异,珍珠豆型品种较薄,普通型较厚,一般为大果对应厚果壳,小果对应薄果壳。不同花生品种的花生果壳组织成分含量不同、果壳干物质的密度不同、果壳厚度不同、抗压性也不同,主要影响花生机械脱壳的脱净率,关系着脱壳部件速度及风选参数的选取,果壳干物质的密度越小,结构越松散,容易剥壳,脱净率高。

2.5.3　荚果果壳-仁果间隙

荚果果壳-仁果间隙因品种而异,间隙大小主要影响花生机械脱壳的仁果破损率,间隙越大,机械脱壳时仁果破损率越低。一般发育良好,仁果充实饱满的荚果,荚果果壳与仁果间隙越小,相对来讲出仁率(仁果质量占荚果质量的百分比)高,一般大花生的出仁率在66%~71%居多,小花生出仁率大多都大于73%。

2.5.4　荚果力学特性

前面已对捡拾收获期(也即花生荚果含水率在20%以上)的荚果挤压力进行了论述。以下是脱壳时(也即荚果含水率已降至9%以下)荚果挤压力学特性测试研究。

试验物料选用白沙与四粒红。试验用仪器为微机控制电子万能试验机,对花生荚果进行受压试验;利用电热鼓风干燥箱进行荚果含水率的测定。花生机械脱壳时,荚果主要受正向和侧向压力,正压沿宽度方向平行于荚果棱边结合面、侧压沿厚度方向垂直于荚果棱边结合面,如图2-21所示。

(a) 挤压试验　　　　　　　(b) 正向施压　　　　　　(c) 侧向施压

图2-21　白沙、四粒红花生荚果力学特性试验

(1) 不同花生品种及受力位置对破壳力的影响

本试验所用试验物料自然晒干,白沙荚果含水率为7.43%,四粒红荚果含水率为7.55%,加载速率为30 mm/min,试验结果见表2-7。

表 2-7　白沙、四粒红不同受压位置力学特性测试结果

受力位置	花生品种	荚果破壳力/N					均值/N
		1	2	3	4	5	
正压	白沙	41.71	39.50	40.23	38.32	42.85	40.52
	四粒红	36.52	34.03	33.56	36.86	38.12	35.82
侧压	白沙	42.87	47.75	45.62	47.21	43.51	45.39
	四粒红	49.88	48.52	50.87	50.09	49.67	49.81

正向施压时四粒红破壳力小于白沙,侧向施压时四粒红破壳力大于白沙,主要因为花生在不同施压方式下裂纹的产生部位和扩展方式不同,正面施压时花生壳沿果壳结合处的棱边纵向裂纹;侧面施压时,中段产生横向裂纹,侧面施压四粒红破壳力大于白沙;同一品种花生正向施压破壳力均小于侧向施压破壳力。

（2）不同花生荚果(果壳)含水率对破壳力的影响

通过对白沙花生荚果进行调湿处理,获得不同含水率的荚果。具体做法:预先对 30 kg 荚果分别加入 2.75,2.25,1.75,1.25,0 kg 清水,即分别对应按 92,75,58,42,0 g/kg 5 种比例加入清水对荚果进行调湿处理,用塑料薄膜覆盖 9 h 后,在太阳下晾晒干果壳表面水分,荚果破壳力主要与果壳含水率有关,因此测得荚果含水率分别为 11.87%,10.31%,8.62%,7.7%,7.43%,而对应果壳含水率为 10.85%,10.04%,8.96%,8.64%,8.45%。

试验时,施压位置选择正向施压,加载速率调整至 30 mm/min,试验结果见表 2-8。

表 2-8　不同果壳含水率对白沙花生荚果力学特性测试结果

果壳含水率/%	荚果破壳力/N					均值/N
	1	2	3	4	5	
8.45	41.71	39.50	40.23	38.32	42.85	40.52
8.64	40.78	43.65	43.52	43.10	41.89	42.59
8.96	42.89	43.81	45.67	45.89	46.20	44.89
10.04	47.14	45.44	46.52	45.16	47.31	46.31
10.85	49.86	51.02	50.14	48.76	50.09	49.97

花生荚果破壳力随着果壳含水率的升高而增大。这是由于花生果壳主要由粗纤维组成,水分越少,纤维的脆性越大、韧性越小,受到外界压力时越容易破碎,因此同一品种的花生随含水率的升高,其破壳力也增加。

（3）不同加载速率对破壳力的影响

白沙花生荚果含水率为 7.43%，正向受压前提下，选取 10,20,30 mm/min 3 个水平加载速率进行荚果压力试验，通过此试验也可得出在此条件下加载速率对荚果破壳力的影响，试验结果见表 2-9。

表 2-9 不同加载速率对白沙花生荚果力学特性测试结果

加载速率/ (mm·min⁻¹)	荚果破壳力/N					均值/N
	1	2	3	4	5	
10	48.16	47.45	46.80	46.54	47.12	47.21
20	44.71	45.10	43.89	44.72	45.09	44.70
30	41.71	39.50	40.23	38.32	42.85	40.52

试验结果表明，加载速率对花生荚果破壳力有显著影响，花生荚果破壳力随着加载速率的升高而减小，因此在设计脱壳部件时需充分考虑该因素。

第 3 章 新型花生播种技术

3.1 花生播种农艺

3.1.1 常见播种形式

按照播种时间的不同,花生播种形式可分为春播、夏播和套种播种。

（1）春播

春播可分为平作、垄作和畦作 3 种形式。

① 平作

平作即直接在地面开穴或开沟播种,是我国花生产区一种常见的种植方式,有等行距和宽窄行之分。其行距大小可调整,便于安排,不受起垄限制。优点是利于抢时播种,省时省工,减少起垄工序,但排灌不方便,易致土壤板结、紧实度增加。

② 垄作

垄作是田间起垄,将花生播种在垄上的种植方式。起垄播种可改善土壤团粒结构,对提高地温和昼夜温差有利,有利于田间通风透光,同时排灌亦较方便,能防止积水烂果。土层深厚、地势平坦、有排灌条件的中等以上肥力的地块,应提倡垄作。在丘陵地上起垄还可相应加厚土层,扩大根系吸收范围,有利于荚果发育。

按照是否覆膜,垄作可分为不覆膜垄作(亦称露地栽培)和覆膜垄作。垄的一般规格:垄距 700 ~ 900 mm,垄高 100 ~ 150 mm,垄面宽 400 ~ 600 mm。对肥力偏低地块种植较矮小的紧凑品种,垄距宜小些;对肥力高的地块种植植株高大品种,垄距宜大些。随着起垄机械的推广和配套技术的完善,花生垄作栽培面积有不断增加的趋势。垄作花生多采用宽窄行种植,其垄上窄行距通常为 250 ~ 300 mm,穴距为 150 ~ 200 mm,双粒穴播种植密度为 8 000 ~ 12 000 穴/亩。

③ 畦作

在降雨量较多、易受涝害的南方和土层浅、易懒涝的丘陵旱地,宜采用畦作,尤其南方的广东、广西、福建、湖南等地区的水稻花生轮作田,宜做成畦面宽 1 000 ~ 1 100 mm,畦沟宽 400 mm 的高畦。北方的鲁南和苏北地区,在土层浅、易涝的丘陵旱地,也有高畦种植的习惯。丘陵旱地宜做成畦面宽 1 300 ~ 3 000 mm,畦沟上口宽 150 ~ 200 mm,沟深 200 ~ 250 mm 的高畦。

（2）夏播

夏播可分为灭、翻、旋、播复式作业和免耕播种作业 2 种。

① 灭、翻、旋、播复式作业

针对黄淮海地区"小麦 – 花生"一年两作制的夏播花生机械化生产需求，主要用于有前茬作物的夏播花生平作及垄作，通过组配适宜的灭茬机、深翻犁、旋耕机和花生复式播种机等机具，实现夏播花生作业。生产试验表明，夏播花生采用先灭茬再深翻后旋耕的生产工艺，基本可顺利完成起垄、开沟、排种、施肥、覆膜、覆土等机械化复式播种作业，但对前茬作物的处理有一定的条件：前茬收获应尽可能实行低割茬（小于 150 mm）收获；秸秆粉碎长度应不大于 150 mm，且应抛撒均匀；秸秆和根茬应采取深埋（大于 200 mm）为宜。采用该模式实现机械化夏播花生，技术上可行，但作业环节多，需多种机具多次下田，生产成本高，农户不易接受。

② 免耕播种技术

免耕播种技术是指在地表有前茬作物秸秆覆盖或留茬情况下，不耕整地或少耕后播种的一种播种技术，在花生种植上多用于夏花生播种。我国人多地少，大多数产区不仅为一年两（多）熟制，而且尽力在抢种抢收上下功夫，实现机械化免耕播种，不仅能抢农时、节成本，且秸秆覆盖地表，可蓄水保墒，增加土壤有机质含量，提高土壤肥力，改善土壤结构，同时避免秸秆焚烧及扬尘，保护生态环境。

（3）套种

在前茬作物的生长后期，将花生播种在前茬作物的行间，以增加花生生长期内的光热量。花生套种的前茬作物主要是小麦，另外也有大麦、油菜、豌豆和蚕豆等。与小麦套种的花生称麦套花生，其主要种植区域在河南和山东。套种花生实现机械化难度较大，是一种逐渐被淘汰的种植方式。

3.1.2　播种时间

花生的播种时间要与当地自然条件、栽培制度和品种特性紧密结合，根据种植品种、耕作制度、栽培方法及土壤条件（如土壤质地、地温、墒情等）全面考虑，灵活掌握。播种前 5 天日平均地温达 15 ℃以上为适播期，地膜覆盖栽培可适当提前。播期选择尽量避开雨季，坚持足墒播种，播种时 50 ~ 100 mm 土层土壤含水量不能低于 15%，如果墒情不足，应提前浇水造墒。我国由北向南典型地区春、夏花生种收时间见表 3-1 和表 3-2。

表 3-1 我国典型地区春花生种收时间

种植地区	播种时间	收获时间
辽宁锦州	4 月下旬	9 月下旬
河北唐山	4 月下旬	9 月上旬
河北保定	4 月下旬	8 月上旬
山东烟台、潍坊、临沂	4 月下旬	9 月上旬
河南开封	4 月下旬	8 月上旬
江苏徐州	4 月 20 左右	9 月上中寻
安徽	4 月中旬	8 月上旬
四川南充	3 月下旬	7 月上旬
湖南邵阳	4 月上旬	9 月上旬
江西赣州	3 月 20 左右	7 月底
福建泉州	3 月	7 月中上旬
广西北部	4 月初	8 月底
广西南部	3 月初	7 月初
广东	3 月上旬	7 月上旬

表 3-2 我国典型地区夏花生种收时间

种植地区	播种时间	收获时间
辽宁锦州	4 月下旬	9 月下旬
河北唐山	5 月下旬	9 月中旬
河北保定	5 月上旬	9 月中旬
山东烟台、潍坊、临沂	4 月下旬	9 月上旬
河南开封	6 月上旬	10 月上旬
河南驻马店	6 月上旬	10 月上旬
安徽	5 月下旬	9 月上旬—10 月上旬
四川南充	6 月上旬	9 月底、10 月初
湖南邵阳	4 月上旬	9 月上旬
江西赣州	3 月 20 左右	7 月底
福建泉州	7 月下旬—8 月上旬	11 月下旬—12 月上旬
广西	7 月底、8 月初	11 月下旬
广东	8 月上旬	11 月下旬

3.1.3 播种农艺对机械化播种的要求

播种农艺要求包括播量、行距、株距(或穴距)、播种均匀度、播种深度、覆土深度及土壤紧实程度等。各种作物的播种因其品种不同要求也不同,有时同一种作物因土壤条件、气候特点、耕作制度的不同也会有很大差异。花生播种农艺对机械化播种的要求如下:

(1)播量适宜

花生机械化播种多为穴播,为保证产量,每亩播量要达到农艺要求且尽可能保持播量一致。通常而言,大花生每亩8 000～10 000 穴,小花生每亩10 000～12 000 穴为宜,每穴2 粒。一般情况下,播种早、土壤肥力高、降雨多、地下水位高的地方,或播种中晚熟品种,播种密度宜小;播种晚、土壤瘠薄、中后期雨量少、气候干燥、无水利条件的地方,或播种早熟品种,播种密度宜大。

(2)播量精确

花生多采用双粒穴播,机械化播种的穴粒数合格率(≥85%)和空穴率(≤2%)须达到标准要求。

(3)播深一致

花生播种深度要根据墒情、土质、气温灵活掌握,并尽可能保证播深一致,一般机械播种以50 mm 左右为宜。沙壤土、墒情差、地温高的地块可适当深播,但不能深于70 mm;土质黏重、墒情好、地温低的地块可适当浅播,但不能浅于30 mm。

(4)覆土可靠

覆土性能是花生机械化播种的一项重要指标,可靠的覆土是保证花生出苗率和产量的关键因素。花生机械化播种应确保种穴完全覆土,且覆土厚度须达到标准或当地农艺要求,避免因覆土不可靠而造成晾种等问题。

(5)伤种率低

机械播种伤种率是考核花生播种设备作业性能的重要指标,机械播种伤种率须满足标准要求(≤1.5%),以防出现缺苗和影响产量。

3.2 国内外技术发展概况

3.2.1 国外技术发展概况

除美国外,发达国家鲜有花生规模化种植。美国花生生产机械化技术较为成熟,其花生种植体系与机械化生产系统高度融合,各个环节早已全面实现机械化。

美国花生种植主要集中在佐治亚州、佛罗里达州、德克萨斯州、亚拉巴马州等东南沿海地区。其花生种植多实行一年一熟轮作制,主要为玉米—花生—棉花等。玉米或棉花收获后,一般将秸秆直接粉碎还田,根茬留在土中不做处理,经过一年的风化腐蚀,田间残留秸秆和根茬对花生播种作业影响很小。

美国花生种植多采用大型机械进行单粒精量直播(见图3-1~图3-3),且种子全部经过严格分级加工处理,并采用杀菌剂和杀虫剂包衣。风沙地条件下,为防止风蚀,常采取免耕播种作业。其播种设备多为气吸式或指夹式精量排种器,以降低伤种率,保证发芽率和种群数。

图 3-1　美国花生机械化播种作业 Ⅰ

图 3-2　美国花生机械化播种作业 Ⅱ (免耕播种)

图 3-3　美国花生机械化播种作业 Ⅲ (免耕播种)

3.2.2 国内技术发展概况

我国花生机械化播种经历了由简单农具到可同时实现起垄、播种、施药、覆膜复式播种作业的多个发展阶段。花生播种机（包括覆膜联合播种机）现已有多种机型，功能也在不断完善，基本可满足播种精度、密度和深度要求，在生产中已获良好应用。其中研发出了膜上打孔免放苗播种、苗带压沟覆土免放苗播种和麦茬全秸秆覆盖免耕（垄作）播种设备，提高现有设备的适应性、适配性与可靠性仍是目前的研究重点。我国常见的机械化花生播种机具主要有以下几种。

（1）不带覆膜功能的复式播种机

以小四轮及小手扶拖拉机为动力，可一次完成开沟、施肥、播种、覆土等作业，主要用于无地膜覆盖需求的花生复式播种作业。

（2）苗带压沟覆土免放苗播种机

苗带压沟覆土免放苗播种是指机具作业时先膜下播种，后膜上苗带压沟覆土免放苗播种，主要用于传统黄淮海产区春花生播种作业。

（3）膜上打孔免放苗复式播种机

膜上打孔免放苗复式播种是机械化覆膜免放苗复式播种技术的另一种形式，机具作业时先覆膜，后膜上打孔播种，再苗带上覆土。主要用于黄淮海和东北产区的花生播种作业。

（4）全量秸秆覆盖地免耕洁区播种机

全量秸秆覆盖地免耕洁区播种机是指在前茬作物收获后秸秆未做任何移出处理的地块上，将田间的秸秆粉碎并拾起、向上向后输送、均匀抛撒，通过秸秆空间位置变化形成无秸秆的"洁净区域"，在洁区内完成苗床整理、播种施肥和播后覆土，再将碎秸均匀覆盖于播后地表的免耕播种机具。

3.3 花生膜上打孔免放苗播种技术

覆膜种植是我国花生生产的一大特色，由于覆膜具有保温、保墒、促进花生早熟和增产等显著效果，已在我国各大花生主产区应用广泛。由于覆膜播种常需要在花生出苗前人工破膜放苗，费工、费时且劳动强度大，因此花生免放苗播种技术应运而生。

花生免放苗播种技术是运用花生免放苗播种机一次性完成开沟、播种、覆膜、覆土、镇压等工序的机械化操作技术。近年来，随着该技术的需求日益迫切，国内许多花生机械生产厂家研制开发了适于不同型号拖拉机牵引的播种机型。花生免放苗播种机按铺膜和播种的先后顺序不同，可分为先铺膜后播种的膜上打孔免放苗播种机及先播种后铺膜的膜上苗带压沟覆土免放苗播种机。

　　花生膜上打孔免放苗播种技术是由成穴部件在播种位置上切开地膜成穴播种,对土壤的扰动小,有利于土壤保墒和抗旱,省去人工破膜放苗,且小雨可沿着膜孔渗入膜下。该技术的主要难点在于保证作业顺畅性、高效性的前提下,如何有效控制撕膜窜膜率,提高覆土可靠性。针对上述问题,农业部南京农业机械化研究所开展了相关技术研究,并创制出 2BQHM－2 型气吸式花生覆膜穴播机,现对创制机具及相关研究论述如下。

3.3.1　整机构成及工作原理

　　2BQHM-2 型气吸式花生覆膜穴播机主要由施肥装置、起垄犁、铺膜装置、穴播轮、覆土装置等部分组成,结构如图 3-4 所示。

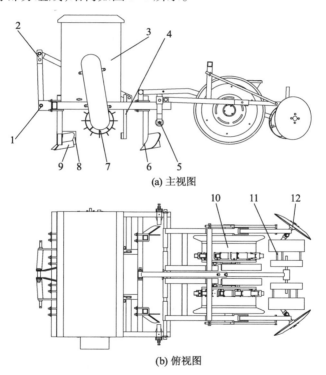

(a) 主视图

(b) 俯视图

1—机架;2—牵引架;3—肥箱;4—平土板;5—铺膜装置;6—开沟器;
7—地轮;8—施肥开沟器;9—起垄犁;10—穴播轮;11—覆土滚轮;12—覆土圆盘

图 3-4　2BQHM－2 型气吸式花生覆膜穴播机结构图

　　穴播机通过牵引架三点悬挂在拖拉机上,施肥开沟器、起垄犁安装在机架前端,按照花生播种农艺施肥及起垄要求调整位置及深度。地轮通过链传动带动排肥器工作,实现定量施肥。穴播轮采用压板开启式成穴组件,成穴组件径向安装在滚轮体上;采用气吸式取种装置,利用风机负压使排种盘实现精量取种;穴播轮通过支架挂接在机架上,保证穴播轮与地表充分接触,当遇到障碍物时,可随时抬起避免成穴部件损坏。机具作业时,先由起垄犁将两侧的土推向内侧,同时施肥开沟器开出肥沟,施肥装置在地轮的带动下将种肥排入肥沟内,平土板将垄面整平,开沟器按垄宽开出膜边沟,覆膜装置铺膜,并由穴播轮成穴器的压膜轮将地膜压入膜边沟,同时将膜边压紧,成穴部件打穿地膜在土壤上完成破膜、成穴、投种过程,随后由覆土装置完成膜边覆土及苗带覆土的过程。

3.3.2 关键部件设计

（1）穴播轮的设计

穴播轮法构如图3-5所示。其在机具作业中主要完成膜上成穴及精量取种、播种工序,是花生覆膜穴播机的核心部件,其工作质量的高低决定该机的作业性能。

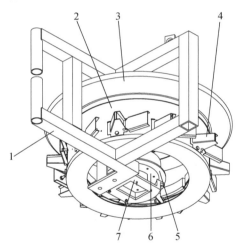

1—支架;2—滚轮体;3—压膜轮;4—成穴组件;5—气室;6—排种盘;7—种子室

图3-5　穴播轮结构图

作业时,膜上打孔成穴主要由滚轮体、压膜轮、成穴组件完成。其主要结构参数包括滚轮体半径(R)、成穴组件个数(Z)、成穴深度(H)、固定鸭嘴倾角(鸭嘴前面与其中线夹角,α)、活动鸭嘴倾角(鸭嘴后面与其中线夹角,β)及鸭嘴开度(d)。滚轮体半径与播种穴距、成穴深度、成穴组件个数等有关,其关系如下:

$$R = \frac{Zt - 2\pi H}{2\pi} \tag{3-1}$$

式中:R——滚轮体半径,mm;

　　Z——成穴组件数,个;

　　t——播种穴距,mm;

　　H——成穴深度,mm。

　　由于穴播轮工作过程中依靠滚轮体滚动前进成穴并带动吸种盘取种,其转速过高对精量取种及成穴均不利,因此,为了使成穴作业有较高的理想工作速度,R 取值应大。但 R 值过大,滚轮结构尺寸过大,使整机质量加大,不利于机组悬挂,同时对垄面质量、机组作业的灵活性均产生不利的影响。根据花生垄作覆膜播种农艺可知,通常情况下最佳播种深度为 50 mm,常用穴距为 150 ~ 200 mm,滚轮体半径的取值范围一般为 340 ~ 480 mm,依据作业及技术要求,设计时选择滚轮体半径 R 为 460 mm,播种深度 H 为 50 mm,综合考虑各参数代入式(3-1)得到成穴组件个数 $Z \approx 10$。

　　成穴鸭嘴倾角对成穴效果、入土性能、充种效果等均有较大影响。固定鸭嘴倾角 α 是引起挑膜的主要因素,其大小影响成穴器入土性能、出土时是否挑膜及出土时的动土量,由分析可知 α 越小挑膜越严重,且随作业速度的增加加剧,但其过大则不利于入土,造成膜孔增大,活动鸭嘴倾角 β 的存在,使穴孔、膜孔增大,但其过小,则难保证鸭嘴内充种,在参考文献及分析的基础上,固定鸭嘴倾角 $\alpha = 15 \sim 25°$,一般取 $\beta = \alpha$,设计的成穴组件结构对称且活动鸭嘴顶端各点的轨迹落在固定鸭嘴顶端各点轨迹形成的包络线内,降低其对膜孔及穴孔的影响。鸭嘴开度决定种子排出效果,为使种子顺利排出,鸭嘴开启时开口大小应满足 $(1.2 \sim 1.5)\, d_{max}$(d_{max} 为花生种子三轴最大尺寸),其大小可由下式确定:

$$\varphi = 2\arcsin\left(\frac{d}{l}\right) \tag{3-2}$$

式中:φ——活动嘴转角,(°);

　　　d——鸭嘴开度,mm;

　　　l——活动嘴长度,mm。

　　① 穴播轮传动系统

　　该系统主要由连接盘、传动轴、挂轮机构等组成,如图 3-6 所示。

　　分析得排种盘吸种孔线速度 v_p 与穴播轮前进速度 v_m 关系如下:

$$v_p = \frac{\pi D q (1 + \eta) v_m}{Ztn} \tag{3-3}$$

式中:v_p——排种盘吸种孔线速度,m/s;

　　　v_m——穴播轮前进速度,m/s;

　　　D——排种盘直径,cm;

　　　q——每穴粒数,个;

η——穴播轮滑移率,%;

Z——排种盘吸种孔数,个;

t——穴距或株距,cm;

n——排种盘吸种孔排数,排。

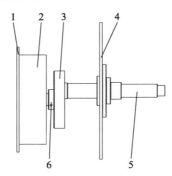

1—排种盘;2—气室;3—内辊子链轮;4—连接盘;5—传动轴1;6—传动轴2

图3-6 传动系统配置图

由式(3-3)可知,穴播轮前进速度直接影响排种盘吸种孔线速度大小,进而影响种子充填性能,当 v_p 过高时,吸种孔充种时间短,易造成漏播,且排种盘转速较大,种子产生的离心力就大,需要的吸种负压也越高,由于穴播轮吸种负压是由拖拉机输出轴间接提供的,因此转速范围受到限制。一般排种盘吸种孔线速度 v_p 不宜超过 0.35 m/s,由此可确定机具作业的速度范围。

由于挂轮机构传动比为内辊子链轮与链轮配合比值,其值大小决定排种盘吸孔线速度大小,该值越大,排种盘转速越低,吸种时间越长,越利于吸种。但其值的大小影响到排种盘吸种孔数及尺寸参数。根据播种要求及便于穴距调整,设计中选取挂轮机构比值为 1.5:1.0。

② 气吸式排种装置

气吸式排种装置主要由气室、排种盘、种子室等组成,如图3-7所示。排种盘孔径大小由播种花生的几何尺寸决定,设计中选取大粒花生和小粒花生排种盘的吸孔直径分别为 6.0 mm 和 5.0 mm,排种盘吸种孔按径向分为 2 排,根据选取挂轮机构比值及成穴部件个数,确定每排吸种孔为 15 个,满足每穴播种量为 2 粒。

气室吸种负压是决定穴播轮吸种能力的主要因素,不同品种的花生种子由于物理特性的差别,所需吸附力的大小也不同。在竖直面内回转的排种盘上,1 个吸种孔吸住 1 粒种子所需吸附力为

$$\frac{p_0 d}{2} \geqslant QC \tag{3-4}$$

式中: p_0——单个吸种孔吸力,N;

　　　d——吸种孔直径,cm;

　　　Q——单粒种子的重力、离心力及种子群内摩擦力的合力,N;

　　　C——种子重心与排种盘之间的距离,cm。

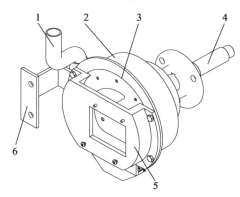

1—气管;2—气室;3—排种盘;4—传动轴;5—种子轴;6—连接板

图 3-7　气吸式排种装置结构图

由于实际作业中,受外界环境条件影响较大,因此引入吸种可靠性系数 K_1 (K_1 = 1.8~2.0,一般种子千粒质量小,形状近似球形时,取小值)和工作稳定可靠系数 K_2 (K_2 = 1.6~2.0,种子千粒质量大时,取大值),针对不同种子,在最大极限条件下,可求出气室所需最大吸种负压为

$$p_{max} = -\frac{80K_1K_2mgC}{\pi d^3}\left(1 + \frac{v_p^2}{gr} + \lambda\right), \lambda = (6 \sim 10)\tan\alpha \tag{3-5}$$

式中: p_{max}——最大吸附种负压,kPa;

　　　K_1——吸种可靠性系数;

　　　K_2——工作稳定可靠系数;

　　　m——单粒种子质量,kg;

　　　g——重力加速度,m/s²;

　　　d——吸种孔直径,cm;

　　　v_p——吸种孔中心处线速度,cm/s;

　　　r——吸种孔转动半径,m;

　　　λ——种子的摩擦阻力综合系数;

　　　α——种子自然休止角,(°)。

(2)覆土装置

覆土装置主要由覆土圆盘及覆土滚轮两部分组成。覆土圆盘主要完成膜边覆土及苗带供土作用,工作时将垄沟两侧的土推向垄沟并带入覆土滚轮,完成膜边及苗带覆土,通过调节其角度及入土深度可改变取土量大小。覆土圆盘、覆土滚轮与穴播轮的相互配置如图3-8所示。覆土装置均采用弹簧连接的方式,通过调节弹簧可改变覆土圆盘及覆土滚轮对地表的压力,同时遇到障碍物时可自行抬起,实现过载保护的作用。覆土滚轮主要由拉杆、大(小)滚轮、调节轴等组成,如图3-9所示,通过拉杆挂接在机架连接轴上,与覆土圆盘配合进行苗带覆土。拉杆由两部分组成,可调节其前后位置。机具前进时通过拉杆带动滚轮前进,当覆土圆盘将土送入滚轮后通过大滚轮内的导土片及小滚轮内的挡土板共同实现苗带覆土。覆土滚轮通过螺钉固定在调节轴上,可对滚轮在一定范围内进行左右调节,满足不同种植模式的需要。

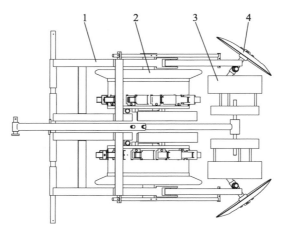

1—机架;2—穴播轮;3—覆土滚轮;4—覆土圆盘

图3-8 覆土装置配置图

1—大滚轮;2—小滚轮;3—连接套;4—调节轴;5—拉杆

图3-9 覆土滚轮结构图

3.3.3 性能试验

试验在江苏省农科院试验田进行,土壤类型为轻壤土,按照农业行业标准《铺

膜穴播机　作业质量》（NY/T 987—2006）的要求，在满足作业效率的前提下，对该机具的工作顺畅性、可靠性及不同作业速度、吸种负压下作业效果进行测试。表 3-1 列出了满足作业要求及条件下最高作业速度（机具前行速度为 0.82 m/s，吸种负压为 4.35 kPa）播种四粒红时的测试的结果，机具田间作业效果良好。

表 3-3　性能试验结果

测量指标	平均值	方差	变异系数	合格率/%
膜孔长度/cm	3.79	0.41	0.168	—
播种深度/cm	4.85	0.89	0.195	92.5
穴距/cm	17.64	1.03	0.057	98.3
穴粒数/个	1.87	0.53	0.385	96.4
孔穴错位量/cm	0.57	0.61	1.370	95.4
膜孔覆土厚[*]/cm	2.45	0.47	0.281	96.0

[*]合格率为全覆土率

　　由试验结果及分析可知：在满足作业效率的前提下，该机具作业稳定、各部件工作顺畅，成穴质量、播种质量等各项指标均满足气吸式覆膜穴播机作业技术要求；随着作业速度的增加，成穴部件撕膜、挑膜现象加剧，膜孔长度变大，均匀性变差，孔穴错位率变大，这是由随机具作业速度的增加，成穴部件对地膜及穴孔土壤的作用力加剧所致；随吸种负压增加，合格率增加的同时，重播率也相应变大；成穴过程出现部分穴播深度不能满足要求，甚至出现无法破膜现象，造成种子播种深度不足，有些种子播在膜上，这主要是由苗带土壤坚实度过大或出现大块较硬的杂物，使成穴部件无法进入土壤造成；播种过程中存在漏播问题，分析原因除了排种器吸种问题外，还存在鸭嘴开启不及时或未开启的现象，这是由土壤较松软，压板无法将鸭嘴及时打开或无法开启所致，此外夹杂引起鸭嘴关闭不严，造成漏播。

3.4　花生膜上苗带压沟覆土免放苗播种技术

　　膜上苗带压沟覆土免放苗播种技术是花生免放苗播种技术的另一种技术形式。机具作业时，先完成垄上播种作业后覆膜，并在膜上沿苗带压沟、覆土。该技术的优点在于种子发芽可自行破膜出苗，省去人工破膜放苗工序，不破坏膜下墒情及土壤环境；小雨可降入沟内不流失，并可沿着膜孔渗入膜下。该技术的主要难点在于保证作业顺畅性、高效性的前提下，如何保证覆土可靠性和适应性，降低苗带压沟伤膜率。在实际使用中，因受土壤墒情及耕整地质量等因素影响，难以达到理想的免放苗效果,常常还需要人工查苗放苗。

农业部南京农业机械化研究所选取典型的膜上苗带压沟覆土免放苗播种机即 2BFD‐2C 型多功能花生覆膜播种机,开展田间作业性能试验分析,现分述如下。

3.4.1 试验机具简介

（1）整机构成与工作原理

试验选用的 2BFD‐2C 型多功能花生覆膜播种机主要由机架、开沟器、起垄犁、排肥机构、排种机构、覆膜机构及苗带覆土器等部件组成,如图 3-10 所示。该机具一次作业可完成开沟、起垄、施肥、播种、覆土、喷药、覆膜、膜上苗带压沟、覆土等多道工序。

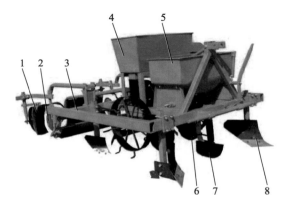

1—集土滚筒;2—展膜轮;3—机架;4—种箱;5—肥箱;6—圆盘式开沟器;
7—靴式开沟器;8—起垄犁

图 3-10 2BFD‐2C 型多功能花生覆膜播种机

作业时,由小四轮拖拉机牵引,起垄犁由两侧向中间聚土形成垄形,同时靴式开沟器和双圆盘式开沟器分别开出一定深度的肥沟及种沟。机具前行时,滚动的地轮将动力通过链条传递给排种、排肥装置,将种子播入种沟,将化肥施入种沟间的肥沟。随后由覆土板对肥沟和种沟进行覆土处理,并将垄面刮平。喷药装置向垄面喷洒除草剂后再覆膜并沿苗带压沟,集土滚筒完成膜上苗带覆土,播种工序完成。

（2）主要技术参数

2BFD‐2C 型多功能花生覆膜播种机具体技术参数见表 3-4。

表 3-4　2BFD‑2C 型多功能花生覆膜播种机主要技术参数

技术项目	技术参数	技术项目	技术参数
长×宽×高/mm	2 200×1 150×910	整机重量/kg	150
配套动力/kW	12 马力以上小四轮拖拉机	播种行数/行	2
播种深度/mm	30～50	穴距/mm	150～250
工作幅宽/mm	750	适应膜宽/mm	800～900
行距/mm	270	播种量/kg	13～18
排种形式	内充宫吐式	施肥量/kg	最大 50,可调
作业效率/($hm^2 \cdot h^{-1}$)	0.2～0.3	喷药量/kg	30～50

3.4.2　性能试验

（1）试验设计

① 试验条件

田间性能试验于江苏省泰兴市根思乡试验地进行。试验地土壤质地为肥力较好、含水率约 19% 的沙壤土。试验花生品种为泰花 2 号,花生百仁重为 83 g。试验使用颗粒肥料,膜宽 900 mm,厚度 0.006 mm。

② 试验方法及测试内容

播种机与 TAISHAN‑180 拖拉机挂接进行试验,作业前行速度为 3 km/h。播种试验中,测试机具的作业顺畅性、适应性及质量。

A. 作业顺畅性

作业过程中,人工查看机具各主要工序的作业顺畅性,包括起垄、开沟、排肥、播种、喷药、覆膜、覆土等。观察机具作业过程中是否存在挂草壅土及排肥、排种、喷药、覆膜、覆土不畅等问题。

B. 适应性

作业过程中,人工查看试验机具对试验条件的适应能力,如试验地的土壤类型、含水率、含杂率、种子尺寸、地膜尺寸等。

C. 作业质量

机具作业质量主要考查机具各主要作业指标,测量垄高、垄距、垄面宽、穴距、行距、播深,计算穴粒合格率、空穴率、破碎率等是否达到复式播种机标准规定的要求。性能测定在测区内往返的 2 个单程上交错选定的 4 个小区内进行。小区长为理论穴距的 15 倍,对于有周期性规律的应不少于 1 个周期,且不少于 15 穴。

a. 垄高、垄距、垄面宽、穴距、行距及播深的测定。

在选定的小区内对垄高、垄距、垄面宽、穴距、行距及播深进行多次测量,并分别取各指标的平均值。

b. 穴粒合格率、空穴率的测定。

在选定小区内的各点处,分别计算穴粒合格率、空穴率。

$$\theta = \frac{100g}{G} \tag{3-6}$$

式中:θ——机具作业后的穴粒合格率或空穴率,%;

G——选定小区内各性能指标分别测定的总数量,个;

g——符合标准的穴粒合格数量或空穴数量,个。

c. 种子机械破损率的测定。

种子机械破损率根据标准《播种机　外槽轮排种器》(JB/T 9783—2013)中的计算公式求得,即

$$K = \beta - \alpha \tag{3-7}$$

式中:K——种子机械破损率,%;

β——经过排种器后种子破损率,%;

α——原始种子破损率,%。

(2)田间试验结果与分析

① 作业顺畅性试验

该机具在无草地块的起垄、开沟、排种、排肥、覆膜、喷药、覆土等工序都较顺畅。但有草时也易挂草壅土,阻碍地轮转动,严重影响机具作业顺畅性。其原因在于该机具结构过于紧凑,地轮、开沟犁及刮土板之间的间距过小,使得排草不畅造成挂草壅土严重。建议加大地轮、开沟犁及刮土板间的间距,同时增大地轮直径,使其在垄沟间行走,减少壅土堵塞。

② 适应性试验

该机具对本试验土壤类型、含水率,以及种子大小、颗粒肥料状态、地膜尺寸有良好的适应性。但机具无限深装置,使得该机具对耕整地质量及地块平整度要求较高,旋耕太深或太浅、土块太大或是地块起伏都会影响作业质量。因此,应增加限深轮等装置,以解决上述问题。

③ 作业质量试验

播种机作业质量对比见表3-5。

表 3-5　播种机作业质量

技术项目	技术参数	标准要求
垄高/mm	115	依当地农艺要求
垄距/mm	868	—
垄面宽/mm	525	—
行距/mm	277	—
穴距/mm	166	依当地农艺要求
播深/mm	54	50
穴粒合格率/%	95	≥85
空穴率/%	5	≤2
破碎率/%	2.17	<1.5

试验结果表明,该机具各指标均达到或接近复式播种机标准。起垄高度及垄面宽由前部的起垄犁位置决定,通过调整起垄犁距地面的高度,可获得合适的垄高;调整左右起垄犁间的距离,可获得合适的垄面宽。可通过改变地轮与排种器间链轮传动比来调整其播种穴距,但播种行距不可调。播深由双圆盘式开沟器的位置高低即到地面的距离决定。因此,通过调节双圆盘式开沟器的位置可获得所需的播种深度。就穴粒合格率及空穴率而言,机具采用内充宫吐排种方式,排种的顺畅性及精度较好,因此穴粒合格率高。空穴率高于标准要求,是由于地块存在杂草或秸秆时机子易挂草壅土,阻碍地轮转动,影响排种作业顺畅性,是机具顺畅性在作业质量上的体现。而种子破碎率略高于标准要求,可能是由种子含水率偏低造成的。

3.5　麦茬全量秸秆覆盖地花生免耕洁区播种技术

3.5.1　研发背景

(1) 产业背景

我国秸秆要实现经济有效资源化利用,有其复杂性、艰巨性和独特性。我国多为多熟制小田块分散种植,种植标准化程度低,前茬作物收获模式复杂多样,特别是 2007 年"西气东输"全线贯通和近十年农机化快速发展、劳动力大量进城后,农作物秸秆燃料化(烧饭)和饲料化(喂牛、羊、猪)的传统需求锐减,又尚未探索出真正有效适推的秸秆移出资源化利用技术模式。因此,秸秆不收集移出、就地还田成为广大农民普遍的自觉选择,前茬作物收获后秸秆与根茬未做任何收集移出处理的"全量秸秆覆盖地"已成为我国耕种新常态。"全量秸秆覆盖地"不同作业工况如图 3-11 所示。

(a) 玉米/小麦秸秆粉碎抛撒覆盖

(b) 小麦/水稻秸秆粉碎成条铺放覆盖

(c) 水稻/玉米秸秆整秆放倒覆盖

(d) 玉米/棉花秸秆整秆直立覆盖

图 3-11 "全量秸秆覆盖地"不同作业工况

我国黄淮海花生主产区以麦收后直播夏花生为主,传统麦茬全量秸秆覆盖地播种前必须完成碎秸灭茬、深翻旋耕、混合和覆盖,机械化作业需配套灭茬机、旋耕机、旋播机,作业工序多、机具多次下田,生产成本高、耗工耗时、耽误农时,直接加大了秸秆禁烧的难度。因此,面对全量秸秆覆盖地,无论是抢农时、节约成本、提高复种指数,还是耕地提质保育、秸秆禁烧、保护生态,产区迫切需要能实现麦茬全量秸秆覆盖地一次下田即可完成花生高质量施肥播种的机具,也即免耕播种机。

(2)存在的技术难题

现有传统免耕播种装备以适应秸秆移出,仅有根茬或少量秸秆均匀覆盖的作业条件为主,在"全量秸秆覆盖地"工况下作业时则存在以下三大技术瓶颈(见图 3-12):a. 施肥播种入土部件挂草壅堵,作业顺畅性难以保证;b. 种子易播在秸秆上,易造成架种;c. 覆土不可靠,易造成晾种。

(a) 入土部件挂草壅堵

(b) 架种

(c) 晾种

图 3-12 三大技术瓶颈

（3）国内外相关技术研发现状

美、加、澳等发达国家免耕播种技术与装备适于其规模化种植、种养业一体化、单熟制的国情,机器庞大、效率高,多采用非动力驱动圆盘破茬防堵及入土部件多行错位排列加大秸秆流动空间,在秸秆移出利用、留田量少且已充分腐化的作业工况下,播种质量好,性能稳定;但不适应我国的种植规模、种植结构和种植制度,在"全量秸秆覆盖地"作业工况下,易壅堵,种沟不能有效弥合,秸秆易被压入土壤中,形成架种、晾种,影响播种质量。其典型技术装备如图 3-13 所示。

(a) 美国 John Deere　　(b) 加拿大 Flexi coil　　(c) 澳大利亚 John Shearer

图 3-13　国外典型免耕播种技术装备

国内传统免耕播种防壅堵的主要技术思路着力于局部及点上消除秸秆障碍,主要方式有:a. 利用入土部件错行排列或种肥正位垂直分施,加大秸秆流动空间;b. 入土部件前方加装导草辊、拨草轮等辅助秸秆疏导装置;c. 采用波纹圆盘刀加拨草轮强行切断播种带上的秸秆并拨开;d. 苗带旋耕防堵,利用旋耕刀只在种行上切断秸秆、粉碎根茬和苗床整理。具体防壅堵技术方式如图 3-14 所示。采取上述防壅堵方式的传统免耕播种装备基本适应秸秆移出,仅有根茬或少量秸秆均匀覆盖的作业条件,在"全量秸秆覆盖地"作业依然存在挂草壅堵、架种、晾种等问题。

(a) 入土部件错行排列　　　　(b) 加装辅助秸秆疏导装置

(c) 圆盘开沟器加拨草轮　　　　(d) 苗带旋耕防堵

图 3-14　国内典型免耕播种防壅堵技术方式

因此,面对全量秸秆覆盖地免耕播种就地还田作业,国外技术与装备难以直接借鉴和效仿,国内又无适宜机具,要破解中国特色的全量秸秆覆盖地难题,只能立足自主创新,且要突破传统思维,着力重大思路突破。

3.5.2 麦茬花生免耕洁区播种机设计

（1）技术思路

针对传统免耕播种设备在全量秸秆覆盖地作业时因秸秆障碍因子而造成的入土部件挂草壅堵、架种、晾种难题,全量秸秆覆盖地免耕"洁区播种"技术突破其仅着力于局部及点上消除秸秆障碍,且未顾及秸秆覆盖质量的技术思路,协同实现秸秆障碍破除与秸秆均匀覆盖。具体技术思路:将田间的秸秆粉碎并拾起、向上向后输送、均匀抛撒,通过秸秆空间位置变化形成无秸秆的"洁净区域",在洁区内完成苗床整理、播种施肥和播后覆土,再将碎秸均匀覆盖于播后地表,即"碎秸清秸、洁区播种、均匀覆秸"。机械化免耕"洁区播种"耕作技术工艺流程如图3-15所示。

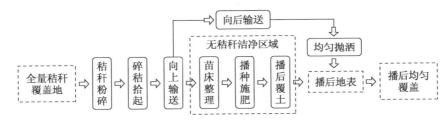

图3-15 机械化免耕"洁区播种"耕作技术工艺流程

（2）麦茬花生免耕洁区播种机结构布置与作业工序

基于机械化免耕"洁区播种"耕作技术思路创制的麦茬全量秸秆覆盖地花生洁区免耕播种机如图3-16所示。

图3-16 麦茬全量秸秆覆盖地花生洁区免耕播种机

　　具体结构如图 3-17 所示,该机具为悬挂式,通过前三点悬挂 13 与拖拉机挂接,由主动力输入变速箱 14 实现拖拉机额定转速与机具作业转速的转化,设计有独立的后三点悬挂 10,便于挂接更换不同作物播种机。整机由主机架 2、关键作业部件和调节部件构成,关键作业部件有秸秆粉碎装置 3、集秸装置 5、破茬破土装置 7、花生播种机 8、秸秆提升装置 11、均匀抛撒装置 9;调节部件有限深压秸轮 1、越秸滑翘板 4、可调支撑地辊 6、秸秆分流可调装置 12。

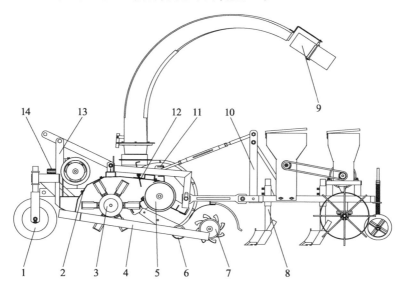

1—限深压秸轮;2—主机架;3—秸秆粉碎装置;4—越秸滑翘板;5—集秸装置;
6—可调支撑地辊;7—破茬破土装置;8—花生播种机;9—均匀抛撒装置;10—后三点悬挂;
11—秸秆提升装置;12—秸秆分流可调装置;13—前三点悬挂;14—主动力输入变速箱

图 3-17　麦茬全量秸秆覆盖地花生免耕播种机结构简图

　　前行作业前,拖拉机动力输出轴锁定 720 r/min 额定转速,使秸秆粉碎装置 3 保持 2 000 r/min 的作业转速;调节限深压秸轮 1,使秸秆粉碎装置内的旋转刀顶端尽可能靠近地面但不打到土;调节可调支撑地辊 6,使破茬破土装置 7 实现浅旋土下 50～100 mm,满足花生 30～70 mm 的播种深度要求。

　　前行作业时,限深压秸轮 1 滚压作业幅宽外的麦秸秆、越秸滑翘板 4 与之配合,继续压住秸秆,确保整机顺畅越过麦收后抛撒一地的秸秆。同时,秸秆粉碎装置 3 粉碎作业幅宽内地面以上的麦秸秆和留茬,并捡拾至集秸装置 5,期间,可通过调节秸秆分流可调装置 12,实现碎秸秆部分留田、部分收集,满足农艺要求。进入集秸装置的碎秸秆经内部横向输送搅龙推送至秸秆提升装置 11,被提升越过花生播种机 8。在碎秸秆未落下、地表无秸秆的空档,破茬破土装置 7 反转浅旋,完成播种前苗床整理,随后花生播种机8顺畅开沟、施肥、播种、覆土。最后均匀抛撒装置9将碎秸秆均匀覆盖于播种后的地面上,完成麦茬全量秸秆覆盖地花生免耕播种作业。整机主要技术参数见表3-6。

表3-6　主要技术参数

项目	参数值
配套动力/kW	≥75
作业幅宽/($h \cdot mm^{-1}$)	2 400
播种行数	3 垄 6 行
播种深度/mm	30 ~ 70
生产率/($hm^2 \cdot h^{-1}$)	0.53 ~ 0.67

3.5.3　关键部件设计

（1）碎秸集秸环节关键部件设计

秸秆粉碎、收集由图3-17中的秸秆粉碎装置3、集秸装置5和秸秆分流可调装置12组配完成。

① 秸秆粉碎装置结构与关键参数设计

秸秆粉碎装置设计采用刀辊结构(见图3-18),即甩刀4与刀轴2铰接。刀轴作业时高速旋转且不可避免地会有甩刀打土产生反冲击力,需有较好的强度和韧性;同时刀轴上需焊接刀座3,材料要有良好的焊接特性。因此,刀轴设计采用两端40Cr轴头1与中间Q235碳素钢管焊接的结构,既能减重降耗又能保证强度,且Q235上焊接刀座,具有较好的焊接性能。甩刀4为非标件,目前市场上种类较多且制作成熟,本机具中需对秸秆粉碎并捡拾收集,因此选用65Mn材料的Y型甩刀,其作用面积相对于普通直刀较大,剪切力大,粉碎、捡拾效果较好。

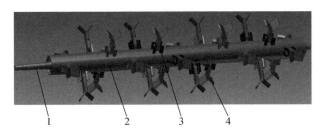

1—轴头;2—刀轴;3—刀座;4—甩刀

图3-18　秸秆粉碎装置结构简图

本装置中甩刀的排列采用双螺旋交错对称方式,轴向等距离均匀分布,径向相邻甩刀间60°等分,使刀辊在空转时负荷均匀,离心合力最小。甩刀的排列数量较少影响粉碎秸秆效果,排列过密则消耗功率大。为满足花生宽窄行播种(宽行520 mm、窄行280 mm)的种植要求,设计可播6行的作业幅宽为2.4 m,取有效粉碎作业幅宽 $L=1.8$ m,根据轴向相邻2片Y型甩刀的重叠量,在轴向等距离均匀分布前提下,取排列密度 $C=15$ 片/m,实际装配刀片数 N 为26。

为充分粉碎捡拾地面秸秆,刀轴设计为反转(旋转方向与前进方向相反),作业时,机具前进速度和刀轴的回转速度合成了甩刀的绝对速度,甩刀的运动轨迹为余摆线,如图3-19所示。

刀轴转速是关键运动参数,太小则秸秆粉碎不充分,不利于后续收集、提升、覆盖;转速过大会增加功耗,可通过式(3-8)确定刀轴转速的合理范围:

$$n \geqslant \frac{30(v_s - v_p)}{\pi(R - h)} \qquad (3-8)$$

式中:n——刀轴转速,r/min;

$\quad$ v_s——甩刀最大回转直径线速度,m/s;

$\quad$ v_p——机具前行速度,m/s;

$\quad$ R——甩刀最大回转半径,m;

$\quad$ h——地面留茬平均高度,m。

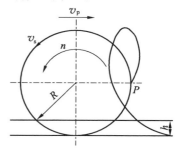

点 P—甩刀顶端;n—刀轴转速;
v_s—甩刀最大回转直径线速度;
v_p—机具前行速度;R—甩刀最大回转半径;h—地面留茬平均高度

图3-19 甩刀运动轨迹图

稳定工作状态下,机具前进速度取 $v_p=0.7$ m/s;目前机收小麦留茬较高,取田间实测平均留茬高度 $h=0.15$ m;根据整机结构设计要求及Y形甩刀选配尺寸,设计选取甩刀最大回转半径 $R=0.27$ m;参考借鉴传统秸秆粉碎还田机刀轴转速1 800~2 000 r/min,且为同时满足夏播花生前茬小麦秸秆,秋播小麦前茬水稻、玉米、棉花秸秆的粉碎要求,不影响后续免耕播种作业质量及秸秆均匀覆盖质量,根据田间试验测试状况选取甩刀最大回转直径线速度 $v_s=25$ m/s,刀辊的转速 n 约为1 934 r/min,秸秆粉碎装置对麦秸秆的粉碎处理完全满足参照标准《秸秆粉碎还田机》(JB/T 6678—2001)中粉碎合格长度不大于150 mm、合格率不小于85%的要求。

② 集秸装置结构与关键参数设计

为实现施肥播种在地表无秸秆的"洁区",设计了集秸装置(见图3-20),采用搅龙收集推送的结构,粉碎后的秸秆进入收集壳体2内,通过横向输送搅龙1推送集中至提升装置的叶轮 3,以便碎秸秆的后续提升抛撒。为有效筛除进入的部分土,防止堵塞,收集壳体 2 上设计排列了直径为 20 mm 的通孔。

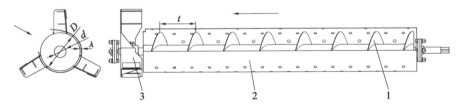

1—横向输送搅龙;2—收集壳体;3—叶轮;D—搅龙叶片外直径;
d—搅龙轴径;t—叶片螺距;λ—搅龙叶片与外壳间隙;→—碎秸秆运动方向

图 3-20　集秸装置结构简图

横向输送搅龙 1 的推送量须大于秸秆喂入量,这是保证作业顺畅性的前提,根据试验田小麦生长特性实测:留茬高度 50 mm 下,草谷比均值 1.5,草谷总重均值 1.89 kg/m^2,秸秆量均值为 1.14 kg/m^2。本机具有效作业幅宽为 1.8 m,正常作业速度为 0.7 m/s,秸秆喂入量约为 1.44 kg/s。横向输送搅龙的推送量、结构参数和运动参数可由式(3-9)计算得出:

$$Q = \frac{\pi}{24}\left[(D-2\lambda)^2 - d^2\right]\psi t n_{\mathrm{j}} \gamma C \times 10^{-10} \tag{3-9}$$

式中:Q——推运量,kg/s;

　　　D——搅龙叶片外直径,mm;

　　　d——搅龙轴径,mm;

　　　t——叶片螺距,mm;

　　　λ——搅龙叶片与外壳间隙,mm;

　　　n_{j}——搅龙转速,r/min;

　　　ψ——充满系数;

　　　γ——输送物单位容积质量,kg/m^3;

　　　C——搅龙倾斜输送系数。

根据《农业机械输送螺旋》(GB10393—1989)及实际设计需求,选取轴径 d 为 89 mm、叶片外直径 D 为 270 mm、叶片螺距 t 为 200 mm 系列的输送搅龙;搅龙叶片与外壳间隙 λ 设计值为 10 mm;充满系数 ψ 取 0.3,秸秆的单位容积质量结合实测与文献,γ 取 37 kg/m^3,横向输送搅龙倾斜输送系数 C 取水平状态下(0°)数值 1,计算当搅龙转速 n_{j} 为 2 000 r/min 时,横向输送搅龙的推送量可达到 3.2 kg/s,完全满足推送秸秆量要求。

③ 秸秆分流可调装置设计

实际跟踪测产,麦茬秸秆全量收集后覆盖于花生播种后的地面,起到准地膜覆盖保温保墒、封闭杂草的效果,且有效克服了全量秸秆还田当茬耗氮问题。目前,花生播种的前茬作物秸秆部分还田还是全量覆盖、还田与覆盖的比例为多少更有利生长,农学上还无研究定论。但本机具设计了秸秆分流可调装置 12(见图 3-18),原理为在集秸装置的入口安装挡板,通过上下移动挡板调节入口大小,挡板可阻拦部分秸秆进入横向输送搅龙,实现秸秆部分粉碎还田、部分被收集用于播种后覆盖,以满足区域实际农艺需求。

(2)清秸覆秸环节关键部件设计研究

秸秆的抛送与均匀覆盖由图 3-17 中的均匀抛撒装置 9 和秸秆提升装置 11 组配实现。

① 秸秆提升装置结构与关键参数设计

为给后续顺畅施肥播种提供时间空当,采用叶片式提升抛送结构来提升收集的碎秸秆,使收集的碎秸秆越过播种设备并均匀覆盖于地表,该装置的结构如图 3-21 所示,主要由抛送叶轮 1、抛送壳体 2、输送管 3 组成。

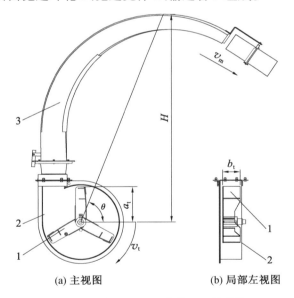

(a) 主视图　　　(b) 局部左视图

1—抛送叶轮;2—抛送壳体;3—输送管

a_t—叶轮半径;b_t—叶轮宽度;v_t—抛送叶轮线速度;v_m—输送管出口末速度;

θ—输送管水平夹角;H—输送管垂直提升高度

图 3-21　秸秆提升装置结构简图

为保证秸秆输送过程的顺畅性,同时考虑实际田间作业时机具不可避免地会

收集进土,易造成堵塞,秸秆提升装置的抛送能力须大于前面集秸装置的秸秆输送量,抛送能力可由式(3-10)计算得出:

$$Q_t = 30n_t m\gamma\eta a_t^2 b_t \tan\varphi \qquad (3-10)$$

式中:Q_t——抛送能力,kg/h;

n_t——抛送叶轮转速,r/min;

m——叶轮数,个;

γ——输送物单位容积质量,取 37 kg/m³;

η——效率系数,取 0.3;

a_t——叶轮半径,m;

b_t——叶轮宽度,m;

φ——输送物自然休止角,麦秸秆取 22°。

结合传动配置设计,抛送叶轮与集秸装置的横向输送搅龙同轴装配,所以转速 n_t 约为 2 000 r/min,并选取叶轮数 m 为 3 的径向叶片圆周均匀分布方式。在功耗满足、转速一定的条件下,理论上叶轮直径越大、线速度越高,对秸秆的抛送能力越强,结合机具作业时抛送壳体须有一定离地间隙的要求,选用外壳内径为 0.63 m,叶轮半径 a_t 为 0.3 m,与壳体保持 15 mm 左右的间隙,叶片宽度 b_t 定为 0.145 m。计算及田间试验测试秸秆提升装置抛送能力达到 2.9 kg/s 以上,可满足麦秸秆提升抛送要求。

作业时,为使秸秆越过花生播种机后覆盖播种地面,输送管出口处末速度、输送管的提升高度和水平夹角需设计合理参数。根据能量守恒定律,由式(3-11)可为确定参数提供计算依据:

$$v_t = (1+\mu_2)\cos\theta\sqrt{2gH(1+\mu_1)+v_m^2} \qquad (3-11)$$

式中:v_t——抛送叶轮线速度,m/s;

v_m——输送管出口末速度,m/s;

μ_1——输送物在输送过程中能量损失系数;

θ——输送管水平夹角;

H——输送管垂直提升高度,m;

μ_2——抛送叶轮线速度转化为物料初速度之差异损失系数;

g——重力加速度,m/s²。

根据抛送叶轮转速和半径,可确定线速度 v_t,因后挂花生播种机长度和高度配置,输送管水平夹角 θ 调整为 66°,需垂直提升高度 H 约为 1.8 m,可取得输送管出口秸秆末速度 v_m 约为 9 m/s。

样机田间试验表明,结合理论计算值及实际结构组配设计的秸秆提升装置抛送能力和越过播种机输送效果均能满足要求,同时秸秆能快速从出口处抛散至地面,受自然风影响较小。但叶片式提升方式物料被抛送过程复杂,为气流和抛扔两者同时作用,功率消耗大,后续需进一步优化结构和运动参数、降低功耗。

② 均匀抛撒装置结构设计

碎秸秆提升后需抛撒于播种作业完成后的地面,作业幅宽内秸秆覆盖是否均匀非常重要,若花生种带上出现秸秆堆积现象,非但不利保温保墒、封闭杂草,还可能闷苗,影响后期出苗。因此,发明设计了均匀抛撒装置保证秸秆抛散均匀性。该装置结构如图 3-22 所示,抛撒叶轮 4 为空心套管结构,安装在回转轴 3 上,回转轴 3 通过连接支撑板 2 固定在秸秆提升装置输送管 1 出口处端部。作业时,抛撒叶轮在输送管送出秸秆的风力作用下高速旋转,将粉碎后的秸秆打散后抛撒,实现均匀覆盖在播后地表。

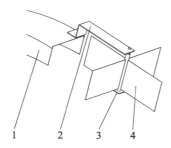

1—输送管;2—连接支撑板;3—回转轴;4—抛撒叶轮

图 3-22　均匀抛撒装置结构简图

该装置设计采用了非动力被动旋转原理,能满足花生播种后麦茬秸秆均匀抛撒覆盖的要求。本机具为多功能作业机具,更换小麦播种机后,也可实现水稻茬、玉米茬、棉花茬全量秸秆覆盖地播种小麦,由于这几种前茬作物的秸秆量各不相同,因此,研发了多种结构形式与参数的抛秸叶片,如图 3-23 所示,并对不同结构形式(叶片数量)、结构参数(叶片倾角)、运动参数(叶片转速)的秸秆抛撒装置与覆秸均匀相关性开展分析研究,其主要因素与覆秸均匀相关性响应曲面分析如图 3-24 所示。

  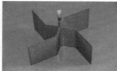 

(a) 四排杆齿　　(b) 四叶片直板割齿　　(c) 四叶片前倾15°　　(d) 四叶片轴向旋转15°

图 3-23　均匀抛撒装置不同形式与参数叶片

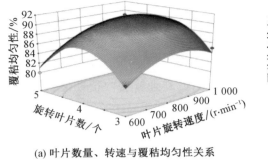

(a) 叶片数量、转速与覆秸均匀性关系

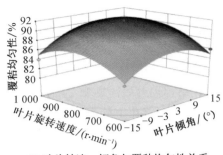

(b) 叶片转速、倾角与覆秸均匀性关系

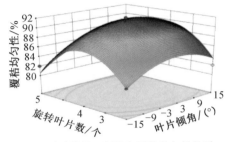

(c) 叶片数量、倾角与覆秸均匀性关系

图 3-24　主要因素与覆秸均匀相关性响应曲面分析

优化分析结果为影响覆秸均匀性的最佳参数组合是叶片数为 4、叶片倾角为 0°、叶片转速约为 800 r/min,在此条件下,均匀抛撒装置的覆秸平均均匀性为 91.3%,可适应前茬小麦、玉米、棉花、水稻不同秸秆量下均匀抛撒覆盖。

(3) 苗床整理环节关键部件设计

小麦收获后,若直接进行花生免耕播种作业,由于未进行旋耕整地,地表土壤较为板结、回流性差,播后的种子难以保证覆盖严实,易出现晾种现象;且由于收获机具碾压等原因,造成收获后田块不平,而花生播种为宽窄行(窄行距约为 280 mm)单穴双粒模式,机具为整体机架结构,很难采用玉米播种(行距约为 600 mm)普遍使用的独立仿形限深播种,所以受土地平整度影响大,在 2.4 m 的横向作业幅宽内易出现播深不一致现象。基于上述原因,必须设计破茬破土装置实现苗床整理,保证后续播种质量。

图 3-25 为破茬破土装置结构简图。装置与整机为组配式,借鉴反转灭茬原理,同时以满足播种条件下减少功耗为目标,采用反向浅旋的方式破茬破土。

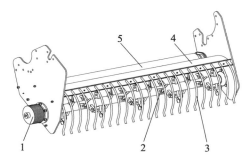

1—刀轴;2—旋耕刀片;3—圆弧条栅盖;4—罩壳;5—可调支撑地辊
图 3-25 破茬破土装置结构简图

刀轴 1 选用多楔带与前面秸秆粉碎装置传动相连,既能避免链传动不适应高转速的情况,又较传统三角带传递动力更可靠。借鉴传统旋耕机以螺旋方式排布固定旋耕刀片 2,在旋耕刀片的上方覆盖呈半圆形的罩壳 4,罩壳后半部分为若干圆弧条构成的栅盖 3。为了调节浅旋作业的深度,在破茬破土装置前端设置可调支撑地辊 5,起到限深和镇压双重作用。

因秸秆提升装置抛送距离有限,需尽量压缩整机长度,因此在设计配置破茬破土装置时,要求浅旋回转直径尽可能小。由于旋耕深度越大功率消耗越大,为减少无谓消耗,综合考虑设计浅旋回转直径为 300 mm,使破茬破土装置实现浅旋土下 50~100 mm,即可满足花生播种及减阻降耗的双重要求。在直径减小的前提下,为了保证浅旋效果,需尽可能提高旋耕刀旋转速度,结合前一级 2 000 r/min 的转速考虑传动比,设计浅旋转速最大可达到 600 r/min,实际田间试验测试破茬破土效果较好,为后续播种提供了较好的苗床整理。

(4)施肥播种环节关键部件设计

主产区麦收后夏直播花生目前主要工序依次为灭茬机碎秸灭茬、翻转犁或旋耕机深翻旋耕、旋播机施肥播种。由于播种前麦秸秆被混合和覆盖,所以播种机的关键部件开沟器普遍采用双圆盘式,利用其圆盘周边有刃口,滚动时可以切割土块、草根和残茬,但此种开沟器结构较复杂,尤其圆盘之间在土壤湿度较大条件下易壅土,易堵塞中部的导种筒,影响作业顺畅性和机具可靠性。本机具播种前已完成秸秆粉碎收集提升和苗床整理,播种前已形成"洁区",机播条件优良,所以可重新设计实用的花生播种机进行配套。

图 3-26 为花生播种机结构简图。机具采取地轮 5 取功的方式,通过螺旋调节杆 1、后三点悬挂 2 和免耕播种整机前部相连,螺旋调节杆可调整播种机作业姿态。花生为双粒精量播种,排种器较成熟,直接选用普遍采用的内侧充种式排种器。创新采用芯铧式开沟器 4 作为施肥和播种的开沟器,该种开沟器入土性能好、结构简

单。经过苗床整理,播种后土壤自回流性较好,因此,采用镇压轮式覆土器6,达到种沟覆土并适当镇压的效果。

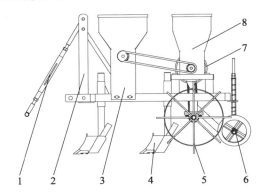

1—螺旋调节杆;2—后三点悬挂;3—肥箱;4—芯铧式开沟器;
5—地轮;6—镇压轮式覆土器;7—排种器;8—种箱

图3-26　花生播种机结构简图

芯铧式开沟器是铁茬播种中常用的播种部件,其主要有芯铧1、翼板2、输种管3和铧柄4组成,如图3-27 a所示,但在作业前播种机下放落地后及作业中,此种开沟器存在土壤堵塞输种管3下方的现象,尤其是土壤湿度较大时越易造成,影响了播种和施肥质量。因此本机具中改进发明了防堵土芯铧式开沟器,如图3-27 b所示,设计封土板6封闭翼板2下端,阻挡黏土进入,同时在输种管3下端斜向配置导种板5,将种子顺利导向土壤。

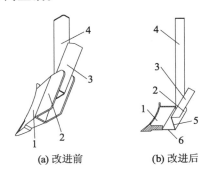

(a) 改进前　　　(b) 改进后

1—芯铧;2—翼板;3—输种管;4—铧柄;5—导种板;6—封土板

图3-27　芯铧式开沟器改进结构简图

3.5.4　田间试验与产量对比

研制的麦茬全量秸秆覆盖地花生免耕洁区播种机在河南省驻马店市花生主产

区进行试验,主要考核作业性能及不同播种方式下测产跟踪。播种时间为 2015 年 6 月,试验土壤质地为沙壤土,土壤含水率为 17%,小麦产量约为 7 560 kg/hm²,采用全喂入联合收获,收获后秸秆条铺于田间,机具配套动力为东方红 LG – 1004 型轮式拖拉机。

（1）作业性能试验考核

① 考核指标

试验主要考核整机的作业顺畅性、可靠性和播种质量。"洁区"作业条件实现的关键在于秸秆粉碎清理效果,直接决定了免耕播种机作业是否可靠、顺畅;秸秆覆盖是否均匀,对花生种子出苗、齐苗、壮苗及保墒、增产等均具有重要作用;播种、施肥质量是衡量播种机作业性能的最终指标。因此,试验考核性能指标主要为秸秆粉碎后平均长度、秸秆覆盖不均匀率、播种施肥深度和晾籽率。

② 试验方法

由于尚无专门的全量秸秆覆盖地花生免耕播种作业相关行业标准,所以考核参考农业行业标准《免耕播种机质量评价技术规范》（NY/T 1768—2009）。机具田间试验情况如图 3-28 所示。

图 3-28　麦茬全量秸秆覆盖地花生免耕播种试验情况

同时,秸秆覆盖均匀性目前也尚无相类似的免耕播种机作业规范和标准,因此参照农业行业标准《秸秆粉碎还田机　作业质量》（NY/T 500—2015）,本试验设计了秸秆均匀覆盖性能测试方案:在机具作业有效幅宽内,按对角线等间距取 5 点,分别划出 1 600 mm × 1 600 mm 共 5 个正方形区域,再将每一个正方形区域划分为 16 个 400 mm × 400 mm 小区域,在机具作业前后分别测量每一个小区域内秸秆覆盖量,计算秸秆覆盖不均匀率,计算公式见式（3-12）、式（3-13）和式（3-14）:

$$\overline{m_i} = \frac{\sum\limits_{j=1}^{16} m_{ij}}{16} \tag{3-12}$$

$$F_{ib} = \frac{(m_{i\max} - m_{i\min})}{\overline{m_i}} \times 100 \qquad (3\text{-}13)$$

$$F_{b} = \frac{\sum\limits_{i=1}^{5} F_{ib}}{5} \qquad (3\text{-}14)$$

式中:$\overline{m_i}$——第 i 个测点内秸秆平均质量,g;

$\quad m_{ij}$——第 i 个测点内第 j 个测区秸秆质量,g;

$\quad F_{ib}$——第 i 个测点抛洒不均匀率,%;

$\quad m_{i\max}$——第 i 个测点内秸秆质量最大值,g;

$\quad m_{i\min}$——第 i 个测点内秸秆质量最小值,g;

$\quad F_{b}$——秸秆覆盖不均匀率,%。

③ 试验结果及分析

试验表明,作业长度内,将秸秆分流可调装置调至最大,覆盖于地表的小麦秸秆全部被粉碎清理至集秸装置,并被提升抛送,清理后的地表基本无明显长秸秆覆盖,播种机开沟器未出现挂草、壅堵现象,整机作业顺畅,秸秆平均长度为 115 mm,利于快速腐解,秸秆粉碎清理能力满足实际生产作业需求。经测试计算,机具作业后,秸秆覆盖不均匀率为 17%,覆盖均匀性良好,机具作业前后田间秸秆覆盖效果如图 3-29 所示。

(a) 作业前　　　　　　　　　　　　　(b) 作业后

图 3-29　作业前后秸秆覆盖效果对比

花生机械化播种深度一般在 50 mm 左右,要求双粒率在 75% 以上,穴粒合格率在 95% 以上。试验测定花生播种质量性能参数见表 3-7。机具播种平均深度和施肥平均深度分别为 46 mm 和 59 mm,合格率分别为 98% 和 89%,各指标均优于《免耕播种机质量评价技术规范》的要求。而在晾籽率指标方面,由于花生播种机为整体框架结构,开沟器无独立仿形限深功能,1 800 mm 的有效作业幅宽又相对较宽,播种质量极易受地表不平整程度影响,易造成免耕播种晾籽率偏大。在组配破茬破土装置进行苗床整理后,有明显改进,晾籽率约为 1.6%,虽满足《免耕播种机质量评价技术规范》规定的不大于 2% 的要求,但在后续优化改进中,有必要借鉴玉米播种机设计花生播种独立仿形,进一步提高麦茬花生免耕播种的作业质量。

表 3-7　作业质量参数

检测项目	平均深度/mm	合格率/%	晾籽率/%
花生种子	46	98	1.6
肥料	59	89	—

（2）田间长势及产量对比

① 试验方法

播种后花生的田间长势及最终的产量如何是衡量播种机是否适用的根本性指标,本研究在河南省驻马店市驿城区水屯镇石庄村开展机播对比试验,分别采取基于"洁区播种"思路的麦茬全量秸秆覆盖地花生免耕播种方式,以及主产区常规灭茬机、旋耕机加旋播机的播种方式。花生品种均为驻花 2 号,土壤肥力状况均为黄褐土、中等肥力。

田间管理跟踪及最终实地测产由河南省农业科学院农艺栽培专家负责。测产方法:随机 5 点取样,计量行距、穴距和种植密度。每样点取 2 米双行收刨,称鲜果重,再计算出每亩鲜果重,按折干率55%,缩值系数0.85 计算出实际产量。麦茬全量秸秆覆盖地花生免耕播种田间长势情况如图 3-30 所示。

(a) 前期

(b) 中期

图 3-30　花生前期和中期田间长势情况

② 结果及分析

经实地测产,麦茬全量秸秆覆盖地花生免耕播种栽培示范田平均种植密度为277 905 株/hm²,平均鲜果质量为12 298.5 kg/hm²,折实际产量为 5 749.5 kg/hm²;常规机播种植田平均种植密度为 257 700 株/hm²,平均鲜果重为 11 521.5 kg/hm²,折实际产量为 5 386.5 kg/hm²。对比数据见表 3-8。

表 3-8　测产对比数据

检测项目	平均种植密度/(株·hm⁻²)	平均鲜果质量/kg	实际产量/(kg·hm⁻¹)
本机播种	277 905	12 298.5	5 749.5
常规机播	257 700	11 521.5	5 386.5

考虑实际播种每公顷株数差异,以相同平均种植密度折算麦茬全量秸秆覆盖地花生免耕播种实际产量约为 5 749.5 kg/hm² ,与传统常规机播种植田的产量 5 386.5 kg/hm² 相比,产量基本相同,结果表明基于"洁区播种"思路的麦茬全量秸秆覆盖地花生免耕播种方式完全满足农艺要求。

第 **4** 章 花生分段收获技术

前已述及花生机械化收获可分为分段式收获、两段式收获和联合收获 3 种。分段式收获设备主要包括挖掘收获机和摘果机。挖掘收获机一般具有挖掘、清土、秧蔓条铺等功能,按挖掘、输送和清土结构形式不同,可分为铲链组合式、铲筛组合式和铲拔组合式 3 种形式。摘果机一般具有摘果、清选、集果、秧蔓处理等功能,按果秧喂入方式不同,可分为半喂入和全喂入 2 种形式。

4.1 国内外花生分段收获技术发展概况

4.1.1 国外技术概况

全球花生种植主要集中在亚洲、非洲、南美洲等一些欠发达国家,而发达国家中仅美国有规模化种植,其常年种植面积约 700 万亩,为我国的 1/10。美国花生收获方式主要采用花生挖掘收获机和捡拾联合收获机组成的两段式收获。挖掘收获机具有挖掘、清土、翻秧功能;捡拾联合收获机可进行捡拾、摘果、清选、集果等作业。

美国目前已有多家企业研发生产出挖掘收获机系列化产品,主要包括铲链组合式和铲拔组合式 2 种,其中以铲链组合式花生收获机为主,铲拔组合式花生收获机适用于植株较高、直立性好且在沙壤土种植的花生,仅在美国佐治亚州有较小面积应用。2 种花生收获机的工作原理及结构与性能特点如下。

铲链组合式花生收获机主要由挖掘铲、输送器、清土机构、翻秧装置、机架等构成,其工作原理如图 4-1 所示。在进行收获作业时,带齿杆链振动输送器(见图 4-2)将挖起的果秧运送到尾部的翻秧装置上,将果秧倒置条铺后进行晾晒,在输送器中部设有击振橡胶轮,齿杆在升运过程中不停抖动,从而去除花生根部的泥土。

铲拔组合式花生收获机工作原理如图 4-3 所示,其采用一组平行对夹的回转链(见图 4-4),花生经挖掘铲铲起松动后,夹持链夹住果秧上部将花生从土中拔起并向收获机尾端输送至翻秧装置,将果秧倒置或朝向一侧条铺后进行晾晒,在夹持链底部设有一排去土栅实现清土。

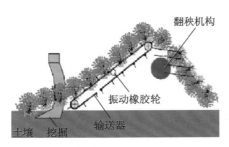

图 4-1　铲链式花生收获机工作原理图

图 4-2　回转型果秧输送器

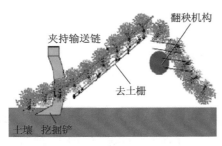

图 4-3　铲拔式花生收获机工作原理图

图 4-4　平行对夹式回转夹持链

铲链组合式花生收获机的代表性生产企业为 Kelley Manufacturing Company（KMC）和 Amadas Industries（AMADAS），其总体结构和原理相似，代表机型有 KMC 生产的 2,4,6,8,12 行等系列花生收获机,以及 AMADAS 公司生产的 ADI 型 2,4,6,8,12 行等系列花生收获机,上述机型均为液压传动且可实现无级调速,其中 AMADAS 公司针对不同花生品种和作业气候研发有相应的作业机型;铲拔组合式花生收获机的代表性生产企业为 Pearman Corporation（PEARMAN）,代表机型为 Pearman 型 1～6、8 行系列花生收获机。上述公司的花生收获机均可完成挖掘、清土、翻秧和归拢条铺功能,各产品如图 4-5 和图 4-6 所示。

图 4-5　铲链式花生收获机

图 4-6　PEARMAN 铲拔式花生收获机

美国的上述产品主要适用于其种植品种和生产实际,近年来,KMC 公司部分产品在我国新疆等地有引进试用,其产品具有生产效率高、制造质量可靠等优点,但翻秧机构缠膜严重、落埋果损失大等问题较为突出。

4.1.2　国内技术概况

目前我国花生机械化收获总体上还处于发展初期,并呈多元化发展态势,分段收获设备已成为我国目前制造企业多、保有量大、使用最为广泛的花生收获设备。

（1）花生挖掘收获机

花生挖掘（收获）机是我国现阶段花生生产中应用较多的收获机械,可一次完成挖掘、清土、铺放等工序,按结构形式不同,可分为铲链组合式、铲筛组合式和铲拔组合式 3 种类型。

铲链组合式花生收获机主要由挖掘铲、升运链、击振清土机构、机架等构成,与国外该类型收获设备不同之处在于:无翻秧装置,链杆上不带齿。作业时,升运链将挖起的果秧运送到尾部并铺放于田间,在输送链中部设有击振清土机构以去除泥土;铲筛组合式花生收获机主要由挖掘铲、振动筛、机架等组成,其采用振动输送清土筛以提高输送清土效果,降低落埋果损失;铲拔组合式花生收获机由挖掘铲、夹持带、铺放盘、机架等构成,其采用皮带夹持输送果秧、皮带轮下安装清土机构,能一次完成花生挖掘、清土、铺放等作业。

我国花生挖掘（收获）机的代表机型有 4H－1500 型铲链组合式花生收获机、4H－800 型铲筛组合式花生收获机、4H－2HS 型铲拔组合式花生收获机,如图4-7 所示。

(a) 4H-1500型铲链组合式收获机　　(b) 4H-800型铲筛组合式收获机　　(c) 4H-2HS型铲拔组合式收获机

图 4-7　我国常见的花生挖掘收获机

（2）花生摘果机

我国推广应用的花生摘果机主要可分为全喂入式和半喂入式 2 种。全喂入式花生摘果机主要用于晾干后的花生摘果，其广泛采用钉齿式、篦梳式和甩捋式摘果原理，具有结构简单、适应性强等优点，但摘不净、分离不清、破碎率高等问题较为突出，代表机型主要有 5HZ－4500 型全喂入式花生摘果机、4HZQ－1300 型复式花生摘果机，如图 4-8 所示。半喂入式花生摘果机主要通过相向旋转的摘果滚筒将花生摘下，摘果后花生果秧断枝断秧少，其摘果质量及效率受花生果秧的整齐程度与喂入速度影响较大，适用于南方地区鲜花生摘果和小区育种摘果作业，代表机型主要有 4HZB－2A 型半喂入式花生摘果机，如图 4-9 所示。

(a) 5HZ-4500型全喂入式花生摘果机   (b) 4HZQ-1300型复式花生摘果机

图 4-8　全喂入式花生摘果机

图 4-9　4HZB－2A 型半喂入式花生摘果机

4.2　花生机械化挖掘收获技术

4.2.1　花生机械化挖掘收获质量影响因素

影响花生机械化挖掘收获质量的主要因素包括品种、土壤、种植模式和收获时机等。

（1）品种

果柄强度：花生是地上开花、地下结果的植物，土壤紧密包围在荚果周围，花生荚果依靠果柄与花生植株相连。机械化挖掘收获过程中,在挖掘、清土、输送等作业环节,果柄在承受荚果自身重量和包裹土壤重量的同时,还不断受到清土、输送部件等外力作用,果柄通常因强度不够而断裂,造成较大的落埋果损失。

结果范围和结果深度:机械化挖掘收获时,挖掘铲一般深入土层以下约120 mm,铲断花生主根及疏松土壤,若花生结果区域超出挖掘范围,则部分花生荚果将直接从未疏松的土壤中拔起,造成埋果损失;若花生结果较深,则挖掘铲可能直接铲断果柄,同样造成埋果损失增加。

株型特征:机械化挖掘收获设备主要分铲链式、铲筛式和铲拔式 3 种,不同的收获设备对花生株型的适应性不同,铲链式、铲筛式挖掘收获设备均可收获直立型、半匍匐型、匍匐型花生品种,铲拔式挖掘收获设备仅适应直立型花生品种,但3 种形式收获机均难以做到在收获时将直立型花生根部全部朝上铺放进行晾晒。

(2)土壤

土壤团粒结构越松散越有利于花生机械化挖掘收获,黏重土壤不利于花生机械化挖掘收获。由于黏重土壤不易与花生荚果分离,机械化挖掘收获时,在清土等部件作用下,果柄极易断裂,造成收获损失增加。同时土壤黏重,果土分离难,易造成带土率过高。

机械化挖掘收获对土壤含水率也有一定的要求,土壤含水率过高或过低,均易造成收获损失及带土率增加。生产中判别土壤含水率是否适宜收获的简洁办法是抓起一把土能捏成团,从腰间扔下又能自然散开即为较适宜收获的土壤含水率。

(3)种植模式

花生挖掘收获机选定后,机具作业幅宽一般已固定不变,因此花生种植行距要与收获机械相适应,不适宜的行距会造成挖不倒、夹不住、漏收等现象,造成收获损失。对于对行收获的作业机具,尤其是铲拔组合式挖掘收获机对花生种植模式要求更严格,通常要求采用标准化种植,确保行间距统一。

(4)收获时机

花生适时收获有利于提高花生产量和品质,过早或过迟收获均会造成损失。过早收,影响籽粒内养分的积累,秕果多,产量低,品质差;过晚收,花生果柄衰老腐烂、荚果易脱落,造成收获损失增加。

4.2.2　单筛体铲筛组合式花生收获技术

(1)总体设计与作业原理

单筛体铲筛组合式花生收获机的振动筛主要包括一个筛体,以典型的 4H-800 型铲筛组合式花生收获机为例,其主要由挖掘铲、立式单侧切割器、驱振组件、振动筛、行走轮、传动装置及机架等组成,该设备采用三点悬挂方式,可与目前主产区面广量大的 11 ~ 13.2 kW 的小型拖拉机实现配套,具体结构如图 4-10 所示。

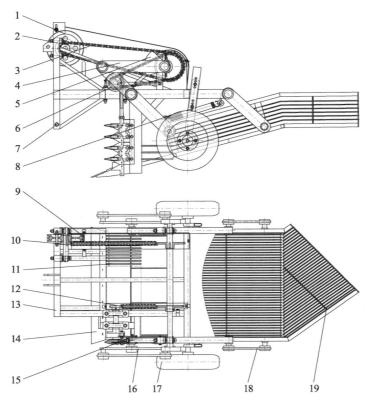

1—皮带轮;2—链轮 d;3—链条Ⅰ;4—连杆Ⅱ;5—偏心块;6—链轮 c;7—悬挂支撑;
8—拉簧;9—皮带;10—皮带压紧机构;11—碎土栅条;12—链条Ⅱ;13—机架;14—挖掘铲;
15—切割器组件;16—连杆Ⅰ;17—行走轮;18—连杆Ⅲ;19—振动筛

图 4-10　振动式花生收获机结构简图

4H-800 型铲筛组合式花生收获机作业时,挖掘铲以一定的角度铲入土中(挖掘深度通常为 120 ~ 150 mm),将花生主根切断,并将掘起的泥土和花生秧果传输到振动筛上;同时,传动系统分别将拖拉机动力传送至振动筛驱动组件和侧切割器动刀组件,使振动筛做前后往复振动,切割器动刀组做上下往复运动。在切割器动刀组往复运动作用下,收区与未收区相邻行间相互牵扯在一起的杂草和秧蔓将被及时切断,以防止设备因秧草缠绕而受阻和挑邻行。掘起的土壤和花生秧果进入往复运动的振动筛,振动筛将花生和泥土不断地向后振动输送,在振动输送的过程大部分泥土被振落至筛下,实现清土的目的,花生秧果和少部分未去除的泥土随后从振动筛的侧尾端被抛送到已收区,并实现成条铺放,待田间晾晒后再进行捡拾作业。

（2）主要参数确定与关键部件设计

① 主要参数确定

参照相关花生收获机技术参数选定原则,本设备适配动力功率为 11.0 ~ 13.2 kW 的拖拉机,每次收 2 行,预期生产率为 0.07 ~ 0.10 hm²/h,根据花生主产区种植的宽窄行距实际情况,选定作业幅宽为 800 mm,因此确定挖掘铲的宽度为 800 mm,同时采用入土角与振动筛升运角一致设计原则,选定挖掘铲入土角为 18°。挖掘深度设计为 80 ~ 200 mm 可调,通过调节行走轮在机架上的上下安装位置实现。

② 传动系统与振动筛组件

传动系统配置如图 4-11 所示,链轮 d 与皮带轮同轴,主传动轴上安装有链轮 a、链轮 b、偏心块(曲柄),链轮 a 与链轮 d 构成一组链传动,链轮 b 与链轮 c 构成另一组链传动。动力由拖拉机带轮传入安装在机架上的皮带轮,再由链传动至主轴,主轴上动力一分为二,一路传至偏心连杆,使立式割刀的动刀组做上下往复运动,完成对缠绕秧、草的切割;另一路传至振动筛体,振动筛体通过机架两侧的连杆Ⅰ、连杆Ⅲ悬挂在机架下部。作业时,连杆Ⅱ在曲柄回转运动的带动下,使得连杆Ⅰ来回摆动,并使振动筛按确定振幅往复振动,以实现清土、输送和条铺秧果。拉簧最大拉力为 650 N,其作用是提高筛体振动平衡性。

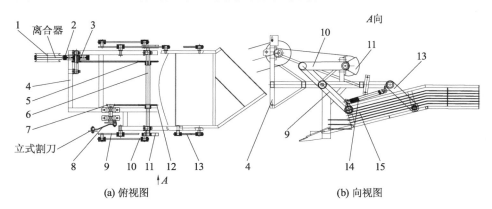

1—拖拉机带轮;2—皮带轮;3—链轮 d;4—机架;5—链轮 a;6—主传动轴;7—链轮 c;

8—偏心连杆;9—连杆Ⅰ;10—连杆Ⅱ;11—偏心块(曲柄);12—链轮 b;

13—连杆Ⅲ;14—拉簧;15—振动筛

图 4-11　动力传动配置与振动部件

振动筛的振动频率和振幅大小对设备的清土效果、输送顺畅性,以及机具震动性、可靠性等影响很大。振动筛对物料的抛掷力与筛动频率的二次方和振幅乘积成正比,综合考虑,并比照多种同类机型,本机型采用大振幅低频率型振动筛结构形式,振动筛的振幅选定为 32 mm,拖拉机一挡行驶时,振动筛的振动频率为260 r/min。

③ 立式切割器

立式切割器结构如图 4-12 所示,切割器有 5 组动刀片、4 组护刃器,动刀组嵌套在护刃器槽内,压刃器和限位板确保动刀与护刃器的直槽边无缝接触,其中护刃器、压刃器、限位板、调整垫、连接板等均固定在割刀架上,而槽内的动刀则可上下运动,导向杆下端与动刀组固定连接,上端套在导向管内,同时动刀组与偏心连杆相连接,在偏心连杆的往复运动作用下,并受导向杆的方向约束,动刀组在垂直方向做往复运动。机具作业时,切割器可及时切断邻行间相互牵扯在一起的杂草和秧蔓,以有效排除秧草缠绕阻隔与挑邻行问题,提高作业顺畅性和降低收获损失。根据花生植株高度及其生物力学特性,侧向切割器的有效切割高度选定为350 mm,动刀切割频率选定为 940 r/min(切割速度约为 1.2 m/s)。

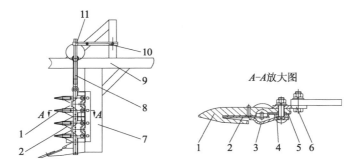

1—护刃器;2—动刀;3—压刃器;4—调整垫;5—限位板;6—连接板;
7—割刀架;8—导向杆;9—机架;10—导向管固定板;11—导向管

图 4-12 切割器

(3)性能试验

① 试验条件

在花生主产区河南杞县进行考核试验,考核性试验花生品种为豫花 14 号,为机播种植,种植模式如图 4-13 所示,采用宽窄行垄作,宽行距为 500 mm,窄行距为300 mm,沟宽为 200～250 mm,垄顶宽为 500～550 mm,垄底宽为 650 mm,平均株距为 200 mm,植株特征:平均株丛高度为 450 mm,株丛范围 ϕ150～200 mm,结果深度 60～100 mm,平均结果范围 ϕ200 mm。试验时,采用 13.2 kW 的拖拉机作动力,前进速度为 1.2 m/s,一次收获 1 垄 2 行。

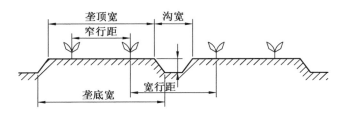

图 4-13　花生种植模式示意图

② 试验指标测定

根据农业行业标准《花生收获机　作业质量》（NY/T 502—2016）设计并开展试验。试验分别测定总损失率 S、破损率 P、带土率 T 3 个作业性能指标，计算方法如下。

A. 总损失率 S

$$S = \frac{m_1 + m_2}{m_1 + m_2 + m_3} \times 100 \qquad (4\text{-}1)$$

式中：S——花生收获机总损失率，%；

　　　m_1——样区地面上花生荚果质量，g；

　　　m_2——样区埋入土中花生荚果质量，g；

　　　m_3——样区花生植株上荚果质量，g。

作业后，分别拾取样区地面上花生荚果、埋入土内的花生荚果，摘取植株上的花生荚果，去土后分别用电子秤称重，并记录相关数据。根据标准要求，总损失率 S 应满足：$S \leqslant 5\%$。

B. 破损率 P

$$P = \frac{m_4}{m_1 + m_2 + m_3} \times 100 \qquad (4\text{-}2)$$

式中：P——花生收获机破损率，%；

　　　m_4——作业后区域内破损荚果的质量，g。

作业后，对样区内所有花生荚果及破损荚果进行称重，并记录相关数据。根据标准要求，破损率 P 应满足：$P \leqslant 1\%$。

C. 带土率 T

$$T = \frac{m_5}{m_6} \times 100 \qquad (4\text{-}3)$$

式中：T——花生收获机带土率，%；

　　　m_5——作业后所取花生植株样品中土的质量，g；

　　　m_6——作业后花生植株样品质量，g。

作业后,对样区内花生植株(含土)进行称重,然后抖去并收集花生植株上的土,再对土壤进行称重,并记录相关数据。根据标准要求,带土率 T 应满足: $T \leqslant 20\%$ 。

③ 结果与分析

试验表明,研发的 4H-800 型铲筛组合式花生收获机适用于花生分段收获作业模式,可完成花生挖掘、清土、铺放功能。该机具作业顺畅性好、秧蔓缠绕率低、适应性好、损失率低,性能检测结果见表 4-1。4H-800 型铲筛组合式花生收获机总损失率为 1.5%、破损率为 0.1%、带土率为 7.5%,均优于行业标准规定;纯生产率达 0.1 hm²/h,与人工收获相比,可节省 60% 以上工时。

表 4-1 性能考核技术参数

检测项目	本机结果	行业标准	检测项目	本机结果	行业标准
配套动力/kW	13.2	—	带土率/%	7.5	≤20
总损失率/%	1.5	≤5	纯生产率/(hm²·h⁻¹)	0.1	—
破损率/%	0.1	≤1	收获幅宽/mm	800	—

但是,由于 4H-800 型铲筛组合式花生收获机采用单筛体配振动偏心轮结构,偏心块的回转运动无法完全消除振动筛的往复运动,机具作业过程中整机振动大,机具可靠性、稳定性较低,机手作业舒适性差。

4.2.3 双筛体自平衡铲筛组合式花生收获技术

针对 4H-800 型铲筛组合式花生收获机振动大的问题,结合花生收获的农机农艺要求,在 4H-800 型铲筛组合式花生收获机基础上创制出一种双筛体多功能花生收获机(4HCDS-1000 型花生收获机),以花生收获为主,通过更换振动筛和调节作业参数,可同时用于收获马铃薯、甘薯、残膜等,可一次性完成收获对象的挖掘、清土、铺放等工序,振动小、作业可靠。

(1)总体设计与作业原理

4HCDS-1000 型花生收获机外形尺寸:2 360 mm × 1 420 mm × 900 mm,作业幅宽 1 000 mm。整机结构如图 4-14 所示,主要结构包括挖掘铲、牵引架、变速器、机架、传动装置、驱振装置、振动筛、限深轮。其中,振动筛由前筛和后筛 2 个部分组成,前、后筛均由主筛、副筛、筛框和侧板构成。2 个副筛均与筛框固定,前筛副筛起过渡和预分离的作用,后筛副筛和对应侧板偏向右侧,起分离和侧向排料的作用。2 个主筛均做成可拆卸的形式,可根据不同作业对象和作业环境更换相应筛板,以完成收获对象的分离输送。在驱振装置的驱动下,前、后筛同频等幅反向运动,惯性力相互抵消,起到振动平衡的作用。

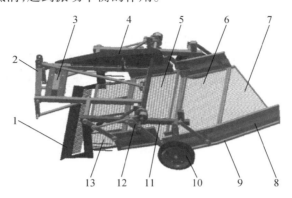

1—挖掘铲;2—牵引架;3—变速箱;4—传动装置;5—前筛主筛;6—后筛主筛;7—后筛副筛;
8—侧板;9—筛框;10—限深轮;11—机架;12—驱振装置;13—前筛副筛

图 4-14　4HCDS－1000 型花生收获机结构示意图

4HCDS－1000 型铲筛组合式花生收获机作业时,挖掘铲以一定角度铲入土中(挖掘深度通常在 120～150 mm),将花生主根切断,并将掘起的泥土和花生秧果传输到振动筛上;掘起的泥土和花生秧果进入往复运动的振动筛,振动筛将花生和泥土不断地向后振动输送,在振动输送的过程大部分泥土被振落至筛下,实现清土的目的,花生秧果和少部分未去除的泥土随后从振动筛的侧尾端被抛送到已收区,并实现成条铺放晾晒。

(2)关键部件设计

① 回转运动平衡设计

驱振装置(见图 4-15)主要用来驱动振动筛,由驱振轴、前筛驱动连杆、后筛驱动连杆、偏心驱振臂、偏心块等组成。传动装置将来自拖拉机动力输出轴的动力传送到驱振轴,驱振轴带动偏心驱振臂做回转运动,前筛驱动连杆和后筛驱动连杆在偏心驱振臂的作用下做同频等幅反向运动,从而带动前筛和后筛做相同运动。

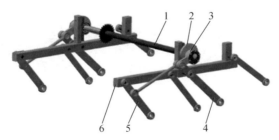

1—驱振轴;2—偏心块;3—偏心驱振臂;4—后筛驱动连杆;5—前筛驱动连杆;6—机架

图 4-15　驱振装置机构示意图

　　驱振装置中偏心驱振臂主要用来驱动两个振动筛做反向运动,结构组成如图4-16所示,主要包括轴承套、轴承、偏心套、端盖等。驱振轴上安装偏心质量与偏心驱振臂相同的偏心块,偏心质量为 0.44 kg,偏心距为 13.5 mm。偏心块和偏心驱振臂的重心关于驱振轴轴线对称,二者均安装在驱振轴上,工作时产生的离心力相互抵消。

(a) 偏心驱振臂结构示意图　　　　(b) 偏心块结构示意图

图 4-16　回转运动振动平衡设计

② 双筛面往复运动振动平衡设计

　　振动筛是铲筛组合式花生收获机完成收获作业中清选和输送工序的关键部件,为了解决振动筛的平衡问题,4HCDS－1000 型铲筛组合式花生收获机采用对称设计的思想,将振动筛设计为反配置等惯量自平衡双筛面,双筛面上下平行排布,且前筛床的后端和后筛床的前端上下重叠,通过驱振装置中连杆机构的作用,前筛和后筛始终保持同时反向运动,产生的惯性力互相抵消,从而实现振动平衡(见图4-17)。

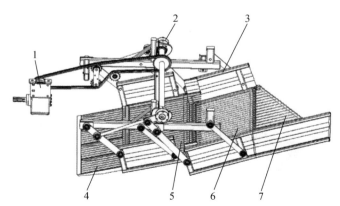

1—变速箱组件;2—偏心驱振臂组件;3—侧板;4—前副筛;5—前主筛;6—后主筛;7—后副筛

图 4-17　往复运动振动平衡设计

4HCDS－1000 型花生收获机的振动筛由筛床（杆条间距 12 mm）、筛板、侧板组成，筛板分为主筛和副筛，筛床、副筛和驱振装置固定，主筛和筛床通过螺栓联接，拆装方便。前、后筛副筛均为杆条筛，前筛前部为副筛，起预分离和过渡的作用，后筛后部为副筛，起分离与侧向输出的作用。

（3）性能试验

① 试验条件与设备

试验地点为辽宁省锦州市花生种植试验基地，所选试验地土壤类型为沙壤土，土壤含水率为 14.5%，土壤硬度为 96 kPa。花生品种为阜花 13 号，种植模式单垄双行，垄距 800 mm，垄宽 600 mm，垄高 150 mm，窄行距 300 mm。根据农业行业标准《花生收获机　作业质量》（NY/T 502—2016）设计并开展试验。本次试验所用主要设备见表 4-2。

表 4-2　试验设备

试验设备	数量/台	研制单位（或生产厂家）
4HCDS－100 型花生收获机	1	农业部南京农业机械化研究所
黄海金马 304A 拖拉机	1	马恒达悦达（盐城）拖拉机有限公司
DH5902 动态数据记录仪	1	江苏东华测试技术股份有限公司
Fluke931 型转速计	1	美国 fluke 电子仪器仪表公司
电子秤	1	上海浦东计量仪器厂
钢卷尺	1	宁波长城精工实业有限公司

② 试验设计

通过前期单因素试验观察和理论分析，影响花生收获质量的主要因素有机具前进速度 v、振动筛振幅 A、驱振轴转速 n。为明确上述 3 个因素对花生收获质量的影响，本试验以总损失率 S、带土率 T、振动加速度 a 3 个性能指标作为主要考核指标，开展 3 因素 3 水平正交试验，试验因素和水平见表 4-3，正交试验方案见表 4-4。

表 4-3　正交试验因素与水平表

水平	机具前进速度 $v/(\mathrm{m \cdot s^{-1}})$	振动筛振幅 A/mm	驱振轴转速 $n/(\mathrm{r \cdot min^{-1}})$
1	0.8	40	200
2	1.4	50	240
3	2.0	60	280

试验中，机具前进速度 v 可通过切换拖拉机挡位来调节，杆条筛振幅 A 可通过更换不同偏心距的偏心套来调节，驱振轴转速 n 可通过更换链轮来改变。

③ 试验指标测定

每个因素组合方案进行 3 次重复试验,分别测试每次试验总损失率 S、带土率 T、振动加速度 a,取平均值,试验总损失率 S、带土率 T 的计算方法见式(4-1)、式(4-3),振动加速度 a 的计算方法如下:

$$a = \sqrt{\frac{a_x^2 + a_y^2 + a_z^2}{3}} \tag{4-4}$$

式中:a——花生收获机测点振动加速度,m/s^2;

    a_x——测点 x 方向振动加速度,m/s^2;

    a_y——测点 y 方向振动加速度,m/s^2;

    a_z——测点 z 方向振动加速度,m/s^2。

振动加速度实际为测点在空间直角坐标系内,3 个方向加速度均方根的值,以此衡量测点振动大小。本试验主要研究机架的振动情况,故试验时将三向加速度传感器分别固定在机架前后 x 方向(机具前进方向)、左右 y 方向(机具两侧方向)、上下 z 方向,各向振动加速度通过 DH5902 动态数据记录仪实时测量并记录。在不考虑振动方向的前提下,这种计算方法可以较好地反映测点的振动情况。由于收获机械方面缺乏关于振动的评价标准,本试验对于振动的评价为:在保证振动筛分离输送效果的前提下,振动加速度越小越好。

④ 试验结果与分析

本试验采用 IBM SPSS Statistics 19 软件进行数据处理和统计分析。

A. 试验因素对花生收获性能的影响

正交试验测得试验结果见表 4-4。表 4-4 极差分析表明:各因素对总损失率影响的主次作用顺序为驱振轴转速 > 振动筛振幅 > 机具前进速度,较优参数组合方案为 $n_3A_3v_3$;各因素对带土率影响的主次作用顺序为驱振轴转速 > 振动筛振幅 > 机具前进速度,较优参数组合方案为 $n_1A_3v_2$;各因素对振动加速度影响的主次作用顺序为驱振轴转速 > 振动筛振幅 > 机具前进速度,较优参数组合方案为 $n_3A_3v_2$。

表 4-4 试验方案与结果分析

试验号	机具前进速度(v)	振动筛振幅(A)	驱振轴转速(n)	总损失率/%	带土率/%	振动加速度/($m \cdot s^{-2}$)
1	1	2	2	1.93	6.30	3.42
2	3	3	1	3.56	14.36	3.12
3	1	1	1	1.96	10.67	1.53
4	2	1	3	2.31	6.56	5.83
5	3	2	3	3.65	6.89	6.23
6	2	1	2	1.57	7.43	2.81

试验号	机具前进速度(v)	振动筛振幅(A)	驱振轴转速(n)	总损失率/%	带土率/%	振动加速度/($\text{m}\cdot\text{s}^{-2}$)
7	2	3	2	2.12	10.21	4.62
8	2	2	1	2.74	12.36	2.46
9	1	3	3	3.76	8.32	6.96
总损失率	K_{11}	7.65	5.84	8.26		
	K_{12}	7.17	8.32	5.62		
	K_{13}	8.78	9.44	9.72		
	极差	1.61	3.60	4.10		
	因素主次 $n>A>v$　较优组合 $n_3A_3v_3$					
带土率	K_{21}	25.29	24.66	37.39		
	K_{22}	29.13	25.55	23.94		
	K_{23}	28.68	32.89	21.77		
	极差	3.84	8.23	15.62		
	因素主次 $n>A>v$　较优组合 $n_1A_3v_2$					
振动加速度	K_{31}	11.91	10.17	7.11		
	K_{32}	12.91	12.11	10.85		
	K_{33}	12.16	14.70	19.02		
	极差	1.00	2.79	11.91		
	因素主次 $n>A>v$　较优组合 $n_3A_3v_2$					

由表 4-5 方差分析知,因素对 3 个指标的影响程度不同:对于总损失率指标,振动筛振幅与驱振轴转速的影响非常显著,机具前进速度的影响较为显著;对于带土率指标,驱振轴转速的影响非常显著,振动筛振幅与机具前进速度的影响较为显著;对于振动加速度指标,振动筛振幅与驱振轴转速的影响非常显著,机具前进速度的影响较为显著。

表 4-5　正交试验方差分析

项目	方差来源	平方和	自由度	均方	F 值	P 值
总损失率	v	0.455	2	0.228	21.196	0.045
	A	2.263	2	1.131	105.299	0.009
	n	2.879	2	1.440	133.977	0.007
	误差	0.021	2	0.011		
带土率	v	2.938	2	1.469	21.848	0.044
	A	13.600	2	6.800	101.141	0.010
	n	47.733	2	23.866	354.979	0.003
	误差	0.134	2	0.067		

续表

项目	方差来源	平方和	自由度	均方	F 值	P 值
	v	0.181	2	0.090	38.507	0.025
振动加速度 a	A	3.444	2	1.722	734.422	0.001
	n	24.732	2	12.366	5 274.517	0.000
	误差	0.005	2	0.002		

注:$P < 0.01$(极显著),$0.01 \leqslant P \leqslant 0.05$(显著),$P > 0.05$(不显著)

B. 试验因素的综合优化

本试验以总损失率、带土率、振动加速度作为衡量花生收获质量的指标,通过上述试验分析可知,机具前进速度、振动筛振幅、驱振轴转速等因素对花生收获质量 3 个指标的影响程度不同,较优参数组合也不同。为进一步分析各因素对花生收获质量的综合影响效果,采用模糊综合评价方法对试验结果进行综合优化,选出使性能指标都尽可能较优的参数组合。首先,采用专家预测法确定总损失率、带土率、振动加速度权重分别为 0.3、0.2、0.5,由此构成权重分配集 $W = \{0.3, 0.2, 0.5\}$。其次,应用模糊综合评价方法建立 3 个指标隶属度模型,得到其同数量级、无量纲的隶属度值,其隶属度模型见式(4-5)。

$$r_{in} = \frac{C_{\max} - C_n}{C_{\max} - C_{\min}}, \ i = 1, 2, 3; n = 1, 2, \cdots, 9 \tag{4-5}$$

式中:r_{in}——第 n 次试验总损失率 S、带土率 T、振动加速度 a 的隶属度值;

$C_{\min}, C_{\max}$——指标的最小、最大值;

C_n——第 n 次试验指标的值。

由上述公式得到各指标隶属度值,见表4-6,由其构成的模糊关系矩阵 $\boldsymbol{R}_r$ 为

$$\boldsymbol{R}_r = \begin{pmatrix} r_{11} & \cdots & r_{19} \\ r_{21} & \cdots & r_{29} \\ r_{31} & \cdots & r_{39} \end{pmatrix} \tag{4-6}$$

表4-6　综合评分值

试验号	总损失率 r_{1n}	带土率 r_{2n}	振动加速度 r_{3n}	评分 U_x
1	0.836	1.000	0.652	0.777
2	0.091	0.000	0.707	0.381
3	0.822	0.458	1.000	0.838
4	0.662	0.968	0.208	0.496
5	0.050	0.927	0.134	0.267

试验号	总损失率 r_{1n}	带土率 r_{2n}	振动加速度 r_{3n}	评分 U_x
6	1.000	0.860	0.764	0.854
7	0.749	0.515	0.431	0.543
8	0.466	0.248	0.829	0.604
9	0.000	0.749	0.000	0.150

模糊矩阵 $\boldsymbol{R}_r$ 与权重分配集 W 经模糊变换得到模糊综合评价值集 $U = W \cdot \boldsymbol{R}_r$，由此求得各试验方案的综合评分值见表 4-6 中 U_x 列，其中评分值越高则该方案作业质量越好。

对综合评分结果进行极差分析和方差分析，由表 4-7 极差分析知，综合影响花生收获质量的主次作用因素为驱振轴转速、振动筛振幅、机具前进速度，较优参数组合方案为 $n_2 A_1 v_1$，即驱振轴转速为 240 r/min、振动筛振幅为 40 mm、机具前进速度为 0.8 m/s；由表 4-8 方差分析知，在 99.9% 的置信度下，驱振轴转速、振动筛振幅对花生收获质量的影响非常显著，机具前进速度的影响较为显著。

表 4-7 综合评分极差分析

项目	机具前进速度 v	振动筛振幅 A	驱振轴转速 n
K_1	1.765	2.188	1.823
K_2	1.673	1.648	2.174
K_3	1.502	1.074	0.913
极差	0.263	1.114	1.261
因素主次 $n > A > v$ 较优组合 $n_2 A_1 v_1$			

表 4-8 综合评分方差分析

方差来源	平方和	自由度	均方	F 值	P 值
机具前进速度 v	0.012	2	0.006	28.130	0.034
振动筛振幅 A	0.207	2	0.104	502.474	0.002
驱振轴转速 n	0.282	2	0.141	683.719	0.001
误差	0.000	2	0.000		

⑤ 试验验证

由于正交试验方案并未包含综合优化后的较优参数组合方案,为确保优化结果可靠性,选取上述较优参数组合进行试验验证,同时,为消除随机误差,进行 3 次重复试验,取平均值为试验验证值,试验结果见表4-9。

表4-9　性能考核技术参数

检测项目	本机结果	行业标准
配套动力/kW	13.2	—
总损失率/%	1.73	≤5
带土率/%	6.67	≤20
振动加速度/(m·s^{-2})	1.83	
收获幅宽/mm	1000	

试验测得总损失率为 1.73%,带土率为 6.67%,振动加速度为 1.83 m/s^2。通过对比分析可知,优化后的 4HCDS－1000 型花生收获机的综合作业质量优于其他参数组合下的作业性能。因此,机构设计时推荐采用该较优组合:驱振轴转速 240 r/min、振动筛振幅 40 mm、机具前进速度 0.8 m/s。

4.2.4　单升运链铲链组合式花生收获技术

（1）总体设计与工作原理

单升运链铲链组合式花生收获机的输清装置由单级升运链组成,以典型的 4H－1500 型铲链组合式花生收获机为例,其主要包括悬挂架、机架、挖掘铲、升运链装置、击振装置、拢禾栅、地轮和动力传动装置,具体结构如图4-18所示。

作业时挖掘铲以一定的角度铲入花生根底部将花生连土铲起,升运链将铲起的花生和泥土向后上方输送,击振轮在升运链的垂直方向以一定的振幅做往复振动,将花生根部的泥土抖落。去除泥土的花生升送至升运链的最高端后,抛向尾部的拢禾栅,两组拢禾栅均向作业幅宽内侧倾斜,将花生拢聚成条铺放在机后,待田间晾晒后再进行捡拾作业。

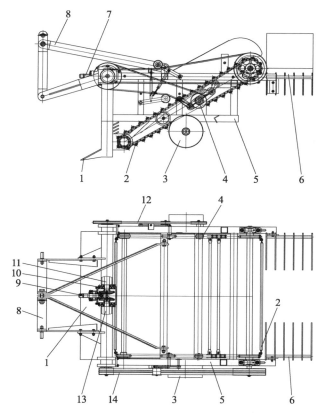

1—挖掘铲;2—升运链装置;3—地轮;4—击振清土装置;5—机架;6—拢禾栅;
7—动力传动装置;8—悬挂架;9—动力输入轴;10—齿轮箱;11—击振动力输出轴;
12—击振皮带传动机构;13—升运链动力输出轴;14—升运皮带传动机构

图 4-18　4H－1500 型铲链组合式花生收获机结构简图

（2）关键部件设计

① 传动系统设计

4H－1500 型铲链组合式花生收获机与拖拉机配套使用,拖拉机动力输出轴万向节与本机动力传入轴相连接,为该机提供源动力。本机传动系统分为两路,如图 4-19 所示。一路经过轴 1、V_1、V_2、轴 4 将动力输送至双击振轮 J_1、J_2 上,起击振清土的作用;另一路经轴 2、V_3、V_4、轴 5、轴 3 及 $L_1 \sim L_4$,为升运链杆组件提供动力,将挖起的花生向后运送。两路传动系统相互独立,且对称配置在机具两侧,使得机具具有较好的平衡性,确保作业时机具运行平稳。

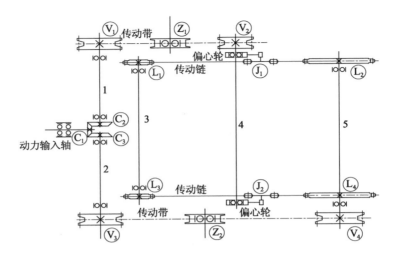

$V_1 \sim V_4$ 为带轮；$L_1 \sim L_4$ 为链轮序；$C_1 \sim C_3$ 为齿轮；Z_1，Z_2 为张紧轮；
J_1，J_2 为双击振轮；1 ~ 5 为传动轴序号

图4-19　传动系统配置图

② 击振清土装置设计

击振清土装置的结构如图 4-20 所示，由支臂、摆杆、偏心套、驱动轴、击振轴、人字形安装板和击振轮等组成。驱动轴和击振轴分别安装在收获机机架上，驱动轴由传动带轮驱动。在升运链下端两侧分别设有支臂、摆杆、偏心套、人字形安装板和击振轮，偏心套与驱动轴固连，摆杆设有 3 个铰接点，中间与偏心套铰接，两端分别与支臂的一端和击振轴铰接，支臂的另一端与机架铰接。人字形安装板顶端与击振轴固连，2 个脚端分别与击振轮铰接，升运链被击振轮支撑。驱振轴转动时，摆杆在驱动轴上做偏心往复运动，使得击振轮在升运链垂直方向上往复振动，升运过程的链杆组件会不停地将花生根部的土抖落。

击振清土装置的原理图如图 4-21 所示，支臂简化为 OA，摆杆简化为 AD，偏心套简化为 BC，升运链简化为 $y = ax + b$，对升运链的击振效果为 d，振幅为 $d_{\max} - d_{\min}$。由该简化图可以得出式（4-7）~ 式（4-9）：

$$d = \left| l_1 \sin \alpha + (l_5 + l_4 \sin \beta - l_1 \sin \alpha)\frac{l_3 + l_5}{l_5} - \frac{l_1 \cos \alpha}{a} - (l_4 \cos \beta - l_1 \cos \alpha)\frac{l_3 + l_5}{a l_5} + \frac{b}{a} \right|$$

$$\text{（4-7）}$$

$$l_x = -l_4 \sin \beta + \sqrt{l_4^2 \sin^2 \beta - l_4^2 + l_2^2} \qquad \text{（4-8）}$$

$$\cos \alpha = \frac{l_1^2 + l_5^2 - l_x^2}{2 l_5 l_1} \qquad \text{（4-9）}$$

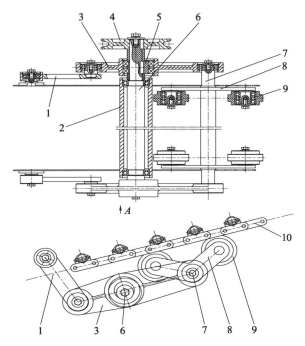

1—支臂;2—驱动轴套;3—摆杆;4—传动带轮;5—偏心套;6—驱动轴;
7—击振轴;8—人字形安装板;9—击振轮;10—升运链

图 4-20 击振清土装置结构图

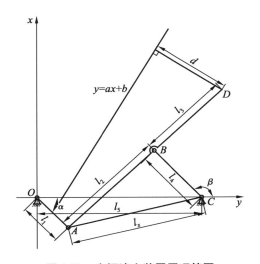

图 4-21 击振清土装置原理简图

在设计过程中, l_1 , l_2 , l_3 , l_5 根据实际要求选取,方程 $y = ax + b$ 可根据升运链的

位置来确定,振幅可根据手册选取,从而可以解出 l_4 的长度,即击振清土装置偏心套的关键参数偏心距。

可以根据手册选取振动频率,根据振动频率确定击振轴的转速。本机型振幅选用 30 mm,偏心套偏心距 l_4 为 5 mm,振动频率为 6 Hz。

（3）性能试验

试验地点选在我国花生主产区河南杞县,考核性试验花生作物品种为豫花 14 号,种植模式见图 4-13,具体模式及植株特征已在 4.2.2 中详细叙及。

4H–1500 型铲链组合式花生收获机采用 40 kW 的拖拉机作为动力,其作业幅宽为 1 500 mm,对于收获上述的宽窄行垄作花生,可一次收获 2 垄 4 行,试验总损失率 S、破损率 P、带土率 T 计算方法见式（4-1）、式（4-2）、式（4-3）,性能检测结果见表 4-10。

表 4-10　性能考核技术参数

检测项目	本机结果	行业标准
配套动力/kW	40	—
总损失率/%	1.74	≤5
破损率/%	0.4	≤1
带土率/%	7.5	≤20
纯生产率/($hm^2 \cdot h^{-1}$)	0.29	—
收获幅宽/mm	1 500	—

研发的 4H–1500 型铲链组合式花生收获机可一次性完成挖掘、清土、铺放功能,总损率为 1.74%,破损率为 0.4%,带土率为 7.25%。其纯生产率达 0.29 hm^2/h,与人工收获相比,可节省 70% 以上工时,降低收获作业成本。

4.2.5　双级升运链铲链组合式花生收获技术

（1）总体设计与工作原理

① 总体设计简介

以 4HS–1650 型铲链组合式花生收获机为例,其主要包括挖掘铲、悬挂装置、一级升运链杆装置、侧板、二级升运链杆装置、张紧装置、倾角调节装置、击振装置、拢禾栅、地轮和动力传动装置,如图 4-22 所示。与单升运链花生收获机的主要不同之处在于采用两级升运链,设有多级碎土装置,同时可通过更换升运链、挂接集膜筐,兼收残膜。

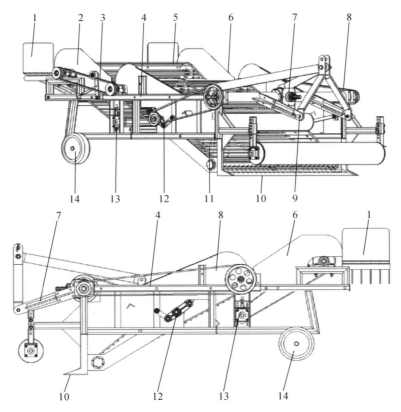

1—拢禾栅;2—二级链杆传动系统;3—张紧装置;4—机架;5—二级升运链杆;6—侧板;
7—变速箱;8——级链杆传动系统;9—悬挂架;10—挖掘铲;11——级升运链杆;12—击振装置;
13—角度调节装置;14—限深轮

图 4-22　4HS‑1650 型铲链组合式花生收获机结构简图

② 工作原理简介

作业时挖掘铲以一定的角度铲入花生根底部将花生连土铲起,升运链将铲起的花生和泥土向后上方输送,在输送过程中,碎土辊对大的土块进行碾压破碎,击振轮在升运链的垂直方向以一定的振幅做往复振动,将花生根部的泥土抖落。花生升送至一级升运链末端,掉落至二级升运链上,进一步去除泥土,并抛向尾部的拢禾栅,两组拢禾栅均向作业幅宽内侧倾斜,将花生拢聚成条铺放在机后,待田间晾晒后再进行拣拾作业。

（2）关键部件设计

① 传动系统设计

该机通过三点悬挂与拖拉机连接,拖拉机动力输出轴 1 通过万向节与本机动力传入轴相连接。拖拉机后动力输出轴 1 与变速箱 2 连接,变速箱 2 将动力分别传递到一级升运链动力输入轴 3 和双作用击振装置驱动带轮上 4,同时一级升运链动力输入轴 3 将动力传递给二级升运链动力输入轴 5,机具传动系统如图 4-23 所示。

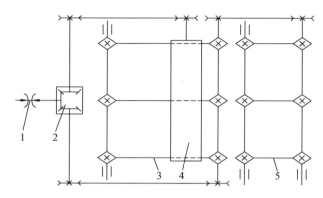

1—动力输出轴;2—变速箱;3——级升运链;
4—双作用击振装置;5—二级升运链

图 4-23　传动系统配置图

② 二级升运链杆设计

试验发现,对于沙土地花生收获作业,采用击振装置进行秧(果)土分离效果良好,而土壤条件较黏时,花生秧(果)含土块较多,为解决该问题,在一级升运链杆后增设二级升运链杆,二级升运链杆的升运角略大于一级升运链杆,且升运角可通过调节装置在一定范围内调整,具体结构如图 4-24 所示。

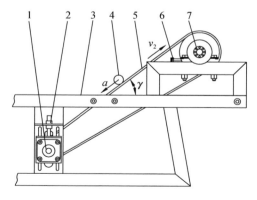

1—从动轴;2—纵向调节装置;3—机架;4—土块;
5—二级链杆;6—横向调节装置;7—驱动轴

图 4-24　二级链杆结构图

二级升运链杆升运角是影响秧(果)土分离效果的关键参数,要使秧(果)能够沿升运链杆上升,而土块沿升运链杆滚落,则土块必须在二级升运链杆上加速至超过二级升运链杆的线速度,假设土块刚进入二级升运链杆时,相对于二级升运链杆运动方向的初速度为 0,则有

$$a = g\sin\gamma - gf\cos\gamma \geqslant \frac{v_2^2}{2s_2} \tag{4-10}$$

式中:a——土块沿链杆方向加速度,m/s^2;

　　　g——重力加速度,为 9.8 m/s^2;

　　　γ——二级升运链杆升运角,(°);

　　　v_2——二级升运链杆线速度,取额定值 2.2 m/s;

　　　f——土块与链杆的滚动摩擦系数,取 0.1;

　　　s_2——二级升运链杆有效清理长度,取 0.5 m。

由式(4-9)可以计算出二级链杆升运角 $\gamma \geqslant 35°$。根据计算结果,将二级链杆升运角设置成 $\gamma = 35° \sim 45°$ 可调,二级链杆与一级链杆交接间隙 120 ± 50 mm 可调,以满足不同作业条件。

(3) 性能试验

在花生主产区山东青岛开展了田间收获试验。以机具前进速度、击振频率、二级升运倾角为影响因素,总损失率、带土率为考核指标,进行相关试验与参数优化。

① 试验条件与设备

试验地点为山东青岛花生种植试验基地,所选试验地土壤类型为沙壤土,土壤含水率为 13.4%,土壤硬度为 93 kPa。花生品种为鲁花 7 号,种植模式 1 垄 2 行,垄距为 800 mm,垄宽为 600 mm,垄高为 150 mm,窄行距为 270 mm。根据农业行业标准《花生收获机　作业质量》(NY/T 502—2016)设计并开展试验。

② 试验指标测定

试验分别测定总损失率 S、带土率 T 2 个作业性能指标,计算方法见式(4-1)、式(4-3)。

③ 试验方案与结果

在单因素试验基础上,并依据 Box-Benhnken 中心组合设计理论,以总损失率 S、带土率 T 作为响应值,对机具前进速度 X_1、击振频率 X_2、二级升运倾角 X_3 开展响应面试验研究。利用 3 因素 3 水平二次回归试验设计方案,对影响总损失率、带土率的 2 个主要参数组合完成优化。试验因素及水平设计见表 4-11。

表 4-11　响应面试验因素和水平

因素	试验水平		
	−1	0	1
$X_1/(\text{m} \cdot \text{s}^{-1})$	0.8	1.4	2.0
X_2/Hz	5	8	11
$X_3/(°)$	35	40	45

按照 Box-Behnken 试验设计方法安排试验,试验方案包含 12 个分析因子、3 个零点估计误差,共 15 个试验点。响应面试验方案和试验结果见表 4-12。

表 4-12　试验设计方案及响应值结果

试验号	变量编码			响应值	
	机具前进速度 $X_1/(\text{m} \cdot \text{s}^{-1})$	击振频率 X_2/Hz	二级升运倾角 $X_3/(°)$	总损失率 $S/\%$	带土率 $T/\%$
1	−1	0	−1	2.29	8.36
2	−1	1	0	3.76	6.46
3	−1	−1	0	2.13	9.41
4	0	1	1	3.16	6.12
5	1	−1	0	1.59	12.35
6	0	−1	1	1.71	8.47
7	0	1	−1	3.25	6.56
8	0	0	0	1.93	7.23
9	1	1	0	2.96	6.78
10	−1	0	1	2.34	7.46
11	1	0	1	1.76	8.34
12	1	0	−1	1.73	9.35
13	0	0	0	1.84	7.64
14	0	−1	−1	1.63	11.42
15	0	0	0	1.89	7.12

④ 模型建立与显著性检验

利用 Design-Expert 8.0.6 软件对表 4-12 中试验数据进行多元回归拟合,建立总损失率 S、带土率 T 关于机具前进速度 X_1、击振频率 X_2、二级升运倾角 X_3 的二次多项式回归模型,并对回归模型进行方差分析与显著性检验。根据影响显著性简化响应面模型,方差分析结果见表 4-13。

表 4-13　回归模型方差分析

变异来源	总损失率 S/%				带土率 T/%			
	平方和	自由度	F 值	P 值	平方和	自由度	F 值	P 值
模型	6.64	9	345.27	<0.000 1	44.64	9	28.18	0.000 9
X_1	0.77	1	359.53	<0.000 1	3.29	1	18.69	0.007 5
X_2	4.61	1	2 153.83	<0.000 1	30.93	1	175.73	<0.000 1
X_3	6.125×10^{-4}	1	0.29	0.615 4	3.51	1	19.95	0.006 6
X_1X_2	0.017	1	7.90	0.037 5	1.72	1	9.75	0.026 2
X_1X_3	1.000×10^{-4}	1	0.047	0.837 3	3.025×10^{-3}	1	0.017	0.900 8
X_2X_3	7.225×10^{-3}	1	3.38	0.125 4	1.58	1	8.95	0.030 4
X_1^2	0.092	1	43.06	0.001 2	2.53	1	14.37	0.012 8
X_2^2	1.18	1	552.03	<0.000 1	1.30	1	7.36	0.042 1
X_3^2	7.853×10^{-4}	1	0.37	0.571 0	0.18	1	1.02	0.359 9
残差	0.011	5			0.88	5		
失拟	6.625×10^{-3}	3	1.09	0.512 2	0.73	3	3.24	0.244 8
误差	4.067×10^{-3}	2			0.15	2		
总和	6.66	14			45.52	14		

注:$P < 0.01$(极显著),$0.01 \leqslant P \leqslant 0.05$(显著),$P > 0.05$(不显著)

3 个因素对总损失率 S 影响效果:击振频率 X_2 > 机具前进速度 X_1 > 二级升运倾角 X_3,其中,X_3,X_1X_3,X_2X_3,X_3^2 对模型的影响不显著。3 个因素对带土率 T 影响效果:击振频率 X_2 > 二级升运倾角 X_3 > 机具前进速度 X_1,其中,X_1X_3,X_3^2 对模型的影响不显著。剔除不显著回归项,在保证模型极显著、失拟项不显著的前提下,对模型 S,T 重新拟合,优化后的回归模型见式(4-11)、式(4-12)。

$$S = 5.07 - 1.46X_1 - 0.70X_2 - 0.04X_1X_2 + 0.44X_1^2 + 0.06X_2^2 \quad (R^2 = 99.84\%) \tag{4-11}$$

$$T = 34.33 - 2.32X_1 - 2.84X_2 - 0.47X_3 - 0.36X_1X_2 + 0.04X_2X_3 + 2.25X_1^2 + 0.06X_2^2 \quad (R^2 = 98.07\%) \tag{4-12}$$

⑤ 因素影响效应分析

为了更直观地反映各因素对试验指标的影响效应,以优化后的模型为基础,利用 Matlab 软件分别绘制 2 个模型的四维切片图（见图 4-25）。

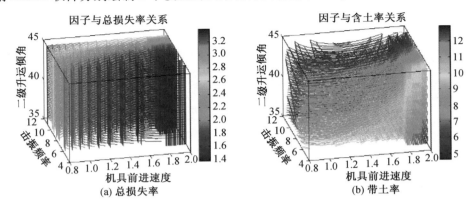

图 4-25　总损失率、带土率与机具前进速度、击振频率、二级升运倾角的四维切片图

机具前进速度、击振频率、二级升运倾角三因素对总损失率的影响效应如图 4-25 a 所示，总体趋势表现为：机具前进速度越小、击振频率越大，则总损失率越高，反之则总损失率越低，试验范围内二级升运倾角对总损失率的影响不明显。原因分析：机具前进速度越小、击振频率越大，击振装置对链杆单位时间内击振次数越多，且通过有效分离区域时间长，造成花生荚果脱落，从而导致总损失率升高。

机具前进速度、击振频率、二级升运倾角三因素对带土率的影响效应如图 4-25 b 所示，总体趋势表现为：机具前进速度越大、击振频率越小、二级升运倾角越小，则带土率越大，反之则带土率越小。原因分析：机具前进速度越大、击振频率越小、二级升运倾角越小，物料通过有效分离区域时间短，击振装置对链杆单位时间内击振次数少，部分土块无法沿链杆下滑，导致带土率升高。

⑥ 参数优化

为了使机具作业性能最佳，要求总损失率低、带土率低。通过各因素对不同指标的影响效应分析可知：要获得较低的总损失率，就要求机具前进速度大、击振频率小；要获得较小的带土率，就要求机具前进速度小、击振频率大、升运倾角大。各因素对性能指标影响效应不同，因此，需要综合考虑 2 个试验指标，对试验参数进行多目标优化，以获得最优参数组合。

以总损失率、带土率最小为优化目标，对 4HS－1650 型铲链组合式花生收获机进行作业参数优化。利用 Design-Expert 8.0.6 软件对 2 个指标的全因子二次回归模型进行最优化计算，优化约束条件如下：

目标函数：$\min S(X_1, X_2, X_3)$；$\min T(X_1, X_2, X_3)$；

变量区间：$-1 \leqslant X_1 \leqslant 1$，$-1 \leqslant X_2 \leqslant 1$，$-1 \leqslant X_3 \leqslant 1$。

优化后得到的最优参数组合为:机具前进速度 1.41 m/s,击振频率 7.17 Hz,二级升运倾角 41.79°。此时,模型预测的总损失率 S 为 1.72%,带土率 T 为 7.67%。

（7）试验验证

为了验证模型的可靠性和预测结果的准确性,采用上文中最优参数组合进行 3 次重复试验。考虑试验的可行性,将参数最佳条件修正为机具前进速度 1.4 m/s、击振频率 7 Hz、二级升运倾角 40°,在此修正方案下进行验证试验,试验结果见表 4-14。

表 4-14　验证试验结果

项目	总损失率 S/%	带土率 T/%
试验平均值	1.77	7.42
优化值	1.72	7.67
相对误差	2.90	3.30

由表 4-14 分析可知,各指标试验值与理论优化值基本吻合,相对误差均小于 5%,该参数优化模型可靠。在收获机设计与作业时,为了获得较好的工作性能,建议采用上述最优参数组合,即机具前进速度 1.4 m/s、击振频率 7 Hz、二级升运倾角 40°,此时总损失率为 1.77%,带土率为 7.42%,各项指标均符合标准要求。

4.2.6　铲拔组合式花生收获技术

（1）总体设计与作业原理

以 4H-2HS 型铲拔组合式花生条铺收获机为例,结构如图 4-26 所示,主要由机架、挖掘铲、拢秧杆、限深轮、夹持带、清土支架、压秧杆、导秧杆、铺放盘等组成,能一次完成花生挖掘、清土、侧向铺放作业。具体作业工艺:作业时,挖掘铲将花生主根铲断并松土,拢秧杆将作业幅宽内的花生植株与两侧分开并将花生果秧聚拢,随后星形轮将植株输送入夹持输送带,植株由夹持带夹持向后输送至后端,在压秧杆和输送链共同作用下,被输送至铺放盘,在导秧杆配合下,有序侧向铺放于地面。其中,变速箱调节星形轮的转速,从而调节夹持带的传送速度,使得植株输送速度与收获机前行速度匹配,将植株顺利输送至下一环节;夹持带在交叉安装的皮带张紧轮作用下呈"S"形,植株在被夹持带输送过程中可抖掉根系所带泥土,另在张紧带轮外端增设同轴固连的清土支架,支架上窄下宽,在不增大皮带"S"形幅度防止皮带脱落的前提下,还增大了植株输送过程的摆动幅度,增强了清土效果。

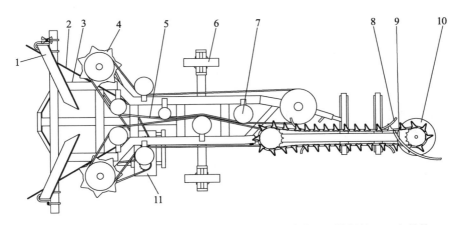

1—挖掘铲;2—拢秧杆;3—机架;4—星形轮;5—夹持带;6—限深轮;7—皮带轮;
8—压秧杆;9—导秧杆;10—铺放盘;11—变速箱

图4-26 铲拔组合式花生收获机结构简图

该设备主要特点:采用挖掘铲与皮带夹持机构组配,两者距离设计恰符合能将花生主根铲断、花生挖起,且夹持位置避开薄膜缠绕,确保运行平稳;采用夹持带输送花生植株,成本低、制作工艺简便;采用随行限深机构,有效减少阻力,提高作业顺畅性。

该机主要技术参数:配套动力 14.7~21.9 kW 的中小型拖拉机;收获行数为 2 行,挖掘宽度 550 mm;纯生产率 0.20~0.33 hm²/h。

(2) 关键部件设计

① 挖掘铲的设计

挖掘铲固连于机架上,其作用是预先将花生主根铲断及松破土,方便植株拔起并减少拔秧过程中的落埋果损失。其中挖掘铲的形状、尺寸及安装位置均对松土效果及降低挖掘前行阻力有重要影响,挖掘铲结构如图4-27所示。借鉴其他花生收获设备梯形挖掘铲结构,该设备的挖掘铲在梯形挖掘铲基础上,为降低挖掘阻力,采用不规则五边形设计,主要设计参数:挖掘宽度为 550 mm,铲刃面宽度为 250 mm,入土角为 30°,滑切角为 60°。

② 夹持输送清土装置

夹持输送清土部件是铲拔组合式花生收获机的主要工作部件,结构如图4-28所示,主要包括夹持带、清土支架、张紧轮,其功能是将经过挖掘松土后的花生植株向上拔起,并完成输送和清土作业。

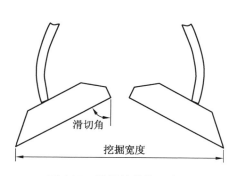

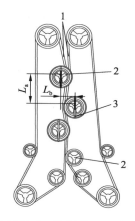

1—夹持带;2—张紧轮;3—清土支架

图 4-27　挖掘铲结构示意图　　**图 4-28　夹持输送清土装置结构示意图**

　　为加强清土效果,在保证夹持带"S"形幅度不增加的情况下,设计清土支架,安装在 3 个张紧皮带轮下,带清土支架的张紧轮如图 4-29 所示,3 个带清土支架的皮带张紧轮的组配距离为 L_a 和 L_b,以及清土支架自身的直径 d 是夹持输送清土装置的关键参数,直接影响皮带是否容易脱带和清土效果,L_a 越小,L_b 越大,容易造成脱带,直径越大清土效果越好,但过大会使秧蔓输送不顺畅造成堵塞,因此带清土装置的张紧轮安装位置和角度要适中,需根据花生植株高度设计,既要起到清土效果,又要保证皮带不脱落及花生秧蔓不缠绕、堵塞,主要设计参数:$L_a = 400$ mm,$L_b = 50$ mm,$d = 120$ mm。

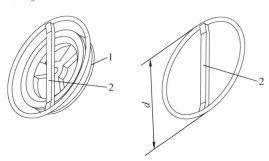

1—张紧轮;2—清土支架

图 4-29　清土装置结构示意图

　　夹持输送带运动速度可通过变速箱来调节,并且需要与设备行走速度匹配,避免秧蔓输送不及时而造成堵秧或铺放不整齐,夹持带输送速度为 $1.2 \sim 2.0$ m/s。

（3）性能试验

在山东省平度市进行花生收获试验。土壤为沙土,花生品种为鲁花 7 号,株丛矮且直立,紧凑,果柄短,不易落果;采用垄作覆膜种植模式,垄底宽 650～700 mm,株高为 350 mm。试验结果见表 4-15。

表4-15　试验结果

检测项目	数值
配套动力/kW	18.4
总损失率/%	1.5
带土率/%	7.5
纯生产率/（hm^2 · h^{-1}）	0.3
收获幅宽	1 垄 2 行

作业时,对花生收获机是否容易脱带、秧蔓输送顺畅性及秧蔓铺放整齐度进行试验验证,试验作业情况如图 4-30 所示,通过大面积试验表明,该机作业顺畅、铺放整齐。

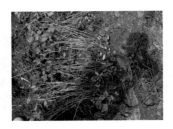

图4-30　4H－2HS 型铲拔组合式花生条铺收获机田间作业情况

4.3　花生机械化摘果技术

4.3.1　花生机械化摘果质量影响因素

影响花生机械化摘果作业质量的影响因素主要包括花生品种、植株含水率、植株带土率、喂入量及喂入质量等。

（1）花生品种

花生机械化摘果作业时,摘果部件直接作用于花生荚果,将荚果与植株分离。不同花生品种其果柄抗拉力、果壳强度不同,果柄强度越大,越不易将荚果摘下,果壳强度越小,壳仁空隙度越大,越易造成破损和裂荚;另外,花生结果范围过大或果柄过长时,半喂入摘果作业时容易造成摘不净。

（2）植株含水率

花生植株含水率较高时,花生果柄、果壳强度较低,枝叶繁茂,适宜采用摘果强度较弱的半喂入式摘果方式;花生植株含水率较低时,花生果柄强度弱、果壳坚硬、秧蔓干枯,适宜采用摘果强度大、效率更高的全喂入摘果方式;花生植株半干时,花生秧蔓、果柄韧性都较大,半喂入式或全喂入式摘果效果均不理想。

（3）植株带土率

花生植株带土率过高时,无论是半喂入摘果还是全喂入摘果,均容易出现果土分离不清,造成荚果带土率过高问题。

（4）喂入量和喂入质量

采用半喂入摘果作业时,花生秧蔓的整齐程度、喂入量对摘果质量影响较大,花生秧蔓不整齐容易造成摘不净或含杂率较高,喂入量较大时,摘果辊摘不透,易造成摘不净;采用全喂入摘果作业时,喂入量较大时,摘果滚筒内秧蔓较多,易造成摘不净、含杂率较高等问题。

4.3.2　半喂入摘果技术

农业部南京农业机械化研究所开展了花生半喂入摘果相关技术研究,并创制出 4HZB－2A 型半喂入式花生摘果机,现对创制机具及相关研究论述如下。

（1）整机结构与工作过程

半喂入花生摘果机结构主要包括摘果辊、夹持输送链、秧蔓折弯输送导秧杆（以下简称导秧杆）、机架、传动系统、动力系统等,如图 4-31 所示。摘果与秧蔓输送组件由夹持输送链、导秧杆、一对叶片式摘果辊组成,如图 4-32 所示。摘果机在发动机的驱动下实现花生秧蔓输送、摘果作业。具体工作过程:作业时,人工将花生秧蔓规则有序地置于摘果机喂入口,由自动喂秧轮将花生秧蔓水平推送至夹持输送链喂入口,由夹持输送链和输送导轨将秧蔓向前输送;在秧蔓输进入摘果段之前,花生秧蔓结果段在导秧杆的下压作用下,由水平逐渐变为竖直状态;秧蔓输送至摘果段时,相向转动的摘果对辊将荚果从秧蔓上刷脱摘下;摘果后的花生秧蔓继续被夹持向后输送,排出机外。

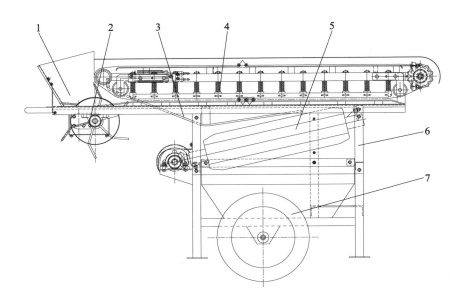

1—喂料斗;2—自动喂秧拨轮;3—导秧杆;4—链杆夹持输送装置;
5—摘果滚筒;6—机架;7—行走轮

图 4-31　4HZB－2A 型半喂入花生摘果机结构简图

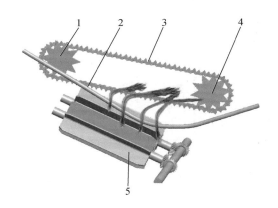

1—带轮;2—导秧杆;3—夹持输送链;4—主动链轮;5—摘果辊

图 4-32　摘果与秧蔓输送组件示意图

（2）关键部件设计

① 秧蔓输送部件

A. 输送机构形式的确定

常见输送机构有带夹持机构和链夹持机构。带夹持优点是成本低,缺点是夹持不紧、不稳,容易出现打滑现象。链夹持径向压力小、安装精度要求低,且夹持牢靠、稳定,保证所夹持秧蔓不窜动,故采用链夹持输送机构。

B. 输送装置的结构

输送装置是保证摘果稳定性和可靠性的关键部件,结构如图 4-33 所示,主要由夹持链 3、压紧弹簧 4、压板 5、输送导轨 6、张紧轮 7、主动链轮 8 等组成,其中压紧弹簧个数为 14,间距为 104 mm,弹簧的有效圈数为 10。

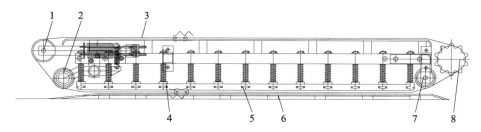

1—张紧轮Ⅰ;2—张紧轮Ⅱ;3—夹持链;4—压紧弹簧;5—压板;
6—输送导轨;7—张紧轮Ⅲ;8—主动链轮

图 4-33　输送装置结构

夹持链 3 逆时针转动,其下部在压紧弹簧和压杆的作用下与输送导轨并紧。当花生秧蔓从喂入口水平喂入后,夹持链夹持秧蔓沿输送导轨运动,秧蔓输送过程中,由底部的摘果部件完成摘果作业。本装置采用单夹持链与输送导轨配置方案,结构轻简、可靠性高、稳定性好,符合设计要求。

② 导秧杆

导秧杆结构和作用示意图见图 4-34、图 4-35,当花生秧蔓随夹持输送链前移过程中,在导秧杆的作用下,在 A 端喂入,花生秧蔓下部由水平状态渐渐向下折弯,花生秧蔓上部(约占 1/3)和下部之间的夹角逐渐增大,当到达点 B 时,夹角达到最大值,约呈 90°,花生果系部位垂直进入摘果辊,摘果辊开始对花生秧蔓结果段进行打击,打击在 BC 段上一直持续,到达点 C 后,秧蔓结果段脱离摘果辊的打击,由导出杆排出机外。

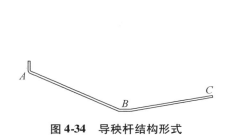

图 4-34　导秧杆结构形式

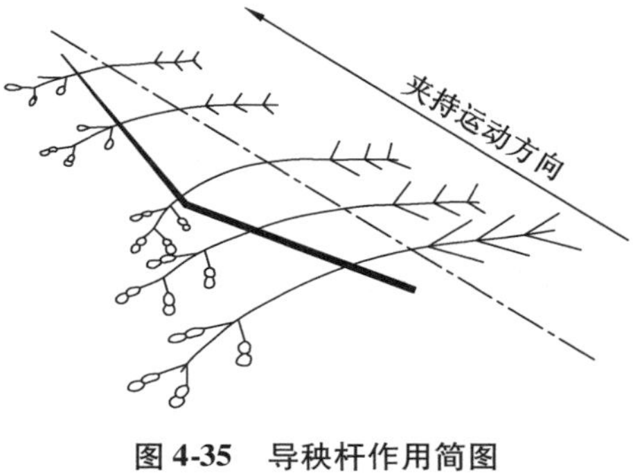

图 4-35　导秧杆作用简图

③ 摘果滚筒设计

摘果装置采用叶片式双辊筒差相组配结构形式,结构如图 4-36 所示。其中摘果滚筒叶片个数及外缘直径是影响摘果效果的重要参数。摘果辊叶片个数的多少直接影响花生摘果机的作业效率,叶片个数越少,打击频率越低,叶片个数越多,叶片之间的夹角越小,两摘果辊间的空隙小,花生果系进入摘果区后,花生荚果容易被叶片挤破造成破损增加,有时花生果系无法较好地进入打击位置,也会影响打击频率。因此,叶片的个数应根据花生果系的几何参数及两摘果滚筒相对位置来确定。

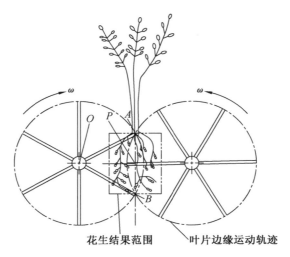

图 4-36　摘果辊筒作用示意图

我国花生果系的水平方向结果范围一般不超过 100 mm,垂直方向的有效结果高度一般不超过 120 mm,可将花生果系结果范围简化成一圆柱形。

为了减少漏摘,花生果系进入摘果滚筒后,摘果滚筒应打击到花生结果范围上部中点 A。两摘果辊轴之间的安装距离为 220 mm,左侧摘果辊到摘果范围中心点的水平距离即为 $L = 220/2 = 110$ mm,$\tan \angle AOP = AF/OF = 0.545$,$\angle AOP = 28.6°$,$\angle AOB = 2 \times \angle AOP = 57.2°$。

因此摘果叶片数 $N = 360°/57.2° = 6.3$,为保证最大打击效率,摘果叶片个数确定为 6。

摘果叶片外缘半径的确定:$OA = AF/\sin \angle AOP = 125.3$ mm,所以外缘直径确定为 250 mm。

（3）性能试验

试验点选在江苏泰兴,花生品种为泰花 3 号,试验样本的植株平均高度为

500 mm,结果区域平均高度为 120 mm,平均直径为 100 mm。

　　摘果试验结果见表4-16。从考核试验和示范应用的结果来看,半喂入花生摘果机轻简易用,生产效率高、摘果质量好,几近无破损和裂荚现象,适应于花生分段收获模式下的鲜株摘果作业,尤其适于小区育种和小田块种植的摘果作业。这种轻简型的花生摘果机工作时可由 2～3 人辅助作业,与传统的人工采摘花生相比,大大地降低了作业成本。

表 4-16　4HZB－2A 花生摘果机试验结果

花生品种	滚筒转速/ ($r \cdot min^{-1}$)	夹持链速/ ($m \cdot s^{-1}$)	摘净率/%	破损率/%	生产率/ ($亩 \cdot h^{-1}$)
泰花3号	301	0.457	99.8	0.10	0.90
	331	0.550	99.6	0.20	0.93
	350	0.641	98.7	0.20	0.96
平均	327.8	0.549	99.7	0.16	0.93

4.3.3　全喂入摘果技术

　　花生全喂入摘果机是一种场上作业设备,可完成花生的摘果、分离和清选等作业工序,主要用于晾晒后的花生植株摘果,在我国豫、鲁、冀、东北等主产区获得广泛应用。

　　农业部南京农业机械化研究所选取典型的 4HZQ－1300 型花生全喂入摘果机,开展性能试验分析,现分述如下。

　　(1) 全喂入摘果原理

　　全喂入摘果机作业时,将花生植株全部喂入摘果滚筒,与半喂入摘果相比,无须整齐喂入、有序夹持,能显著提高作业效率。摘果滚筒是全喂入花生摘果机的主要工作部件,决定机具的作业质量。市场上一种常用的摘果滚筒结构如图4-37所示。花生植株通过喂入口喂入摘果滚筒内部,随摘果滚筒转动,在摘果搅龙及钉齿的击打、梳拉、摇曳等主动力作用和静止凹板筛的阻挡、摩擦等约束力作用下,花生荚果脱离秧蔓,同时花生植株受到摘果滚筒轴向分力作用,沿着轴向运动,整个过程花生植株相互之间也产生挤搓、摩擦与刮拉等作用。摘下的花生荚果、断枝断秧及泥土等穿过凹板筛,落至振动筛,进行清选作业,在振动筛和清选风机的联合作用下,土块、空瘪荚果和碎茎秆等杂物被清选出去,花生荚果经出料口排出装袋,完成整个摘果作业。

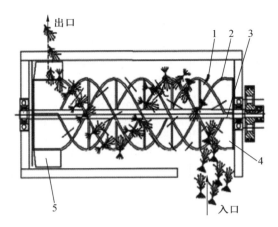

1—钉齿;2—摘果搅龙;3—摘果搅龙轴;4—搅龙侧板;5—排秧板

图 4-37　摘果滚筒结构图

（2）试验机具简介

4HZQ–1300 型花生喂入摘果机结构如图 4-38 所示,此花生摘果机有 2 个摘果滚筒和 1 个过渡滚筒,过渡滚筒 4 处在 2 个摘果滚筒的中间,作用是将经切流摘果滚筒 2 摘果后的花生植株顺利喂入轴流摘果滚筒 5,过渡滚筒分布螺旋拨板,将花生输送到一端再喂入轴流摘果滚筒,轴流摘果滚筒周面上沿轴向设置了呈螺旋分布的弯曲的齿。为了便于试验,通过输送带 15 控制喂入量的大小。

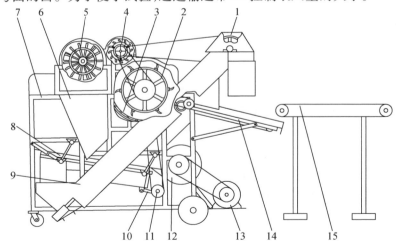

1—回收皮带轮;2—切流摘果滚筒;3—凹板筛;4—过渡滚筒;5—轴流摘果滚筒;6—收料斗;
7—机架;8—振动筛;9—回收装置;10—连杆;11—振动筛曲轴;12—风机;13—电动机;
14—喂料装置;15—输送带

图 4-38　4HZQ–1300 型花生喂入摘果机结构简图

该花生摘果机作业过程:花生植株由喂料装置 14 喂入切流摘果滚筒 2 和凹板筛 3 之间,摘果滚筒与凹板筛对全部喂入的花生植株有击打、旋转摔打、梳刷、挤压和阻挡等作用,花生荚果脱离秧蔓,花生秧蔓经切流摘果滚筒 2 上刀形齿转动甩打被切碎,而后经过渡滚筒 4,花生植株喂入轴流摘果滚筒 5,经其摘果齿的螺旋推进作用,大部分茎秆和叶从轴流摘果滚筒 5 尾端排草口排出。花生荚果、断枝断秧、土等从凹板筛孔下落到振动筛 8 的过程中,碎秧蔓、叶等轻杂质被风机 12 吹到机外,质量大的花生果和部分较重的土落到振动筛,土穿过振动筛掉落,未脱净的少量花生秧果经收料斗 6 进入回收装置 9 提升重新喂入,进行循环摘果处理,最后花生荚果从振动筛的出果口收集装袋。

(3)性能试验

影响花生摘果机性能指标主要有花生植株含水率、喂入量、滚筒转速、摘果滚筒结构形式及其参数等,结合实际条件选定试验因素为含水率、喂入量、摘果滚筒转速。通过试验得到摘果机性能指标与含水率、喂入量、摘果滚筒转速等影响因素间的关系,探明全喂入摘果机主要性能指标和影响因素的主次关系,为全喂入摘果机的参数选择和性能优化提供参考。

① 试验装置与材料

主要试验装置有:三相异步电动机($P = 22$ kW)、变频器、电缆、转速表、电子秤、秒表等。通过变频器调节电动机转速,以此调节摘果滚筒转速。

花生摘果试验在江苏省农业科学院实验基地进行,品种为泰花 5 号,花生试样铺于地面自然晾晒。

② 试验因素与指标

A. 试验因素

含水率对于摘果性能影响本质是含水率影响果柄质构,进而影响果柄抗拉强度,最终影响摘果的难易程度,第 2 章对花生物理特性已有相关的阐述,不再赘述。本次试验含水率水平分别为 22% ,35% ,48% 。

喂入量是单位时间喂入摘果机的花生植株的质量,喂入量直接影响摘果机的工作效率,喂入量越大,摘果效率就越高,但喂入量越大,不但会影响摘净率,而且可能导致花生摘果滚筒的缠绕壅堵。结合花生摘果机设计工作效率及实际试验工况,选择喂入量水平分别为 1.0,1.5,2.0 kg/s。

摘果滚筒转速是决定摘果机破损率、摘净率的关键因素,增加摘果滚筒转速有利于提高摘净率,但破损率指标也会变大。摘果滚筒线速度是摘果滚筒摘果齿顶端的速度,摘果滚筒线速度与滚筒转速的关系为

$$v = \frac{\pi n d}{60} \tag{4-13}$$

式中：v——摘果滚筒线速度，m/s；

　　n——摘果滚筒转速，r/min；

　　d——摘果滚筒直径，m。

该摘果机正常工作时，切流滚筒转速为 $n_切=290$ r/min，$d_切=0.69$ m，轴流滚筒转速为 $n_轴=600$ r/min，$d_轴=0.57$ m，通过计算得到，摘果滚筒线速度 $v_切=10.5$ m/s，$v_轴=17.9$ m/s。本次试验通过变频器，调节频率以调节电动机转速，最终调节摘果滚筒转速，试验测定切流滚筒的转速，设定切流滚筒转速分别为230，260，290 r/min。

B. 试验指标

参照农业行业标准《花生收获机　作业质量》(NY/T 502—2016)，确定未摘净率、破碎率为试验指标。

③ 试验方案及步骤

试验以含水率、喂入量、摘果滚筒转速为影响因素，因素水平见表4-17，按正交试验表 $L_9(3^4)$ 进行正交试验。按照正交设计表中各因素水平，进行摘果试验，分别对完好花生荚果、破损花生荚果(包括仁果)、花生植株上未摘下的花生荚果进行分类和称重，计算未摘净率和破碎率。每个摘果作业工况，试验重复 3 次，测试结果取平均值。

表4-17　正交试验因素与水平

水平	含水率 A/%	喂入量 B/(kg·s⁻¹)	滚筒转速 C/(r·min⁻¹)
1	22	1.0	230
2	35	1.5	260
3	48	2.0	290

④ 试验结果分析

花生摘果机正交试验结果见表4-18，T_{ij} 为第 j 列中与水平 i 对应的各次试验结果之和，T 为所有试验结果之和，极差 R_j 是第 j 列中 T_{ij} 最大值与最小值的差，反映因素各水平对指标的影响。

表4-18　试验方案与结果

试验号	含水率 A/%	喂入量 B/(kg·s⁻¹)	空列	滚筒转速 C/(r·min⁻¹)	未摘净率/%	破碎率/%
1	1(22)	1(1.0)	1	1(230)	2.54	9.60
2	1	2(1.5)	2	2(260)	1.71	12.56
3	1	3(2.0)	3	3(290)	1.98	14.22

试验号	含水率 A/%	喂入量 B/($kg \cdot s^{-1}$)	空列	滚筒转速 C/($r \cdot min^{-1}$)	未摘净率/%	破碎率/%
4	2(35)	1	2	3	3.45	13.78
5	2	2	3	1	5.20	7.46
6	2	3	1	2	4.82	9.94
7	3(48)	1	3	2	2.69	8.82
8	3	2	1	3	2.36	10.50
9	3	3	2	1	3.73	7.15

未摘净率极差分析	T_{1j}	6.23	8.68		11.47	
	T_{2j}	13.47	9.27		9.22	$T = 28.48$
	T_{3j}	8.78	10.53		7.79	
	R_j	7.24	1.85		3.68	
	主次因素			$A > C > B$		
	较优水平	A_1	B_1		C_3	
	较优组合			$A_1 B_1 C_3$		

破碎率极差分析	T_{1j}	36.38	32.20		24.21	
	T_{2j}	31.18	30.52		31.32	$T = 94.03$
	T_{3j}	26.47	31.31		38.50	
	R_j	9.91	1.68		14.29	
	主次因素			$C > A > B$		
	较优水平	A_3	B_2		C_1	
	较优组合			$A_3 B_2 C_1$		

对于未摘净率,通过比较极差值大小,可知因素的主次顺序为 $A > C > B$;对于破损率,因素的主次顺序为 $C > A > B$。未摘净率指标值越小,摘果机性能越好,每个因素选 T_{ij} 值较小的水平,较优组合为 $A_1 B_1 C_3$,试验因素:花生植株含水率为 22%、喂入量为 1.0 kg/s、摘果滚筒转速为 290 r/min。破碎率指标值越小,摘果机性能越好,每个因素选 T_{ij} 值较小的水平,较优组合为 $A_3 B_2 C_1$,试验因素:花生植株含水率为 48%、喂入量为 1.5 kg/s、摘果滚筒转速为 230 r/min。

由图 4-39 可以看出含水率 A 处于 35% 时,未摘净率最高,此时最难摘果,其次是 48%(鲜秧),而含水率为 22%(干秧)时,未摘净率最小,摘果最为容易,整个晾晒过程,含水率不断降低,未摘净率呈现先增加再减小的趋势;随着喂入量 B 的增加,未摘净率也呈增加趋势,但变化幅度没有含水率对于未摘净率的影响大;随着摘果滚筒转速 C 的增加,未摘净率降低,说明随着转速的增加,摘果越容易。

由图 4-40 中可以得出随着花生荚果含水率 A 的降低,花生的破损率不断增加,与荚果抗压试验结果一致,这是因为随着含水率降低,花生荚果抗压强度降低,才导致花生破损率增加;喂入量 B 变化对于花生荚果破损率的影响不是很大,还是可以看出在喂入量处于较高水平,破损率稍有下降,这是因为喂入量大时,摘果滚筒花生植株料层较厚,有一定缓冲作用,保护了花生荚果;摘果滚筒转速 C 的变化对于破损率的影响最大,随着滚筒速度的提高,破损率急剧上升,不难理解,随着转速的增加,摘果滚筒对于花生荚果的冲击也越大,导致花生破损越严重。

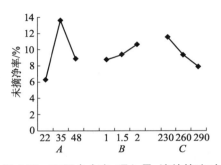

图 4-39　不同含水率、喂入量、滚筒转速对未摘净率的影响

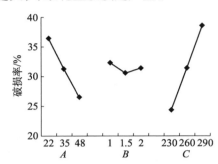

图 4-40　不同含水率、喂入量、滚筒转速对破损率的影响

通过以上分析,未摘净率与破碎率影响因素主次关系不同,而且各指标的较优水平也不尽相同,为了兼顾平衡各项指标的得失,采用综合加权评分法进行分析,以选出使各项指标都尽可能好的较优组合。考虑到 3 个因素对衡量指标的重要程度,以 100 分作为总"权",为未摘净率 60 分,破损率为 40 分,加权综合指标 y 可以用下式来计算:

$$y_i = \sum_{j=1}^{r} W_j \frac{y_{ij}}{y_{j\max}} \qquad (4-14)$$

式中:y_i——第 i 号试验所得计算值(加权评分指标),$i = 1, 2, 3, \cdots, 18$;

W_j——第 j 个指标的"权"值,$j = 1, 2$,其中 $W_1 = 60, W_2 = 40$;

y_{ij}——第 i 号试验中第 j 个指标;

$y_{j\max}$——所有试验中,第 j 个指标的最大值。

综合指标 y 计算结果见表 4-19。

表 4-19　加权综合指标计算结果

试验号	A	B	空列	C	y
1	1	1	1	1	56.31
2	1	2	2	2	55.06
3	1	3	3	3	62.85
4	2	1	2	3	78.57
5	2	2	3	1	80.98

试验号	A	B	空列	C	y
6	2	3	1	2	83.58
7	3	1	3	2	55.85
8	3	2	1	3	56.77
9	3	3	2	1	63.15
T_{1j}	174.22	190.73		200.44	
T_{2j}	243.13	192.81		194.49	
T_{3j}	177.77	209.58		198.19	
R_j	68.91	18.85		5.95	
	主次因素			$A > B > C$	
较优水平	A_1	B_1		C_2	
	较优组合			$A_1 B_1 C_2$	

由表 4-19 可知,3 因素对综合指标的影响主次顺序为 $A > B > C$,最佳水平组合为 $A_1 B_1 C_2$,试验因素为:花生植株含水率 22%、喂入量 1.0 kg/s、摘果滚筒转速 260 r/min。

正交试验方案没有出现上述最佳参数组合,故还须进行最佳参数组合条件下的摘果试验,以保证优选前后摘果试验指标有可比性。调整至最佳参数,试验重复 3 次,结果取平均值,得出未摘净率为 1.57%,破碎率为 11.43%,通过比较得出试验结果优于正交试验中 9 组试验结果,能够说明花生植株含水率 22%、喂入量 1.0 kg/s、摘果滚筒转速 260 r/min 为该全喂入摘果机的最佳参数组合。

第 5 章　花生半喂入联合收获技术

5.1　花生半喂入联合收获技术发展概况

5.1.1　花生半喂入联合收获技术发展现状

半喂入联合收获是由一台设备一次完成挖掘起秧、清土、摘果、果杂分离、果实收集和秧蔓处理等收获作业,是当前集成度最高的花生机械化收获技术,具有作业顺畅性好、荚果破损率低、秧蔓可饲料化利用等优点,但其对花生品种、种植模式及适收期要求较高。花生半喂入联合收获分为单垄和多垄收获,其中半喂入单垄(两行)联合收获技术已较为成熟,在我国花生主产区已获得良好应用。目前,花生半喂入联合收获技术朝着多垄高效化、智能化方向发展。

美国花生生产机械化水平比较先进,其采用两段式收获,且以大型机械为主,即先挖掘起秧、田间晾晒数日后,再用花生捡拾联合收获机进行捡拾摘果,相应的装备已实现了专用化、标准化和系列化。现阶段,在美国未见半喂入联合收获技术相关产品与应用。

我国台湾花生收获采用半喂入联合收获方式,代表机型有大地菱农业机械股份有限公司生产的 TBH‐3252型自走式花生联合收获机(见图 5-1)。由于生产规模、种植制度和气候条件等与我国大陆比较接近,其花生收获技术对我国大陆具有一定借鉴意义。

花生半喂入联合收获技术是我国花生收获机械化的主要发展方向之一,也是我国花生机械化收获的研发热点。花生半喂入联合收获技术的研究已有十余年,以农业部南京农业机

图 5-1　TBH‐3252 型自走式花生联合收获机

械化研究所、青岛农业大学、江苏宇成动力集团有限公司、临沭县东泰机械有限公

司、青岛弘盛汽车配件有限公司等为代表的科研院所和生产企业已研制出多款花生半喂入联合收获装备,如图 5-2 所示,花生联合收获装备多品种发展与多元化竞争格局已初步形成。

(a) 4HLB-2型花生联合收获机　　　　　(b) 4HLB-4型花生联合收获机

(c) 4HBL-2型花生联合收获机　　　　　(d) 4HB-2A型花生联合收获机

图 5-2　半喂入花生联合收获机

农业部南京农业机械化研究所研发的 4HLB－2 型半喂入花生联合收获机已成为国内花生收获机械市场的主体和主导产品,在此基础上,根据产业发展需求,又创制出拥有完全自主知识产权和核心技术的世界首台两垄四行半喂入花生联合收获机,并与山东临沭东泰机械有限公司合作进行产业化开发,为我国花生联合收获设备高效化发展提供了技术支撑,进一步引领了半喂入花生收获技术发展。

5.1.2　花生半喂入联合收获技术代表机型

（1）4HLB－2 型花生联合收获机

农业部南京农业机械化研究所研制的 4HLB－2 型花生联合收获机为半喂入自走式,主要由 HST 自走底盘、分扶禾器、挖掘铲、夹持输送装置、清土装置、摘果装置、清选装置、集果装置及秧蔓抛送等部件组成,如图 5-3 所示。该机采用随行自动限深、"动套静"防缠绕、柔性摘果、无阻滞清选和弹性组配等创新技术,有效降低破损率、提高摘果率,解决缠绕问题;整机以共用平台为基础,部件采用模块化设计,通过更换果秧分离、清选和集果等作业部件还可兼收大蒜等。其主要用于沙壤土、轻质壤土地区的垄作花生的联合收获;纯生产率 0.15 hm²/h,收获行数为一垄两行,配套动力 33 kW。

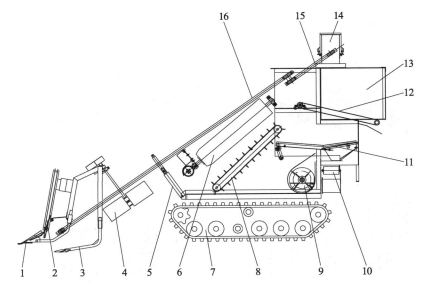

1—分禾器;2—扶禾器;3—挖掘铲;4—清土器;5—液压升降缸;6—摘果辊;7—橡胶履带底盘;
8—刮板输送带;9—风机;10—横向输送带;11—清选筛;12—秧蔓输送带;
13—集果箱;14—垂直提升机;15—秧蔓抛送链;16—拔禾输送链

图 5-3 4HLB-2 型花生联合收获机结构简图

4HLB-2 型花生联合收获机作业过程:收获机前行时,分扶禾装置将作业幅宽内的花生植株与两侧分开并扶起,同时挖掘铲将花生主根铲断并松土,随后植株进入输送链,被拔起并夹持向上(后)输送。在夹持输送前段底部设有清土装置,以去除植株根部的泥土。植株输送到摘果段时,夹持输送链下部安装的对辊摘果装置将荚果从植株上刷落摘下,花生随后落入刮板输送带升运至振动清选筛上,在振动筛和风机的双重作用下将茎叶、土、地膜等杂物分离并排出机外。分选出的花生荚果通过横向输送带送入垂直提升机,升送至集果箱。摘果后的花生秧蔓继续被夹持向后输送,而后转接到秧蔓抛送链,抛送链将秧蔓向后抛下落至秧蔓输送带而被排出机后,完成收获作业。

(2) 4HLB-4 型花生联合收获机

4HLB-4 型花生联合收获机一次完成两垄四行花生收获作业,生产效率为两行花生联合收获机的 2 倍以上。该联合收获机主要由仿形限深轮、分扶禾器、挖掘铲、拍土杆、左右夹拔装置、合并输送装置、拍土板、过渡夹持输送部件、底盘、前后风机、振动清选筛、摘果装置、刮板输送带、横向输送带、抛草输送链、摘果输送链、提升机、果箱等部件组成,如图5-4所示。该设备发明了对垄自动限深同步挖掘起秧、多链夹持错位交接有序输送、大落差广适性防缠绕摘果、双风系无阻滞清选等技术与装置。该设备可收获不同种植垄距的花生,在收获时可完成两垄花生秧蔓夹持垂直转向、两路秧蔓合并输送,挖掘起秧、输送、清土、高效摘果、无阻滞清选、集果、排杂等各个作业环节顺畅高效,具有良好的作业顺畅性和适应性,摘净率高,纯生产率可达 $0.3 \sim 0.4 \ hm^2/h$。

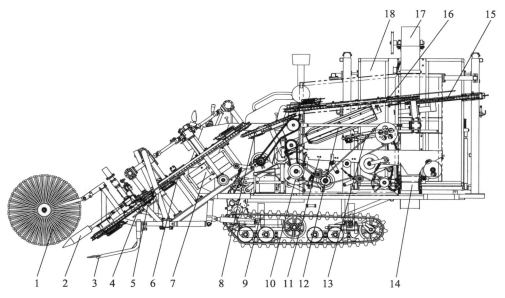

1—仿形限深轮;2—分扶禾器;3—挖掘铲;4—拍土杆;5—左右夹拔装置;6—合并输送装置;
7—拍土板;8—过渡夹持输送部件;9—底盘;10—风机;11—振动清选筛;12—摘果装置;
13—刮板输送带;14—横向输送带;15—抛草输送链;16—摘果输送链;17—提升机;18—果箱

图5-4 4HLB–4型花生联合收获机结构简图

4HLB–4型花生联合收获机主要用于沙壤土、轻质壤土地区的垄作花生的联合收获。作业前,首先液压辅助调整左右收获台的间距与花生种植垄距相同。作业时,左右夹拔装置分别对齐相邻两垄(四行),其各自分扶禾器分别将作业幅宽内的花生植株与两侧分开并扶起,同时挖掘铲将花生主根铲断并松土,随后植株进入输送链,被拔起并夹持进入各自通道向上(后)输送。植株拔起后经过清土装置,去除植株根部的。右夹拔装置通道花生植株在弧形压杆与夹持链的作用下垂直转向变成横向输送,由右合并输送夹持装置夹持输送至左侧,然后在左右合并输送装置的作用下,与左夹拔装置通道花生植株合并,在夹持输送链与弹性压杆部件的夹持下按左夹拔装置通道方向向上(后)输送。植株经过过渡夹持输送装置的前后两次交接后,由摘果段夹持输送装置夹持向后输送。植株输送到摘果段时,摘果段夹持输送链下部安装的对辊摘果装置将荚果从植株上刷落摘下,摘果辊前端刷落的花生果直接落入振动清选筛上,摘果辊后端刷落的花生果落在刮板输送带上,由刮板输送带向前输送至振动清选筛前部。在振动清选筛和前后风机的双重作用下将茎叶、土、地膜等杂物分离并排出机外。分选出的花生果通过横向输送带经垂直提升机送至果箱。摘果后的花生秧蔓继续被夹持向后输送,而后转接到秧蔓抛送链,将秧蔓成条铺放,完成收获作业。在收获台的左右夹拔装置前端分别设有自动限深随垄仿形装置,作业时通过电液控制系统实现左右收获台挖深与夹拔高度的随行按需独立调整。

5.2　挖掘起秧技术

半喂入花生联合收获机采用半喂入摘果方式,要求花生果秧在夹持输送过程中保持整齐、有序状态,因此对花生挖掘、扶禾、夹拔起秧等作业环节要求较高。花生起秧质量的好坏直接影响后续的清土和摘果作业效果。本节重点研究铲-链挖拔组合起秧技术,优化组配分扶禾、挖掘铲、夹持链等部件,以确保花生起秧和输送作业的有序性、整齐性、顺畅性。

5.2.1　分扶禾技术与装置

花生秧蔓侧枝多而长、株丛范围大,在挖掘、夹持输送之前需要对秧蔓进行归拢集中,若不将秧蔓向中间归拢,秧蔓松散地进入夹持链后,不仅夹持高度参差不齐,而且很多侧枝会挂在夹持链下,造成缠链及在摘果段易被摘果辊刷断,影响摘果和清选质量及作业顺畅性。

（1）拨指式扶禾器

拨指式扶禾器在收获台上呈一定的角度向后倾斜配置,其主要作用是将倒伏的花生秧蔓扶起归拢。扶禾装置如图 5-5 所示,由左、右拨指链箱对称配置,拨指箱内装有传动链轮、张紧轮、滑轮、传动链和拨指等。设计扶禾装置的传动链上装有 9 个拨指,两侧对称滑轮的轴中心距为 492 mm,对称传动链轮的轴中心距为 382 mm,底部开口大,上部开口小。传动链转动方向如图 5-5 中箭头所示,花生秧经分禾器归拢后由扶禾拨指从底向上逐渐合拢并向上导扶,引导进入夹持输送链入口,确保花生秧蔓整齐、有序地被夹持输送。

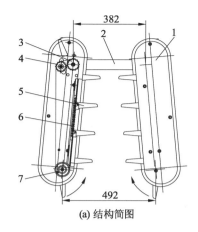

(a) 结构简图   (b) 实物图

1—右拨指链箱;2—横杆;3—传动链轮;4—张紧轮;5—拨指;6—传动链;7—滑轮

图 5-5　拨指式扶禾装置

扶禾器的工作元件是拨指,拨指随链条绕链轮、滑轮回转,拨指的每一循环过程包括伸指搂禾、扶禾、缩指空行 3 个阶段,扶禾拨指在扶禾器上的运动如图 5-6 所示。拨指随传动链运动到滑轮后,其运动由直线运动变为圆弧运动。

在扶禾器运转的倾斜面上,设传动链条在滑轮上的转动角速度为 ω_1,扶禾链速度为 v_1,拨指指尖在直线运动段速度为 $v_{指1}$,在圆弧轨迹段速度为 $v_{指2}$,滑轮半径为 R_1,圆弧轨迹半径为 R_2,其中 R_2 可近似认为拨指长度与 R_1 之和,则 $v_1 = v_{指1} = \omega_1 \cdot R_1$,$v_{指2} = \omega_1 \cdot R_2$,$v_{指1}/v_{指2} = R_1/R_2$。设计时 $R_1 = 35$ mm,$R_2 =$

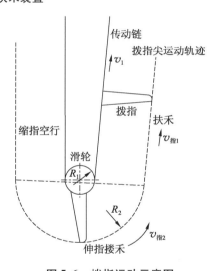

图 5-6　拨指运动示意图

155 mm,则 $v_{指2}/v_{指1} = 4.4$,即指尖在圆弧段的速度是传动链速度的 4.4 倍。

由于扶禾器是随机器一同运动,所以扶禾拨指的运动是拨指随链条运动和机器前进运动的合成。在直线扶禾轨迹段,扶禾链运动速度(也即拨指线速度)与机器前进速度的关系如图 5-7 所示。图中 v_0 为机器前进速度,v_1 为扶禾链速度,v_a 为扶禾指绝对速度,α_1 为扶禾器与水平面的配置夹角,β_1 为合成速度 v_a 与扶禾链速度的夹角,扶禾指合成运动方向与水平面的夹角为 $\alpha_1 + \beta_1$。假定作业时机器前进速度、拨指线速度均恒定,则拨指扶禾轨迹为一条直线,扶禾方向决定于扶禾链速度 v_1 和机器前进速度 v_0 的比值 K_1(称为扶禾速度比)及扶禾器的倾角 α_1,满足如下关系：

$$k_1 = \frac{v_1}{v_0} = \frac{\sin(\alpha_1 + \beta_1)}{\sin \beta_1} \tag{5-1}$$

式中：k_1——扶禾链速度 v_1 和机器前进速度 v_0 的比值；

　　v_0——机器前进速度，m/s；

　　v_1——扶禾链速度，m/s；

　　α_1——扶禾器与水平面的配置夹角，(°)；

　　β_1——合成速度 v_a 与扶禾链速度的夹角，(°)；

　　$\alpha_2 + \beta_2$——扶禾指合成运动方向与水平面的夹角，(°)。

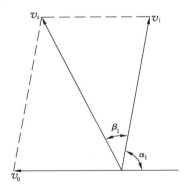

图 5-7　拨指直线运动合成

　　夹持输送链条是倾斜配置，秧蔓在被夹持之前与夹持输送链呈近似垂直状态更利于整齐夹持及后续的清土和摘果作业，而秧蔓茎秆经扶禾后的方向与拨指合成速度方向一致。传动系统中，机器行走装置与扶禾器为同一路传动，扶禾链速度与机器前进速度成一定比例增减，也即扶禾指合成运动方向 $\alpha_1 + \beta_1$ 取决于扶禾速度比 k_1 及扶禾器倾斜角 α_1。

　　根据扶禾器与夹持链的配置需要，扶禾器与水平方向的倾斜角度设计为 80°，扶禾速度比按 $v_1/v_0 = 1.5$ 来设计，即当前进速度为 1 m/s 时，扶禾链速为 1.5 m/s，扶禾绝对速度为 1.65 m/s，拨指尖搂禾速度为 6.6 m/s，此时拨指合成速度与水平方向夹角 $\alpha_1 + \beta_1$ 为 117°。若按照秧蔓与夹持链呈垂直夹持的要求，收获作业时夹持链倾角应为 27°，但夹持链倾角过小，收获机总体则变长，为此结合总体配置需要，作业时夹持链倾角确定为 35°，即在此工况下拨指合成速度与夹持链的夹角为82°，可实现花生秧蔓喂入夹持链时近似垂直于夹持链。

（2）锥辊式分扶禾器

锥辊式分扶禾器对称安装在收获台架前端,如图 5-8 所示,其结构主要由主轴、锥辊、套管等组成。动力传动装置为扶禾器主轴提供动力,带动扶禾器向外侧翻转。机器前行时,锥辊呈旋转状态,前端贴近土壤表层挑起倒伏的花生秧蔓并将外侧的花生秧蔓分开,同时将待收的两行花生秧蔓向中间归拢,使秧蔓紧凑地进入夹拔装置,夹持喂入更加顺畅,有效解决了乱秧堵塞等问题;且结构简单,成本低,安装方便。

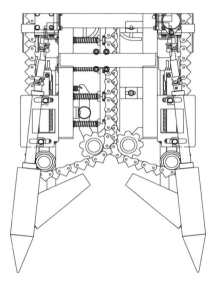

图 5-8 锥辊式分扶禾器结构简图

该分扶禾器安装在夹持链上面,轴线与夹持链安装平面平行。锥辊前段为锥形,中后段为圆柱形,圆柱形直径为锥辊直径;其直径与长度是主要设计参数,锥辊直径与长度的设计是否合理,决定了分扶禾器扶秧效果。结合结构配置,锥辊直径 D 选定为 80 mm。锥辊长度与其安装位置、夹持链水平角度等有关,其前端需紧贴地面,后端与喂入口外侧夹持链需有重叠。锥辊式分扶禾器的作业示意见图 5-9,锥辊呈前低后高倾斜状态,锥辊前端将倒伏秧蔓挑起,秧蔓沿着锥辊滑动并逐渐抬高,在锥辊后端被夹持链拢入喂入口。夹持链与水平方向的夹角为 α,则锥辊轴线水平夹角亦为 α;根据扶禾器与夹持链的配置需要,锥辊轴线与夹持链垂直距离为 L_1,收获时夹持链外侧前端距地面垂直高度为 L_2,锥辊与夹持链有效衔接距离为 L_3,则锥辊长度 L 为

$$L = L_1 \tan \alpha + L_2 \sin \alpha + L_3 \tag{5-2}$$

式中:L——锥辊长度,mm;

L_1——锥辊轴线与夹持链垂直距离,mm;

L_2——夹持链外侧前端距地面垂直高度,mm;

L_3——锥辊与夹持链有效衔接距离,mm;

α——锥辊轴线水平夹角,(°)。

实际计算时,夹角 α 约为 35°,L_1 为 100 mm,L_2 为 120 mm,L_3 为 60 mm,则由式(5-2)计算锥辊长度 L 为 412 mm,取值为 410 mm。按照上述计算数值,锥辊轴线水平夹角为 35°,其后端有效扶起高度为 142 mm(距垄面垂直距离),此时秧蔓可被夹持链顺利拢住送入夹拔喂入口。

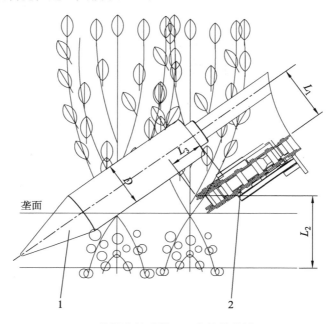

1—锥辊分扶禾器;2—夹拔输送链

图 5-9　锥辊式分扶禾器作业示意图

作业时扶禾器锥辊自身旋转,并随机器前行,其转速对分扶禾效果有重要影响,转速过低,秧蔓后在锥辊上滑动扶起不顺畅,有向前推秧的反作用,转速过高,则锥辊带动秧蔓随其转动造成缠绕;经试验分析,分扶禾器转速选为 500 r/min 时,锥辊分扶禾效果理想,无推秧、缠绕现象。

由于花生种植模式不同,花生种植的行距范围一般为 250~300 mm,株丛范围为 ϕ150~200 mm,收获时一垄两行花生秧蔓在幅宽内占据 400~500 mm 的宽度。两侧锥辊需将作业幅宽内的花生秧蔓全部拢起,在结构尺寸选定的情况下,两侧安装距离设计要合理,距离过小,有些倒伏秧蔓漏在锥辊外侧,造成漏夹现象;距离过大,锥辊前端不能紧贴地面,秧蔓从锥辊下漏过,同样造成漏夹现象;综合考虑,为增大设备适应性,两侧锥辊左右距离在 480～550 mm 可调,实际作业时根据植株状态、垄面宽度等条件进行调整。

5.2.2 输送链夹拔起秧技术

（1）结构设计

夹持输送部件是半喂入花生联合收获机的主要工作部件,其功能是将经过挖掘松土后的花生植株向上拔起,并向后输送以完成清土、摘果作业。秧蔓喂入端的夹持链形状如图 5-10 所示,夹持链在秧蔓夹持点前端呈“V”形张口,此区域称为秧蔓拢合区。作业时随着机器的前行,经过扶禾的花生秧蔓被拢合区夹持链由外向内、由底向上拢合并逐渐收紧,最终在夹持点位置被夹紧拔取向后输送。夹持链喂入端结构形状设计对秧蔓夹持效果的好坏非常重要,其关键设计参数如图 5-10 所示,L_a 为“V”形拢合区的最大张口距离,μ 为夹持链喂入口夹角,L_b 为夹持点与夹持链最前端的距离。

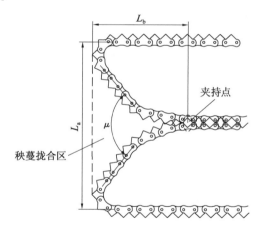

图 5-10 喂入端夹持链

L_a 的确定要满足当前花生收获种植农艺和花生生长的生物特性。根据花生种植农艺和植株特性,假定收获的两行花生间的行距为 250 mm,在夹持高度处,每行花生株丛直径为 200 mm（实际经扶禾后会相应减小）,则拢合区最大张口距离应为 450 mm,为防止收获大行距花生时造成漏夹持现象,L_a 应留有一定余量。但 L_a 也不能过大,一方面过大会增加收获台机架体积,同时 L_a 过大,机器作业前行时夹持链的推秧作用越明显,影响花生秧蔓状态。实际设计时 L_a 选定为 500 mm。

为了分析夹持链喂入口形状对秧蔓夹持效果的影响,结合位置配置对夹持链喂入口做如下 2 种设计形式:a. 小张口设计,即 $\mu = 100°$,$L_b = 280$ mm;b. 大张口设计,即 $\mu = 170°$, $L_b = 130$ mm。μ 和 L_b 2 个参数相互对应,μ 越大,夹持链夹持点则会前移,即 L_b 越小,相反,μ 越小,夹持链夹持点则会后移,即 L_b 越大。

由于夹持链与水平方向呈 35°倾斜角度,在秧蔓拢合区内,从夹持链对秧蔓拢合作用开始到秧蔓完全被夹持住这个过程中,夹持链对秧蔓在垂直方向上会有一定的向上提秧作用,而在水平方向上对秧蔓有一个前推作用,不利于秧蔓整齐夹持。因此,在喂入口端要求夹持链拢合时间尽可能短,秧蔓尽早被夹持向上输送。对比分析夹持链喂入端的两种设计方案,采用大张口设计时,秧蔓一进入拢合区就被快速拢合夹持住向后输送,拢合时间短;另外一方面,大张口设计的夹持点离夹持链前端距离小,夹持点离地面高度也小,对收获低矮作物时机器适应性更好。综合上述分析,夹持链喂入端设计选用大张口设计方案。

(2)输送链夹持起秧速度研究

夹持输送链条运动速度是夹持链设计的关键参数。夹持输送链部件与行走系统为同一路传动,秧蔓夹持输送的快慢也与行走速度关联。秧蔓夹持点的速度与方向决定了秧蔓夹持拔取的状态。同样,夹持链也是随机器一同运动,所以秧蔓夹持运

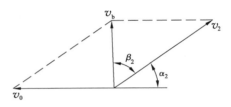

图 5-11 秧蔓夹持运动合成

动是夹持链条运动和机器前进运动的合成,如图 5-11 所示。为了保证夹持链起秧时为向上正拔取,夹持合成速度应近似垂直向上。根据三角形的正弦定理得:

$$k_2 = \frac{v_2}{v_0} = \frac{\sin(\alpha_2 + \beta_2)}{\sin \beta_2} \qquad (5-3)$$

式中:v_0——机器前进速度,m/s;

v_2——夹持输送速度,m/s;

α_2——角度为夹持链与水平面的夹角,(°);

$\alpha_2 + \beta_2$——夹持链合成运动方向与水平面的夹角,(°);

k_2——夹持速度比(即夹持输送速度与机器前进速度比)。

收获作业时,夹持链与水平方向的夹角 α_2 为 35°,夹持速度比按 $v_2/v_0 = 1.2$ 来设计,即当前进速度为 1 m/s 时,夹持链速为 1.2 m/s,夹持绝对速度为 0.7 m/s,夹持链合成速度与水平方向夹角 $\alpha_2 + \beta_2$ 为 92°,即秧蔓被夹持后运动方向始终保持正向上,实现正拔取作业(相对于花生秧蔓而言,则为斜向上拔起)。

5.2.3 挖掘铲的设计

挖掘铲作用是预先将花生主根铲断及松土,减少拔株拔起力和拔株过程中的掉埋果损失,以提高拔株效果。松土虽可降低花生的拔取损失率,减少拔株拔起

力,但松土铲大小及入土深度直接影响前行阻力,为达到松土效果及降低前行阻力,松土装置采用双梯形铲对置式设计,如图 5-12 所示,左右对称配置固定在拔取机构机架两侧的固定座上,作业时一对挖掘铲一次挖掘垄上两行花生。

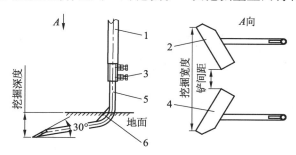

1—固定管座;2—右平面铲;3—紧固螺钉;4—左平面铲;5—铲柄;6—加强筋

图 5-12   挖掘装置结构图

挖掘铲固定座可在收获台机架上前后 60 mm 的范围内移动,铲柄在管座内可上下移动、左右转动,并通过螺钉与管座固定。本结构能确保两松土铲前后、上下、左右调整挖掘点、入土深度及铲间距,安装时应确认松土铲尖在夹持拔取口稍前方,确保在拔取前可有效松土,减少拔取损失。

工作时,挖掘铲锐角入土,前进方向与刃口平面成一定的角度(滑切角),由传统平铲的推切变为滑切,既减少了挖掘阻力也不致壅土。

挖掘铲主要设计参数:平面铲刃面宽度为 250 mm,入土角为 30°,滑切角为 60°,挖掘宽度为 530 mm,挖掘深度范围为 0～120 mm。

5.2.4   对垄自动限深技术

目前国内花生收获机械限深技术多以机械式限深装置为主(如限深轮、限深板等)。限深技术措施相对简单、粗放,普遍存在自动化程度低、对农田复杂环境适应性差、挖深控制滞后、控制精度低等问题,已成为制约其作业性能的关键因素之一,亟待研究和攻克。

针对上述问题,农业部南京农业机械化研究所研发出两垄四行花生联合收获自动限深技术,在夹拔装置前端配置随垄双辊杆轮对垄面进行自动仿形,由电液系统自动控制挖掘深度和夹拔高度,以适应不同的花生种植垄距和垄面的高低变化,实现对垄同步起秧、夹拔整齐、挖深一致。对垄自动限深装置结构如图 5-13 所示,其主要由左右仿形轮、左右挖掘铲、收获台架、收获台总调整油缸、右夹拔装置调整油缸、底盘等组成。对垄自动限深控制流程如图 5-14 所示。

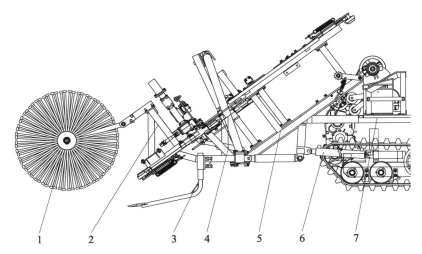

1—左右仿形轮;2—左右夹拔装置;3—左右挖掘铲;4—右夹拔装置调整油缸;
5—收获台架;6—收获台总调整油缸;7—底盘

图 5-13　对垄自动限深装置结构图

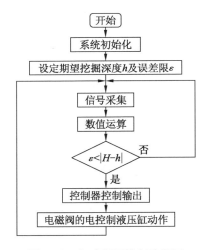

图 5-14　自动限深控制流程图

仿形信号的准确性是影响自动限深效果的重要因素。花生是垄作种植,花生植株生长在垄面上,秧蔓枝叶较密且有一定的高度,提取垄面的高低变化信号有一定的难度;常用的限深方式一般是通过限深轮或限深板提取垄沟地面的变化信号,与实际垄面的变化有很大的差异,准确性较差。综合比较后,采用随垄前置辐杆仿形轮在垄面秧蔓间滚动前行,以提取垄面变化信号,有效保证了仿形信号的准确性、实时性。

仿形轮位于挖掘铲的前方,前置量直线距离为 L,在仿形轮感知垄面起伏后到控制器输出挖掘高度调整命令需要延时 T,此延时 T 与设备行驶速度 v 有关,满足 $T = L/v$。

当作业垄面起伏引起左仿形倾角传感器角度输出变化,控制器采样计算变化量 $\Delta\beta_1$,延时 T 时间后输出收获台总调整液压缸控制信号,使左挖掘倾角传感器倾角变化量为 $\Delta\beta_3$,使左挖掘铲的挖掘深度保持不变。调整量满足:

$$\Delta\beta_3 = A\Delta\beta_1 \tag{5-4}$$

式中:A——左仿形轮支撑臂和左收获台上下浮动旋转半径之比。

由于右收获台是铰连接在与左收获台刚性连接的收获台架上,对左收获台进行调整时,同样也调整了右收获台的高度,即右挖掘深度会同步被改变。而实际作业时,右挖掘铲需保持原有挖掘深度,所以控制器在输出收获台总调整液压缸控制信号的同时也输出右收获台调整液压缸控制信号,反向调整右收获台,使右挖掘倾角传感器产生 $\Delta\beta_2$ 的变化量,保证右挖掘铲的挖掘深度不变,调整量满足:

$$\Delta\beta_2 = B\Delta\beta_3 \tag{5-5}$$

式中:B——左收获台和右收获台上下浮动旋转半径之比。

当由于作业垄面起伏引起右仿形倾角传感器角度输出变化,控制器采样计算变化量 $\Delta\beta_4$,延时 T 时间后输出右收获台调整液压缸控制信号,使右挖掘倾角传感器倾角变化量为 $\Delta\beta_2$,使右挖掘铲的挖掘深度保持不变。调整量满足:

$$\Delta\beta_2 = C\Delta\beta_4 \tag{5-6}$$

式中:C——右仿形轮支撑臂和右收获台上下浮动旋转半径之比。

5.3　多垄收获秧蔓夹持交接合并输送技术

秧蔓夹持输送是花生联合收获的重要作业环节。尤其在多垄花生联合收获中,由于花生种植垄距不同、垄面变化不一,致使多垄花生秧蔓交接、垂直转向、合并输送易发生乱秧、缠绕、回带等问题,甚至堵塞夹持链,影响整机可靠性和作业顺畅性及后续摘果作业。本节重点开展两垄花生秧蔓夹持交接输送技术研究,设计不同形式的夹持输送结构,优化配置交接区结构参数和运动参数,实现花生秧蔓顺畅交接、垂直转向输送和有序合并输送。

5.3.1　总体结构设计

两垄花生秧蔓夹持交接输送系统主要由右夹持输送装置、左夹持输送装置、左压杆、左合并输送装置、右合并输送装置、可调式弹性压杆、右压杆等组成,如图 5-15 所示。作业时,相邻两垄花生秧蔓被左右夹持链拔起并夹持进入各自通道向上

（后）输送。右夹拔输送装置通道花生植株在通道后端由链链夹持变为压杆与夹持链夹持，在垂直转弯处在弧形压杆的引导作用下转向变成横向输送，由右合并输送夹持链和压杆夹持输送至左侧合并处；左夹拔装置通道花生植株在通道后端由链链夹持变为链杆夹持向后输送，在左右合并输送装置的作用下，与右侧横向输送的秧蔓合并，然后按左夹拔装置通道方向向上（后）输送，完成后续作业。

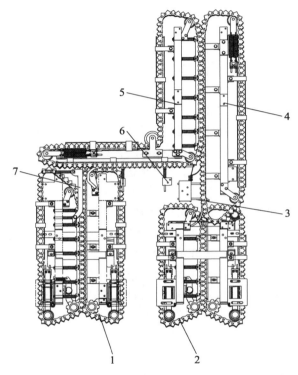

1—右夹持输送装置；2—左夹持输送装置；3—左压杆；4—左合并输送装置；
5—右合并输送装置；6—可调式弹性压杆；7—右压杆

图5-15　两垄四行花生秧蔓夹持交接输送装置结构图

5.3.2　秧蔓错位交接输送技术与设计

秧蔓错位交接输送采用链链夹持、链杆夹持组合输送和可调套接式弹性组合夹持输送技术，其主要由夹拔输送装置、横向输送装置、可调式弹性压杆等组成，如图5-16所示。夹拔输送装置通过旋转轴与收获台架铰接，可通过旋转轴上下旋转，而且可沿收获台架左右滑动；横向输送装置与收获台架固定连接，与其夹持的可调式弹性压杆分固定压杆和滑动弧形杆两部分，如图5-17所示。

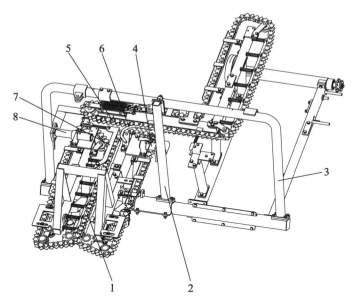

1—夹拔输送装置;2—滑动竖梁;3—收获台架;4—左旋转轴;5—横向输送装置;
6—可调式弹性压杆;7—右压杆;8—左旋转轴

图 5-16 秧蔓变位交接输送装置结构图

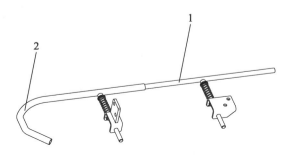

1—固定压杆;2—滑动弧形杆

图 5-17 可调套接式弹性压杆结构图

  由于夹拔输送链、横向输送链成直角配置,与其配置的压板形状和位置决定着秧蔓在夹拔输送链上输送及由夹拔输送链向横向输送链过渡的顺畅性。压杆和夹拔输送链的脱出点与横向输送链和弧形压杆的喂入点位置需有重叠,以保证花生秧蔓一直受到夹持作用。在交接输送过程中,弹性压板可以保证花生秧蔓始终按所需的方向输送,导出弯杆借助杆身的弹性引导花生秧蔓垂直转弯,并在转弯后与横向输送链、弧形压杆完成交接,实现秧蔓横向输送。

  验证试验结果表明,采用上述链链夹持、链杆夹持、可调套接式链杆夹持组合配置,在夹拔装置上下旋转、左右滑动时,实现了秧蔓垂直转弯交接输送,无乱秧、卡滞现象,有效保证了秧蔓夹持交接输送的顺畅可靠。

5.3.3 错位夹持输送链位置关系

实际作业中,秧蔓株丛和花生果系范围较大,秧蔓长短不一,虽有自动限深控制夹拔高度,但花生植株的夹拔位置并不完全一致,从而要求合理配置交接前后夹持输送链的位置,以确保交接后花生秧蔓的有效夹持。

在错位夹持输送结构中,夹拔输送链、横向输送链采用上下配置,如图 5-18 和图 5-19 所示。上下距离过小,夹拔输送链前端限深调整时,其后端上下旋转易与横向输送链相互干涉;上下距离过大,秧蔓交接至横向输送链夹持位置过高,夹持不牢易导致漏秧。

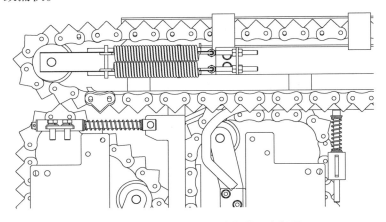

图 5-18 错位夹持输送链位置关系主视图

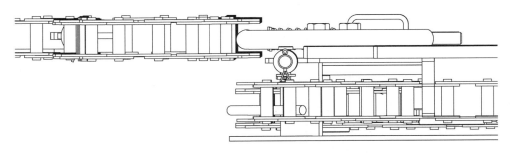

图 5-19 错位夹持输送链位置关系侧视图

夹拔输送链夹持通道长度约为 L,其回转位置距后端越小越好,距后端链条齿顶为 M,距前端夹拔喂入点距离为 N。收获作业自动限深时,夹拔输送链前端上下浮动范围为 H_1,则后端链条齿顶相应上下变化为 H_2。由式(5-7)计算 H_2:

$$H_2 = \frac{M}{N} H_1 \qquad\qquad (5\text{-}7)$$

式中：H_2——后端链条齿顶相应上下变化,mm；

$\quad\quad H_1$——夹拔输送链前端上下浮动范围,mm；

$\quad\quad M$——距后端链条齿顶,mm；

$\quad\quad N$——距前端夹拔喂入点距离,mm。

夹拔输送链和横向输送链上下距离需大于 $H_2/2$,夹持输送链厚度为 δ,初始秧蔓夹持点为 H_0,则交接后秧蔓夹持点高度最小 H_3：

$$H_3 = H_0 + \delta \qquad\qquad (5\text{-}8)$$

式中：H_0——初始秧蔓夹持点,mm；

$\quad\quad H_3$——秧蔓夹持点最小高度,mm；

$\quad\quad \delta$——夹持输送链厚度,mm。

交接后秧蔓夹持点最大高度 H_4 为

$$H_4 = H_0 + \delta + H_2 \qquad\qquad (5\text{-}9)$$

式中：H_4——秧蔓夹持点最大高度,mm。

实际设计中,夹拔输送链夹持通道长度约为 1 000 mm,其回转位置距后端齿顶为 180 mm,距前端夹拔喂入点为 850 mm。收获作业自动限深时,设定夹拔输送链前端上下浮动范围为 180 mm,则后端链条齿顶相应上下变化为 38 mm。初始秧蔓夹持点设为 150 mm,夹持输送链厚度为 25 mm,通过以上公式计算得出交接后秧蔓夹持点高度最小为 175 mm,最大为 213 mm,均在花生秧蔓有效夹持范围。

5.4　清土技术

联合收获时,花生植株起秧后,继续夹持往后输送,此时植株根部仍带有大量泥土等,如果不能及时清除,会增加摘果、清选、荚果输送等后续作业的负荷,易造成作业部件堵塞,引起机械故障,并且收获荚果中土杂含量高,增加花生果的产后处理工作。因此,清土是花生联合收获的关键技术之一,清土效果的好坏直接影响花生联合收获机的作业性能和质量。优化设计清土作业部件的结构形式、结构参数及运动参数,最大限度地降低落果损失、提高清土效果,也是花生联合收获机设计的重点内容之一。本节重点论述横向摆拍板式清土装置结构设计和参数优化与试验。

5.4.1　横向摆拍板式清土装置结构设计

横向摆拍板式清土装置结构如图 5-20 所示。曲拐轴安装在链轮轴的一端,连杆一端与曲拐轴连接,另一端与焊接在链轮Ⅰ轮毂上的转臂连接,链轮Ⅰ与拍土板Ⅰ

固定连接,链轮Ⅱ与拍土板Ⅱ固定连接,链轮Ⅰ与链轮Ⅱ通过链条连接。清土装置运转时,链轮转动使安装在链轮轴一端上的曲拐轴旋转运动,曲拐轴通过连杆带动转臂做前后摆动,链轮Ⅰ和拍土板Ⅰ连同转臂一起来回转动,在链条的带动下,链轮Ⅱ和拍土板Ⅱ也同时一起转动,拍土板Ⅰ和Ⅱ的转动方向相同。

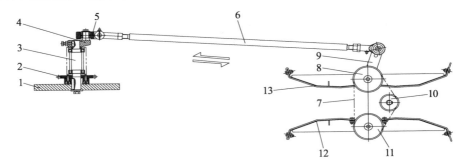

1—飞轮;2—链轮;3—链轮轴;4—曲拐轴;5—轴套;6—连杆;7—链条;8—链轮Ⅰ;
9—转臂;10—张紧轮;11—链轮Ⅱ;12—拍土板Ⅱ;13—拍土板Ⅰ

图 5-20　清土装置结构图

两拍土板平行对称配置形成清土通道,在通道的入口和出口处呈"八"字形张口,以便将夹持输送的花生秧果顺利导入、导出清土通道,防止拍土板在进出口处引起的挂果扯秧现象。花生秧果在夹持输送经过清土通道时,两侧拍土板均绕着各自的回转轴做同向摆动,对通道中的花生果系进行拍打,清除花生荚果及根部的泥土等。

5.4.2　清土机构运动过程分析

（1）拍土板线速度解析

拍土板线速度大小直接决定了拍土板对花生果系的作用强度,与清土效果密切相关,清土装置的运动机构简化后如图 5-21 所示,其中 O 为拍土板的回转中心,X 为拍土板上任意一点,Z 为连杆与转臂的连接点。

机构运动时,曲拐转动并通过连杆带动转臂和拍土板做相同角速度回转运动。

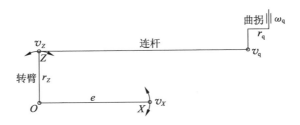

图 5-21　清土装置运动机构简图

$$\omega_q = \frac{2\pi f}{60} = \frac{\pi f}{30} \tag{5-10}$$

$$v_q = \omega_q r_q = \frac{\pi f r_q}{30} \tag{5-11}$$

式中：ω_q——曲拐转动角速度，rad/s；

  f——清土频率即曲拐转速，r/min；

  v_q——曲拐转动线速度，m/s；

  r_q——曲拐半径，m。

清土机构运动过程时，曲拐通过连杆使转臂点 Z 做非等速回转摆动，其转动线速度为

$$v_Z = v_q \sin(\omega_q t) = \frac{\pi f r_q}{30} \sin\left(\frac{\pi f t}{30}\right) \tag{5-12}$$

式中：v_Z——转臂点 Z 转动线速度，m/s；

  t——转动时间，s。

由于点 X 与点 Z 以相同角速度回转，点 X 转动线速度和角速度分别为

$$v_X = \frac{e}{r_Z} v_Z = \frac{\pi e f r_q}{30 r_Z} \sin\left(\frac{\pi f t}{30}\right) \tag{5-13}$$

$$\omega = \frac{v_Z}{r_Z} = \frac{\pi f r_q}{30 r_Z} \sin\left(\frac{\pi f t}{30}\right) \tag{5-14}$$

式中：v_X——拍土板点 X 转动线速度，m/s；

  ω——拍土板转动角速度，rad/s；

  r_Z——转臂长度，m；

  e——拍土板点 X 回转中心距，m。

通过上述公式可知，拍土板上任意一点 X 的拍击线速度 v_X 及转动角速度 ω 均随时间 t 呈正弦曲线周期性变化规律，在清土周期中点 X 的最大线速度和角速度分别为

$$v_{X\max} = \frac{e}{r_Z} v_Z = \frac{\pi e f r_q}{30 r_Z} \tag{5-15}$$

$$\omega_{\max} = \frac{\pi f r_q}{30 r_Z} \tag{5-16}$$

清土装置设计时，曲拐半径 r_q 为 28 mm，转臂长度 r_Z 和清土频率 f 均设计成可调，以便根据生产实际需要进行调节。回转中心距 e 是由拍土板结构尺寸决定的变量，从拍土板端口到中心，拍土板回转中心距 e 逐渐减小，即拍土线速度也逐渐减小。

（2）清土运动周期及状态分析

拍土板往复运动一次所需的时间设为清土周期 T，假定清土作业过程中花生植株沿着夹持链连续输送，拍土板及花生果系在某一个清土周期内的位置如图 5-22 所示。拍土板绕回转轴的摆动角速度随时间呈正弦曲线规律变化，图中 5 个位置状态的拍土板转动角速度按照"0→最大→0→最大→0"的规律周期性变化。其中 $t=0$，$t=T/2$ 分别为拍土板在摆动过程的两个极限位置状态，这两个极限位置的夹角 η 被称作角振幅。在 $t=0$，$t=T/2$，$t=T$ 的 3 个位置状态时，拍土板均处于极限位置，转动角速度为 0，拍土板各点的线速度为 0，此时花生果系只是在拍土通道内滑移，并未受到拍土作用；在 $t=3T/4$，$t=T/4$ 的 2 个位置状态时，拍土板转动角速度为最大，拍土板各点的线速度也达到最大，此时果系受到的拍土作用最强烈。拍土板从一个极限位置运动到另外一个极限位置，则对拍土通道内的果系完成 1 次拍击过程，在一个拍土周期 T 中，$t=0 \rightarrow t=T/2 \rightarrow t=T$ 共完成 2 次拍土过程。

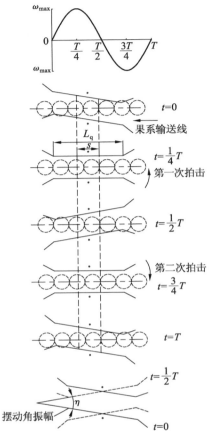

图 5-22　拍土周期的位置示意图

在拍土板摆动过程中，拍土板沿清土通道长度方向的各处线速度大小和方向都不同。由于两个拍土板均围绕各自的回转轴摆动，回转中心距对拍土的效果有较大的影响。将拍土周期中 $t=3T/4$ 时刻（即清土作用最强状态）简化，如图 5-23 所示。在拍土板 1，2 上分别从两端向中间选取 A，B，C，D 4 个点，拍土板 AB 段为"八"字形张口段，在整个摆动周期中，相对于 BD 段而言，拍土板 AB 段与通道中的花生果系相距较远，其主要作用是在入口端和出口端对花生果系导入导出，而对果系的实际拍击作用有限。因此，仅将拍土板直线段定义为清土通道长度 L_q。点 A 与点 D 之间的任意一点速度均可分解为水平方向和垂直方向两个分速度，以下仅对 BD 段的拍土板线速度进行详细分析，以考查拍土板回转中心距对拍击效果的影响。

设定 X 为 BD 段上的任意一点，其绝对线速度为 v_X，水平分速度为 v_{X1}，垂直分

速度为 v_{X2}，在 $3T/4$ 时刻，此 3 个速度的具体计算公式分别为

$$v_X = \omega_{\max} \cdot e = \frac{\omega_{\max} \cdot e_0}{\sin \alpha} \tag{5-17}$$

$$v_{X1} = v_X \cdot \sin \alpha = \omega_{\max} \cdot e_0 \tag{5-18}$$

$$v_{X2} = v_X \cdot \cos \alpha = \frac{\omega_{\max} \cdot e_0}{\sin \alpha} \cdot \cos \alpha = \omega_{\max} \cdot e_0 \cdot \cot \alpha \tag{5-19}$$

式中：$\omega_{\max}$——拍土板最大转动角速度，rad/s；

　　　e——拍土板点 X 回转中心距，m；

　　　e_0——拍土板最小回转中心距，m；

　　　α——OX 与 DX 的夹角，(°)。

通过上述公式分析可知，随着点 X 位置由端口向中间移动，α 逐渐增大，绝对速度 v_X 和垂直分速度 v_{X2} 按照 $B \rightarrow D$ 的顺序逐渐减小，而水平分速度 v_{X1} 与回转中心距 e 的大小无关，为恒定值。

图 5-23 所示状态为一个拍土周期中拍土作用最强烈的某一状态，此时刻拍土板对花生果系的作用区域主要是拍土板 1 的前半部分（$B_1 \rightarrow D_1$）和拍土板 2 的后半部分（$B_2 \rightarrow D_2$）。在拍土板 1 的前半部分与拍土板 2 的后半部分的垂直分速度均按照 $B \rightarrow D$ 的位置顺序逐渐减小，即从端口向中间拍土板拍土强度逐渐降低；而拍土板 1 的前半部分各位置点的与前进方向平行的分速度方向与果系前进方向一致，拍土板 2 的后半部分各位置点的与前进方向平行的分速度方向与果系前进方向正好相反，因此拍土板 2 的后半部分对果系的拍土强度要高于拍土板 1 的前半部分，也即花生果系在拍土通道后半程清土效果要高于前半程。

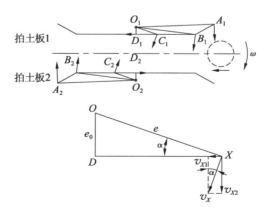

图 5-23　拍土板回转中心距及速度分解

（3）花生果系在清土通道受拍击次数

由于两个拍土板均围绕各自的回转轴做同向摆动，当花生果系运动到清土通道中心段附近时，拍土板回转中心距小，中心段摆动幅度无法使拍土板触及花生果系，几乎形成不了拍土条件；另外一方面，越靠近清土通道中心段，拍土板的拍击线速度越小，当拍击线速度减小到不足以将土壤从花生果系中拍落时，也认为是无效拍击。所以基于上述分析，认为本装置的清土通道中间段存在无效拍击区（如图5-22中标识的 s 段）。在一个清土周期内，拍土板对花生果系完成2次拍击过程，可以通过计算花生果系在有效拍土段输送时间内清土周期的个数来确定果系受拍击的次数，计算公式如下：

$$N_q = \frac{2(L_q - s)}{v_2 T} \tag{5-20}$$

式中：N_q——花生果系通过清土通道完成拍击的次数，次；

　　　L_q——清土通道长度，m；

　　　s——清土通道无效长度，m；

　　　T——清土周期，s；

　　　v_2——夹持输送速度，m/s。

其中清土通道中间段无效长度 s 的大小受拍土板形状、两拍土板间距、拍土幅度、拍土角速度及花生果系大小、土壤特性等多方面的影响。

对于难以清土的黏性土壤，采用本清土装置试验观察发现，要确保清土彻底，拍打（每株）花生秧土次数应不小于4次。因此，本清土装置的理想清土过程如下：当花生果系从入口端输送到一半通道长度（$L_q/2$）后，至少各被左右两侧的拍土板各完成一次拍击过程，当果系继续走完后半段的清土通道后，左右两侧拍土分别再次完成一次拍击过程，也即花生果系通过整个清土通道后一共完成4次拍击过程。

5.4.3　清土作业参数试验

清土装置作业时不仅要求清除尽可能多的土，而且要降低落果损失，清土率和落果损失率是清土作业参数优化的主控目标。由花生果系经过清土通道受拍击次数计算公式可知，当拍土板结构尺寸确定后，清土效果与夹持链输送速度、清土周期（清土频率）有关，同时还受拍土板角振幅影响。而传动设计中夹持速度比（夹持输送速度与机器前进速度比）为1.2，即夹持输送速度与前进速度呈固定比例，而机器前进速度又受田间工况、机手操作水平影响，一般为 0.8～1.0 m/s，因此夹持输送速度为 0.9～1.2 m/s。为简化作业参数优化问题，夹持链输送速度采用 1.2 m/s，通过台架试验考察清土频率和角振幅两个因素对清土率和拍土落果损失的影响。

试验地点为泰州市农科所试验田,花生品种为泰花 4 号,土壤类型为沙壤土,土壤含水率约为 15%。采用田间台架模拟收获试验的方法:将联合收获机停在地头平坦位置,清土试验时,由人工完成挖掘起秧,尽可能多地保留根须自带土,再手工喂入夹持链;将塑料布平铺在拍土装置正下方,承接清土段落下的物料。试验结束后测定地面落果重、土块重,以及振动筛出料口物料中的荚果重、土块重,并计算拍土落果损失率和清土率,计算方法分别如下:

$$D_q = \frac{G_1}{G_1 + G_2} \times 100\% \tag{5-21}$$

$$F = \frac{G_3}{G_3 + G_4} \times 100\% \tag{5-22}$$

式中:D_q——清土段的落果损失率,%;

G_1——清土段地面落果重,g;

G_2——集果后的荚果重,g;

F——拍土板的清土率,%;

G_3——清土段地面落土重,g;

G_4——收集荚果中含土重,g。

试验中,清土频率分别为 331,224,170 次/min,角振幅分别为 20°,24.5°,29°。为简化作业参数优化问题,夹持链输送速度采用 1.2 m/s,按照 2 因素 3 水平的全试验方案,通过台架试验考察清土频率和角振幅 2 个因素对清土率和拍土落果损失率的影响,试验结果如图 5-24 和图 5-25 所示。

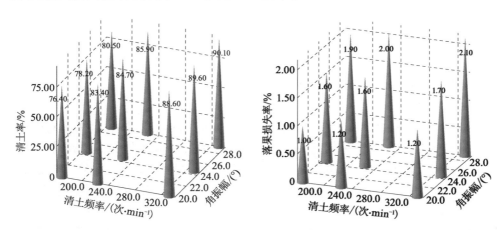

图 5-24 清土频率和角振幅对清土率的影响　　图 5-25 清土频率和角振幅对落果损失率的影响

试验结果表明,采用高清土频率(331 次/min)时,清土效果较好,清土率接近 90%,而采用低清土频率(170 次/min)时,清土率不足 80%,同样清土频率下,清土效果受角振幅影响不大;采用29°角振幅的落果损失率比20°角振幅的落果损失率高,同样角振幅下落果损失受清土频率的影响不大。按照清土过程中拍土次数计算公式,根据拍土板结构尺寸,L_q 为 0.6 m,s 为 0.15 m,v_2 取 1.2 m/s,当清土频率采用331 次/min 时,花生果系通过清土通道被拍击 4 次,当清土频率采用170 次/min 时,花生果系被拍击 2 次。按照计算公式,拍土板最大线速度与转臂长度 r_z 成反比,当 r_z 越小,拍土板角振幅越高,其摆动幅度越大,拍土板最大线速度越高,其对花生荚果的拍击强度越大,清土时荚果就容易脱落造成落果损失。因此,清土率高低主要决定于花生果系被拍土板拍击的次数,而落果损失大小主要决定于拍土板角振幅大小。清土作业参数调节时,要综合考虑清土过程中的清土效果和落果损失,一般要求选定高清土频率、小角振幅的作业参数。实际清土收获作业中,清土效果和落果损失率还受土壤条件、花生植株特性等影响,所以应该综合考虑各种影响来选取合适的清土作业参数,其确定原则是在落果损失率相当时尽可能确保较低的带土率。

5.5　摘果技术

摘果是花生联合收获中最重要的作业环节,也是花生联合收获的核心技术。摘果部件的结构设计及作业参数的选定,决定了花生联合收获整机的作业性能,影响作业顺畅性、摘果破损、未摘净损失、荚果净度及作业功耗等方面。半喂入摘果部件结构和传动较为复杂,技术要求高,摘果性能受摘果部件结构配置、运动参数、花生植株状态等多方面影响。本节重点研究半喂入花生联合收获摘果技术,分析摘果过程运动特性和各因素对摘果性能的影响。

5.5.1　摘果装置结构设计

（1）总体结构设计

半喂入花生联合收获机摘果装置的结构如图 5-26 所示,该装置采用双辊筒、差相组配形式,与夹持输送链上下配置,对运动过程中的花生植株进行摘果。动力由传动链轮引入传动轴,传动轴上安装两个锥齿轮,分别与摘果滚筒固定连接两个锥齿轮相配合,链轮逆时针方向转动,通过两对配合的锥齿轮组带动两摘果滚筒向内侧旋转。夹持输送链位于摘果滚筒交汇处的正上方,花生植株夹持输送经过摘果段时,在摘果滚筒的多组摘果叶片连续作用下,花生荚果与植株分离,实现摘果作业。

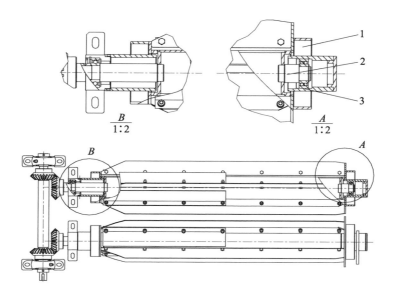

A,B—防缠绕部件;1—端封套管;2—支撑轴;3—支撑轴套

图 5-26　清土频率和角振幅对清土率影响

（2）摘果叶片结构形式研究

摘果滚筒是摘果装置的核心工作部件,由钢管上面通过螺栓固定安装若干组摘果叶片而成,左右两辊筒上的摘果叶片互为反向,摘果滚筒装配时需定位,使其彼此互相错开 30°,以增加摘果效果及避免枝损、伤果。在摘果滚筒长度方向靠近入口端的前半段,相应安装有若干组软胶片,软胶片的一侧固定在摘果叶片底部,并沿钢管表面铺于两叶片槽底部,辊筒高速旋转时,软胶片由于离心力作用会向外侧翻倒,将摘落在摘果叶片槽底部的花生果或湿土块抛下进入下部的荚果输送装置,防止泥土黏结在辊筒钢管上,影响作业效果。

为了分析摘果叶片结构形式对作业性能的影响,将摘果叶片设计成直板形、折弯形、圆弧形 3 种,如图 5-27 所示。直板形叶片宽度方向上不发生弯曲,而折弯形叶片在宽度方向上靠外侧段进行折弯处理,圆弧形叶片除安装座部分外均为圆弧形,并呈后倾状态。分析认为,直板形和折弯形叶片在高速旋转时,花生果系从两摘果滚筒中间通过时,叶片钢板外侧端与荚果直接作用,摘果叶片对花生荚果不仅有扯拉力,同时还有剪切作用,其摘果过程为刷脱式摘果,摘果作用力强烈,花生摘净率高,但可能会带来荚果破损率高、荚果带柄率高、断枝断秧多等问题。若采用后倾弧形叶片,摘果作业时摘果叶片外侧端并非最先与花生果系发生作用,而是叶片圆弧段外侧先接触花生荚果,对其进行连续拍击,实现脱荚作业,该摘果过程为击打式,类似手工甩打摘果的方式,摘果作业更加柔和。击打式摘果不会出现直板形或折弯形叶片的高强度刷脱作用带来的破损高、含杂多等问题,但花生摘净率相对于刷脱式摘果要低。

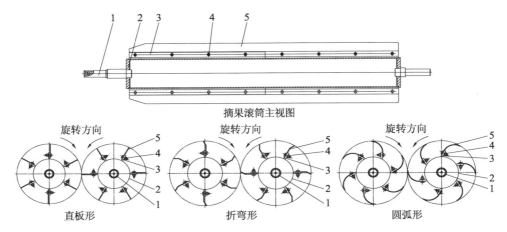

1—摘果辊筒轴;2—摘果辊筒;3—摘果叶片固定座;4—固定螺栓;5—摘果叶片

图 5-27 不同叶片形式的摘果滚筒

果柄拉断力对摘果叶片的设计及作业性能有重要影响,机械收获时,当果柄受到同等作用力时,果柄与果秧优先分离,而果柄与荚果仍然保持连接状态,形成带柄荚果。当摘果叶片为直板形时,在刷脱式作用下,若摘果叶片直接作用于花生荚果,果柄与果秧、果柄与荚果的两连接处受力相当,由于果柄拉断力比荚果拉断力小,果柄断点易出现在果柄断点处;此外,直板形摘果叶片在高速旋转时有可能最先直接作用于花生果柄,花生荚果连同果柄一起与果秧断裂分离,因此直板形叶片摘果时,摘果带柄率高,而采用后倾弧形叶片时,叶片击打力直接作用于花生荚果,在击打的瞬间,果柄与荚果连接处受到强烈撞击力而断裂,而此时果柄仍为松弛状态,花生荚果受到撞击作用力只有较小的一部分通过果柄传送到果柄与果秧连接处,果柄果秧端不易断裂,所以摘果带柄率相对较低。

(3)摘果过程防秧膜缠绕技术研究

在田间收获作业时,存在一个突出问题就是秧膜对摘果辊的缠绕现象,尤其是摘果滚筒两端的轴头经常因秧膜累积缠绕,负荷不断增加,直至摘果滚筒难以转动,不仅增加功耗,而且减少摘果辊轴的使用寿命。在样机性能试验中,辊筒轴被秧膜卡死是作业故障中最为常见的,通常机器收获 1~2 垄后不得不停机,通过人工来清除缠绕在摘果辊上的秧膜,大大影响了机器的作业效率。

针对上述问题,对摘果部件的入口和出口端进行改进设计,结构如图 5-26 所示。在摘果辊上下轴端设随其旋转的端封套管,套装于静止的摘果辊支承轴套外,从而有效阻隔了摘果辊支承轴、支承轴套及其间隙缠绕秧膜可能,实现"动套静"组配防秧膜缠绕,使秧膜顺利进出摘果辊而不缠绕轴端,提高了作业顺畅性和可靠性,以简而易行的结构有效地解决了半喂入收获对辊摘果秧膜缠绕难题,真正实现连续作业。

5.5.2　摘果过程运动特性分析

花生摘果作业性能指标主要包括摘净率、荚果破损率及荚果含杂率等,这些指标不仅与花生果系在夹持输送过程中的位置状态有关外,还受摘果叶片对花生果系作用频次(摘果频率)和作用强度(摘果强度)影响,所以对摘果过程中的花生果系位置状态及所受到的摘果频率和摘果强度进行分析研究。

（1）摘果过程中花生果系的理想运动轨迹

所有花生荚果在摘果段均穿过两摘果滚筒的可摘区域是实现花生荚果全部摘净的首要前提。花生秧蔓在夹持输送过程中与夹持输送链呈近似垂直状态。在花生半喂入联合收获机摘果过程中,植株在摘果滚筒上的理想位置变化过程如图 5-28 所示,图中 CD 平行于夹持链,$ABDE$ 为最佳摘果区(即两摘果滚筒交汇重叠区),$ACDE$ 为有效摘果区,BD 为摘果滚筒的长度,BF 为花生果系高度,δ 为夹持链与摘果滚筒的夹角,θ 为秧蔓与夹持链的夹角。

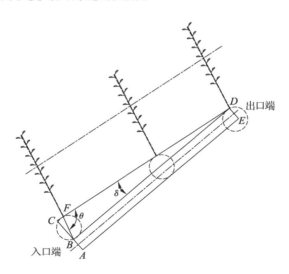

图 5-28　花生植株在摘果段的理想位置变化

理想摘果过程:花生植株在夹持输送过程中,花生果系顶部运动轨迹为 CD

线,花生植株运动到摘果段入口端时,果系底部与最佳摘果区上沿相接,运动到出口端时,果系顶部与最佳摘果区上沿相接。在整个摘果行程段,花生果系由底向上逐渐穿过最佳摘果区,从而完成整个花生果系的摘果作业,即在整个摘果段不存在无效行程,摘果作业渐进有序,摘果强度均匀,未摘净损失低,荚果破损少。

在 BDF 构成的三角形中,根据正弦定理:

$$\frac{BD}{BF} = \frac{\sin \theta}{\sin \delta} \tag{5-23}$$

式中:BD——摘果滚筒长度,mm;

BF——花生果系高度,mm;

δ——夹持链与摘果滚筒夹角,(°);

θ——秧蔓与夹持链夹角,(°)。

夹角 δ 与摘果辊长度、花生果系高度、秧蔓与夹持链夹角等参数有关。根据前期研究分析,秧蔓与夹持链夹角 θ 为 98°,果系高度 BF 取 150 mm,也即 BD 与 $\sin \delta$ 乘积为恒值。当 BD 取 1 000 mm 时,夹持链与摘果辊夹角 δ 为 8.5°。

要满足上述理想摘果过程,确保所有荚果均被摘下的首要前提是花生植株在夹持输送过程中,花生果系在摘果段的运动轨迹要始终处于有效摘果区 ACDE 内,这就需对秧蔓夹持状态及夹持链与摘果辊的相对位置做出严格限定。尽可能要求花生果系在夹持输送过程中规则有序、高低适宜,而且夹持链与摘果辊位置配置必须与收获台起秧部件、清土部件的位置配置相匹配,即要求花生植株起秧后夹持输送过程中要先后确保清土、摘果两个工序的作业质量。因此,摘果滚筒与夹持输送链位置配置须充分考虑花生果系状态及起秧部件、清土部件的组配情况。

（2）摘果频率

在上述理想摘果过程中,假定花生果系在运动过程中均处于有效摘果区内,且在整个摘果段均为有效行程,即花生果系从摘果段入口到出口渐进有序完成摘果作业。为简化问题,将花生果系作为一个整体单元来分析其在摘果段被摘果的次数,具体计算公式如下:

$$N_z = \frac{L_z \cos \delta}{v_2} \cdot \frac{r}{60} \cdot 2n = \frac{L_z \cos \delta \cdot rn}{30 v_2} \tag{5-24}$$

式中:N_z——花生果系在摘果段受摘果叶片击打的次数;

L_z——摘果辊长度,m;

δ——夹持链与摘果辊夹角,(°);

v_2——夹持输送速度,m/s;

r——摘果辊转速,r/min;

n——摘果叶片个数。

通过上述计算公式可知,花生果系的摘果次数 N_2 与摘果辊长度 L_2、转速 r、摘果叶片个数 n 成正比,与夹持输送速度 v_2、链辊夹角 δ 成反比。

当然上述均是在理想状态下的理论分析结果,联合收获机的实际摘果作业过程较为复杂,花生果系在摘果段运动不可能全是有效行程,且夹持输送过程中花生荚果分布也极不规则,所以上述理论分析不一定能完全反映作业实际情况。要分析实际摘果作业过程中击打次数 N_2 对摘果性能的影响,必须理论分析和试验研究相结合,还需在摘果试验台上对其进行深入系统的试验研究。

（3）摘果强度

本摘果部件的花生摘果是通过摘果叶片对荚果本身或果柄的作用力使得花生荚果与植株发生分离而实现,花生摘果作用力的强度对摘净率、破损率、带柄率等指标有着较大的影响,适宜的摘果强度是获得良好摘果作业性能的重要保证。由于花生收获时荚果含水率较高,果壳和果仁的纤维组织较嫩,花生荚果抵御外力作用破损的能力较弱,所以摘果过程中摘果强度过大,荚果就容易破裂或断果,同时也可能会将茎秆和果柄摘下,收获后荚果含杂多;另外一方面,若摘果叶片对荚果的作用力过小,以至不足以将荚果摘下,未摘净损失高。

对于本结构形式的摘果部件,摘果强度受摘果叶片形状、两摘果辊间距、摘果叶片外缘线速度等因素影响。目前还很难量化描述摘果强度与上述影响因素之间关系,只能通过摘果试验测试来进行判定。

5.5.3　摘果作业性能试验

影响摘果作业性能的摘果滚筒结构参数包括摘果辊长度、辊筒外缘半径、摘果辊与夹持链夹角、摘果出口端辊筒外径相交距离等。影响摘果作业性能的运动参数包括夹持输送速度、摘果辊转速。

（1）试验条件

试验地点为泰州市农科所试验田（试验设备运至田头）。花生品种为泰花 4 号,收获时平均植株高度 400 mm,单穴结果范围 $\phi150$ mm。试验时由人工完成挖掘起秧,每穴花生植株挖起后用细线包扎作为喂入单元,并尽可能清除根须土壤和地膜,再收集运送至供试设备旁,进行人工喂秧摘果作业。

（2）试验方案与结果

在单因素试验的基础上,根据 Box-Benhnken 试验设计原理,对摘果辊长度 L_2、辊筒直径 D、出口端重叠距离 x、摘果辊转速 n 及夹持输送速度 v_2 5 个因素进行 5 因素3 水平的响应面试验分析,试验因素与水平设计见表5-1。

表 5-1　响应面分析因素水平与代码表

因素	非代码	代码	试验水平		
			-1	0	1
L_z/mm	z_1	X_1	600	900	1 200
D/mm	z_2	X_2	150	200	250
x/mm	z_3	X_3	5	10	15
$n/(r \cdot min^{-1})$	z_4	X_4	200	350	500
$v_2/(m \cdot s^{-1})$	z_5	X_5	0.5	1.0	1.5

本试验以摘果辊长度 L_z、辊筒直径 D、出口端重叠距离 x、摘果辊转速 n 及夹持输送速度 v_2 为变量,分别标记为 $z_1 \sim z_5$,以 $+1,0,-1$ 分别表示自变量的 3 个水平,并按照如下变换公式对自变量进行编码:

$$X_i = (z_i - z_{i0})/\Delta z_i \tag{5-25}$$

式中:X_i——自变量 z_i 的编码值;

　　　z_{i0}——自变量 z_i 在中心点的值;

　　　Δz_i——为自变量变化步长。

试验中分别测定荚果破损率和未摘净率,作为本响应面试验的响应值。采用 5 因素二次回归正交旋转组合试验设计方案对影响破损率、未摘净率的 5 个主要参数组合进行优化。

(3)响应面分析方案与试验结果

响应面试验方案和试验结果见表 5-2。

表 5-2　响应面试验方案及结果

试验号	变量编码					响应值	
	X_1	X_2	X_3	X_4	X_5	破损率 Y_1	未摘净率 Y_2
1	1	0	0	0	-1	1.2	0.7
2	-1	0	0	0	1	1.4	2.3
3	0	0	0	0	0	1.0	1.2
4	0	0	0	-1	0	0.6	3.4
5	0	0	-1	0	-1	1.3	1.0
6	0	0	0	1	0	4.4	0.8
7	0	0	1	0	1	1.6	1.5

试验号	变量编码					响应值	
	X_1	X_2	X_3	X_4	X_5	破损率 Y_1	未摘净率 Y_2
8	0	0	0	0	0	1.2	1.1
9	0	0	0	0	0	1.2	1.2
10	0	−1	0	0	1	0.9	1.6
11	−1	1	0	0	0	1.5	1.1
12	1	−1	0	0	0	0.9	1.2
13	0	−1	1	0	0	2.1	1.0
14	−1	0	1	0	0	1.9	1.4
15	0	0	1	−1	0	0.8	3.9
16	0	−1	0	0	−1	1.0	1.2
17	1	0	1	0	0	1.3	1.0
18	0	0	0	0	0	1.2	1.3
19	0	−1	0	−1	0	0.4	4.6
20	0	0	0	0	0	1.2	1.3
21	−1	0	0	1	0	4.6	0.6
22	0	−1	−1	0	0	0.9	1.6
23	0	0	0	1	−1	4.7	0.3
24	1	0	0	−1	0	0.6	2.9
25	−1	0	−1	0	0	1.1	1.7
26	0	0	−1	1	0	4.1	0.6
27	0	1	0	−1	0	1.1	2.7
28	0	1	0	1	0	7.4	0.1
29	0	0	−1	0	1	1.0	1.5
30	0	0	1	1	0	6.1	0.8
31	1	0	−1	0	0	0.9	1.1
32	0	1	0	0	1	1.3	1.2
33	0	1	1	0	0	1.5	1.3
34	−1	−1	0	0	0	1.0	1.9

试验号	变量编码					响应值	
	X_1	X_2	X_3	X_4	X_5	破损率 Y_1	未摘净率 Y_2
35	0	0	0	0	0	1.1	1.3
36	0	−1	0	1	0	3.9	1.0
37	1	0	0	1	0	4.5	0.4
38	1	1	0	0	0	1.4	0.9
39	0	0	1	0	−1	1.5	1.1
40	−1	0	0	0	−1	1.3	1.2
41	−1	0	0	−1	0	0.7	5.4
42	0	0	0	−1	1	0.7	5.7
43	0	1	−1	0	0	1.1	1.3
44	0	1	0	0	−1	1.2	0.9
45	0	0	−1	−1	0	0.5	3.2
46	1	0	0	0	1	1.0	1.4

（4）试验结果分析

利用 Design-Expert 7.0 软件对表 5-2 中的试验结果进行多元回归拟合获得破损率 Y_1、未摘净率 Y_2 的响应面模型，并对响应面模型的二次多项方程进行方差分析，对回归方程系数进行显著性检验，根据影响显著性简化响应面模型。

5 个因素对破损率 Y_1 影响效果为 $X_4 > X_3 > X_2 > X_1 > X_5$，即影响因素重要性顺序为摘果辊转速 > 出口端重叠距离 > 辊筒直径 > 摘果辊长度 > 夹持输送速度，其中 X_1，X_5 回归系数影响不显著。5 个因素对未摘净率 Y_2 影响效果为 $X_4 > X_5 > X_1 > X_2 > X_3$，即影响因素重要性顺序为摘果辊转速 > 夹持输送速度 > 摘果辊长度 > 辊筒直径 > 出口端重叠距离，其中 X_3 回归系数影响不显著。建立的回归模型分别为

$$Y_1 = 11.232\,05 - 0.025\,872z_2 - 0.124\,3z_3 - 0.059\,118z_4 + 9.333 \times 10^{-5}z_2z_4 +$$
$$5.67 \times 10^{-4}z_3z_4 + 7.016\,7 \times 10^{-5}z_4^2 \quad (R^2 = 94.7\%) \tag{5-26}$$

$$Y_2 = 14.074\,4 - 0.005\,722z_1 - 0.005\,75z_2 - 0.047\,68z_4 + 2.875z_5 +$$
$$1.277\,8 \times 10^{-5}z_1z_4 - 0.006z_4z_5 + 4.407\,4 \times 10^{-5}z_4^2 \quad (R^2 = 93.4\%) \tag{5-27}$$

Y_1 优化回归模型中包含 X_2，X_3，X_4 3 个变量，为了更直观地了解、分析摘果辊转速、辊筒直径、出口端重叠距离 3 个因素与破损率的关系，利用 Matlab 软件的图形设计技术，绘制直观、形象的四维切片图（见图 5-29）。摘果辊转速、辊筒直径、

出口端重叠距离 3 个因素对荚果破损率的总体影响趋势:摘果辊转速越高、辊筒直径越大、重叠距离越大,则荚果破损率越高,反之则破损率低。

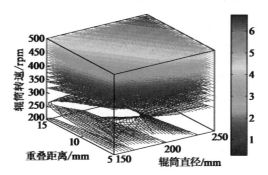

图 5-29　破损率与摘果辊转速、辊筒直径、重叠距离的四维切片图

Y_2 优化回归模型中包含 X_1,X_2,X_4,X_5 共 4 个变量,其中 X_4,X_5,X_1 为极显著变量,为了更直观地表述摘果辊转速、夹持输送速度、摘果辊长度 3 个极显著变量与未摘净率的关系,利用 Matlab 软件绘制四维切片图,如图 5-30 所示,总体影响趋势:辊筒转速越低、辊筒长度越小、夹持输送速度越高,则未摘净损失越大;辊筒转速高的区域,未摘净率均较低,辊筒转速低的区域,未摘净率相对较高。从图 5-30 中切片颜色分布可判断,辊筒转速对切片颜色变化影响较大,即对未摘净率的影响程度大。

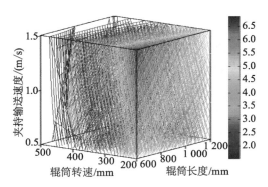

图 5-30　未摘净率与辊筒转速、辊筒长度、夹持输送速度的四维切片图

(5)各影响因素参数的综合优化求解

为了获得较好的摘果性能,要求荚果破损率和未摘净率均可能低,但通过上述分析,要获得较低的破损率,要求辊筒转速低、辊筒直径小、重叠距离小;要获得较小的未摘净率,要求辊筒转速高、辊筒长度大、夹持输送速度低。考查的 5 个因素对破损率和未摘净率的影响趋势不尽相同,所以具体优化参数时要对破损率和未摘净率两个性能指标进行综合考虑。

通过 Design Expert 软件优化求解器对上述建立的破损率、未摘净率全因子二次回归模型进行优化求解,优化约束条件为

目标函数:$\min Y_1(X_1, X_2, X_3, X_4, X_5)$;$\min Y_2(X_1, X_2, X_3, X_4, X_5)$。

变量区间:$-1 \leqslant X_1 \leqslant 1$,$-1 \leqslant X_2 \leqslant 1$,$-1 \leqslant X_3 \leqslant 1$,$-1 \leqslant X_4 \leqslant 1$,$-0.4 \leqslant X_5 \leqslant 1$

其中夹持输送速度区域选定需要考虑到联合收获机的生产率,机器田间收获时适宜行走速度为 $0.8 \sim 1.0$ m/s,夹持输送速度为 $0.9 \sim 1.2$ m/s,因此优化时夹持输送速度 X_5 区间选取 $-0.4 \sim 1.0$。通过优化得到的最佳参数组合见表5-3。

表 5-3 组合参数优化表

因子	因子编码值	因子实际值	理论优化值	验证值
摘果辊长度 X_1/mm	1	1 200		
辊筒直径 X_2/mm	-0.95	152.5	$Y_1 = 0.695$	$Y_1 = 0.752$
重叠距离 X_3/mm	-1	5		
摘果辊转速 X_4/(r·min^{-1})	0.14	371	$Y_2 = 0.969$	$Y_2 = 0.986$
夹持输送速度 X_5/(m·s^{-1})	0.05	1.025		

由于优化得到的最佳参数组合未出现在响应面设计方案的试验中,为了对优化结果和预测模型进行验证,采用上述最佳参数组合在摘果试验台上进行 3 次重复试验,测定破损率和未摘净率,取平均值为试验验证值。可见,Y_1,Y_2 的理论优化值与验证值的差异很小,这种差异在实际作业过程中可以忽略。因此在机具设计时推荐采用该最优组合,即摘果辊长度 1 200 mm,辊筒直径 152.5 mm,辊筒出口端重叠距离 5 mm,摘果辊转速 371 r/min,夹持输送速度 1.025 m/s。其中,链辊夹角 δ 按照公式:$L_z \tan \delta = d$(d 为花生果系直径 150 mm)来计算为 7.12°。

在上述优化的结构配置和参数组合下,通过计算获得秧果通过摘果段的理论摘果次数为 86 次,摘果叶片的最大线速度为 5.93 m/s。同样利用软件预测摘果性能最差条件下的参数组合:摘果辊长度为 627 mm,链辊夹角 13.45°,辊筒直径为 150 mm,辊筒出口端重叠距离为 15 mm,摘果辊转速 200 r/min,夹持输送速度为 1.425 m/s。在摘果性能最差条件下,计算的秧果通过摘果段理论摘果次数为 17,摘果叶片最大线速度为 1.57 m/s。在整个响应面优化试验中,最优参数组合下的理论摘果频率处于较高水平,而摘果叶片最大线速度为适中水平,但两者均远高于最差参数组合下的计算值。因此,为了获得较好的摘果性能(低破损率、低未摘净率),本摘果部件适宜采用较高摘果频率、适中的摘果强度。

5.6　大喂入量无阻滞清选技术

清选是花生联合收获作业关键环节,其作用是将花生果与杂质分离,其中杂质主要包括碎土、地膜、长短秧蔓、秕果、叶子等。清选装置的工作性能直接影响整机的作业顺畅性、含杂率、损失率等性能指标。相应部件的设计合理与否直接影响收获质量的好坏,如何有效提升清选环节的作业性能是花生机械化收获设备研发中必须重点考虑的问题之一。

半喂入花生联合收获机传统用的清选系统一般只有一个单层筛和一个风机,这种配置清选效果差,很难将土、地膜、长短茎秆、叶子等杂物与花生荚果完全分离,使部分杂质进入果箱,含杂率升高;而且筛体容易缠膜、挂秧,导致筛面堵塞,影响作业顺畅性及清选质量。针对上述问题,农业部南京农业机械化研究所创制出双风系无阻滞一体筛清选技术。

5.6.1　总体结构和工作原理

双风系无阻滞一体筛清选装置由前风机、后风机、锯齿筛条、振动筛筛框、下筛杆、偏心轮传动机构、摆杆等构成,如图 5-31 所示。振动筛主要由筛框部件、上层锯齿筛、下层杆筛、抖土板组成;筛框组件包括传动摆动部件、筛框焊合;振动筛在传动摆动部件的动作下呈前后往复摆动;上层锯齿筛由若干锯齿条和前后安装板焊接而成;若干锯齿条横向排布,组成上层筛,锯齿条携带能力强,对杂质有很强的推送作用。下层杆筛由若干圆杆、安装框架焊合组成,圆杆呈按一定距离横向布置,通过安装框架与筛框连成一体;下层杆筛主要清土、去除短秧蔓等杂质;上层筛锯齿条与下层杆筛圆杆紧密配合无间隙,形成若干通道,成为上下一体筛,锯齿条通长中间无横档;两个风机前后布置,前风机在振动筛前端,出风口对着振动筛前半部分,后风机在振动筛中后部,出风口对着下层筛的尾部;双前后风机可以使整个筛面都有风,使风与振动筛配合,保证清选效果。

作业时,由摘果装置摘下的花生及杂质落到振动筛上,振动筛在偏心传动机构驱动下按一定的振幅和频率做往复运动;在前后风机的作用下,长秧蔓、地膜悬浮在上层锯齿筛上面,叶子、根须等轻杂直接吹出机外;花生荚果与土、短秧蔓等杂质落在下层筛上通道内;在振动筛的摆动下向后推送,在向后推送的过程中,土通过下层杆筛落下;长秧蔓、地膜从上层锯齿筛上向后排出机外;花生荚果与短秧蔓在下层杆筛后端落下,落下过程中,后风机出风把短秧蔓吹出机外,花生荚果落在输送带上。双风系无阻滞一体筛清选技术解决了多垄收获大喂入量清选作业挂膜挂秧、筛面堵塞、清洁度差难题,实现了全筛面风选、无阻滞筛选,有效提高荚果清洁度,避免挂膜挂秧、筛面堵塞。

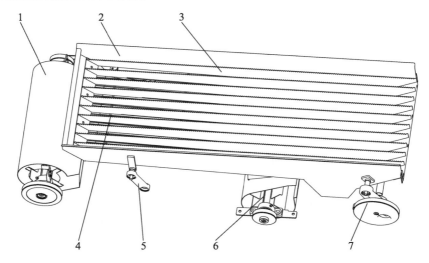

1—前风机;2—筛框;3—锯齿筛条;4—下筛杆;5—摆杆;6—后风机;7—偏心轮传动机构

图5-31　清选装置结构简图

5.6.2　清选作业性能试验

（1）试验条件

试验地点为泰州市农科所试验田（试验设备运至田头）。花生品种为泰花4号。通过更换皮带轮,调整前风机、后风机、曲柄转速;通过更换偏心套调整曲柄长度;试验时由人工完成连续、均匀喂入的操作。

（2）试验结果分析

清选性能试验以振动筛曲柄转速、曲柄长度、前风机转速、后风机转速为影响因素,以含杂率与吹出损失率为考查指标,建立 $L_9(3^4)$ 正交表进行正交试验,因素水平安排见表5-4。

表5-4　清选正交试验因素水平表

水平	因素			
	振动筛曲柄转速 $Q/(r \cdot min^{-1})$	曲柄长度 F/mm	前风机转速 $L/(r \cdot min^{-1})$	后风机转速 $G/(r \cdot min^{-1})$
1	267	3	1 673	1 580
2	383	5	1 845	1 706
3	490	8	1 952	1 886

对清选性能双指标试验结果同样采用模糊综合评价法进行数据处理,首先确定含杂率 Y_1 和吹出损失 Y_2 为评价指标集,正交试验的 9 组试验数据为评价对象集,2 个指标皆为偏小型指标;其次根据含杂率与吹出损失指标重要性,同样考虑含杂率为收获机三大收获性能指标之一,而清选吹出损失仅为总损失率分量指标之一,所以试验结果计算时,拟定含杂率比重为清选吹出损失的 4 倍比重,确定 Y_1 与 Y_2 试验权重分配集 $P = [p_1(0.8):p_2(0.2)]$;最后把 R 及 P 代入式(5-31)计算模糊综合评价值 M。清选性能指标隶属度及模糊综合评价值见表5-5。

$$R = \begin{bmatrix} r_{11} & r_{12} & \cdots & r_{1n} \\ r_{21} & r_{22} & \cdots & r_{2n} \end{bmatrix}^{\mathrm{T}}, n = 9 \tag{5-28}$$

$$r_{1n} = \frac{Y_{1n\max} - Y_{1n}}{Y_{1n\max} - Y_{1n\min}}, n = 1,2,\cdots,9 \tag{5-29}$$

$$r_{2n} = \frac{Y_{2n\max} - Y_{2n}}{Y_{2n\max} - Y_{2n\min}}, n = 1,2,\cdots,9 \tag{5-30}$$

$$M = R \cdot P = (r_{11}p_1 + r_{21}p_2, r_{1n}p_1 + r_{2n}p_2)^{\mathrm{T}}, n = 9 \tag{5-31}$$

表 5-5　清选性能指标隶属度及模糊综合评价值

试验号	因素正交列号				试验结果		含杂率隶属度 r_{1n}	吹出损失隶属度 r_{2n}	模糊综合评价值 M_n
	Q	F	L	G	含杂率 Y_1/%	吹出损失 Y_2/%			
1	1	1	1	1	4.80	0.13	0.207	0.788	0.381
2	1	2	2	2	2.80	0.06	0.897	1.000	0.928
3	1	3	3	3	3.70	0.32	0.586	0.212	0.474
4	2	1	2	3	5.40	0.16	0.000	0.697	0.209
5	2	2	3	1	5.10	0.29	0.103	0.303	0.163
6	2	3	1	2	4.25	0.39	0.397	0.000	0.278
7	3	1	3	2	2.90	0.11	0.862	0.848	0.858
8	3	2	1	3	3.13	0.35	0.783	0.121	0.584
9	3	3	2	1	2.50	0.21	1.000	0.545	0.864

对模糊综合评价值进行直观分析,分析结果见表5-6,从此表可看出,影响含杂率、吹出损失的 4 个主要因素中,主次因素为 $Q > G > L > F$,即振动筛曲柄转速 > 后风机转速 > 前风机转速 > 曲柄长度。同时,试验结果分析表明:本技术设计条件下,综合含杂率、吹出损失 2 个性能指标,清选部件的优化参数组合为振动筛曲柄

转速 490 r/min、偏心套偏心距即曲柄长度 5 mm、前风机转速 1 845 r/min、后风机转速 1 706 r/min。

表 5-6　模糊综合评价法直观分析

因素		振动筛曲柄转速 Q	曲柄长度 F	前风机转速 L	后风机转速 G
各因素水平均值	水平 1	0.594	0.483	0.414	0.469
	水平 2	0.217	0.558	0.667	0.688
	水平 3	0.769	0.539	0.498	0.422
极差		0.552	0.075	0.253	0.266
主次因素		$Q > G > L > F$			
较优方案		$Q_3 F_2 L_2 G_2$ (490 r/min,5 mm,1 845 r/min,1 706 r/min)			

第 **6** 章　花生全喂入捡拾联合收获技术

6.1　国内外技术概况

6.1.1　国外技术概况

（1）美国两段式联合收获模式

发达国家除美国外,鲜有花生规模化种植。机械化收获方面,美国采用两段式收获方式,收获日期确定后,收获时先采用挖掘收获机将花生挖掘、清土、翻转,将花生荚果置于上方,自然晾晒 3 ~ 5 天后,荚果含水率降至 20% 左右时,采用全喂入捡拾摘果联合收获机完成捡拾、摘果、分离、清选、集果等作业。收获后的荚果直接卸入设有通风接口和管道的干燥车内,花生秧蔓通过收获机排草口的打散装置抛洒于田间,直接还田培肥。

（2）美国全喂入捡拾联合收获作业工序

美国现有的花生捡拾联合收获机主要由捡拾器、螺旋喂料器、摘果滚筒、清选系统、集果箱等组成,基本作业工序包括:a. 利用捡拾器将条铺花生拾起并运送至摘果部件;b. 将花生荚果从秧蔓上摘下;c. 将荚果与秧蔓及其他杂质进行分离;d. 将果梗从花生荚果上分离;e. 运送净果到集果箱;f. 倾卸排料。作业过程如图6-1 所示。

作业时,捡拾器紧贴着地面前进,将花生秧轻柔地送入螺旋喂料器。捡拾速度须与地面前进速度同步,以确保输送作业轻柔顺畅。花生秧果进入摘果段后在摘果滚筒的作用下向后方输送,凹板上的摘果杆在一定程度上减缓花生秧果移动速度,滚筒上的摘果爪采用弹性齿片,将花生荚果从秧上摘除。摘果作业参数要经过精细调节,一方面要有一定的强度,确保摘果彻底,同时也要保持柔性作业,避免花生果破损。田间作业,由早到晚果秧干湿状况有所不同,收获作业时要根据实际状况调节摘果滚筒转速和摘果杆位置,选定合适的摘果强度。

花生整株经过摘果滚筒后,荚果与秧蔓得以分离,落到振动筛上,进行清选作业,清选作业去除荚果中残留的枝叶、泥土等杂物,设置筛选系统的风量能使茎叶在逐稿器上浮起,并运送到联合收获机的后端。荚果经清选后,利用去梗器去除上面残留的果柄,然后经过输送搅龙和气流输送管道收集到集果箱内。输送管道内部须清洁、光滑,必要时需在内壁增设柔性材料,以降低荚果输送过程产生的破损和裂荚。气流速度对荚果破损也有较大的影响,风速适量即可,气流速度过高易使荚果在输送过程中裂荚。

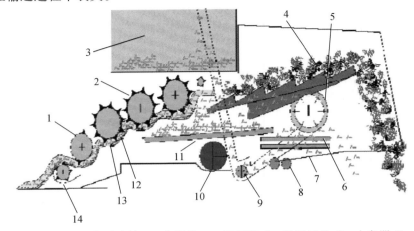

1—螺旋喂料器;2—摘果滚筒;3—集果箱;4—逐稿器;5—扬风风机;6—去杂器;7—筛;
8—去梗器;9—输送搅龙;10—清选风机;11—振动筛;12—摘果杆;13—凹板;14—捡拾器

图 6-1　捡拾花生联合收获机作业示意图

（3）应用现状与技术发展

美国 KMC,AMADAS,COLOMBO 等公司生产的全喂入捡拾联合收获机技术先进、较为成熟,主要分牵引式和自走式,典型应用机具如图 6-2 所示。

(a) AMADAS牵引式花生联合收获机

(b) AMADAS自走式花生联合收获机

(c) KMC牵引式花生联合收获机

(d) COLOMBO牵引式捡拾联合收获机

图 6-2　国外全喂入捡拾摘果联合收获机

除了上述较为成熟先进的收获技术装备外,美国近年来亦在探索新的作业模式和新型作业装备研发。美国农业部国家花生研究实验室的 Butts 教授等针对生产生物柴油用花生的机械化收获,提出捡拾联合收获时田间脱壳的作业模式,在捡拾花生联合收获机上增加了脱壳部件,使之在捡拾收获过程中完成花生脱壳的功能,如图 6-3 所示,田间试验表明该机具的花生脱壳率达 99%,采用该机具进行收获作业,省去花生产后加工的脱壳工序。

脱壳部件

图 6-3　带有脱壳功能花生联合收获机

另外,美国正将一些先进的传感测试技术应用于花生捡拾联合收获装备。美国 Rains 等将 Agleader Cotton 产量传感器安装于花生联合收获机上并进行相关试验研究,以测试该传感器在花生捡拾摘果收获机上的适应性,为花生联合收获的产量在线实时测定奠定基础。

6.1.2　国内技术概况

（1）我国花生机械化收获技术呈多元化发展

我国花生种植区域广阔,各地花生品种、水热条件、种植模式、生产规模、经济状况等千差万别,因此,在相当长时间内,我国花生生产机械化技术将呈现多元化发展趋势,以满足不同花生产区差异化需求。两段式联合收获较半喂入联合收获具有适应性好、作业效率高,且便于荚果收获后暂存与干燥等优点,因此有望成为我国花生机械化收获的重要模式之一。

（2）花生全喂入捡拾联合收获技术发展势头良好

近年来,为满足产区机械化收获多元化需求,国内两段式收获技术得到了快速发展,相关科研院所和主产区一些企业相继研发生产出多款捡拾联合收获装备,如图 6-4 所示。虽然,国内花生全喂入捡拾摘果联合收获技术发展势头良好,部分机具已在主产区进行示范应用,但总体仍存在破损率偏高、损失率偏大等问题亟待攻克。

(a) 4HLJ-8型自走式花生捡拾联合收获机

(b) 4H-150型牵引式花生捡拾联合收获机

(c) 自走式花生捡拾联合收获机

(d) 背负式捡拾联合收获机

图 6-4　国内全喂入捡拾摘果联合收获机

4HLJ－8 型全喂入捡拾联合收获机是由农业部南京农业机械化研究所根据花生主产区规模化生产实际需求,吸纳先进技术和自主创新结合,创制出的能一次完成花生捡拾、输送、摘果、清选、集果等作业的国内首台八行自走式捡拾联合收获设备,如图 6-5 所示。

图 6-5　4HLJ－8 型花生捡拾联合收获机

4HLJ－8 型全喂入捡拾联合收获机结构如图 6-6 所示,由弹齿式捡拾收获台、刮板输送槽、切流弹齿摘果滚筒、两段式风筛选机构、气力输送装置等关键部件组成,重点攻克了宽幅顺畅低损捡拾输送、全喂入高效多级有效摘果、全喂入果杂分离、高效荚果气力输送和机电液一体化控制技术等。机具整机尺寸为 6 300 mm × 3 400 mm × 4 300 mm;配套 90 kW 的发动机;工作幅宽为 3.2 m,可完成花生 4 垄 8 行捡拾收获作业;设计工作速度为 0.6 ~ 1.5 m/s,纯生产率可实现 0.9 ~ 1.4 hm²/h。

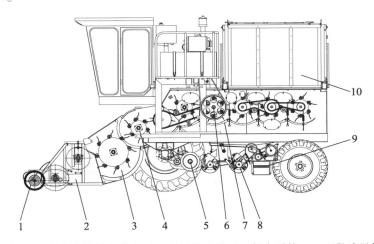

1—限深机构;2—弹齿式捡拾收获台;3—刮板输送槽;4—行走系统;5—两段式风筛选机构;
6—主机架;7—传动系统;8—切流弹齿摘果滚筒;9—气力输送装置;10—集果箱
图 6-6　4HLJ-8 型捡拾联合收获设备结构简图

该设备整体技术性能趋于成熟,有望成为我国花生全喂入捡拾摘果联合收获机市场的重要产品。现对其捡拾输送、果秧分离、荚果气力输送、荚果装卸与秧蔓收集等环节关键技术的设计分析过程和相关部件机构的试验研究做如下介绍(因全喂入捡拾摘果联合收获与半喂入联合收获清选技术总体趋同,故本章不再赘述)。

6.2　捡拾作业技术

6.2.1　捡拾作业技术研究概况

（1）捡拾收获台研发概况

花生捡拾作业是全喂入捡拾联合收获中的首要环节,也是整个捡拾联合收获的关键技术之一,其作业工序主要由捡拾收获台完成,不同厂家根据不同需求生产的捡拾收获台会存在相应的差异,但主体结构组成基本一致,主要由捡拾装置、输送搅龙、压草器、机架等构成。

美国的捡拾联合收获机研发水平处于领先地位，不同厂家公司生产的收获台结构形式基本相似，在关键部件捡拾装置的选取上大多采用简易型弹齿滚筒式捡拾器，部分机型采用齿流式捡拾装置。国内捡拾收获机收获台研发主要借鉴吸收稻麦联合收获机、方草压捆机及美国机型，捡拾装置的主要结构为弹齿滚筒式。

（2）捡拾装置研发概况

捡拾装置最早应用在牧草压捆机上，结构形式大体相同，产品型号齐全，可以满足不同形式压捆机的应用。国外，弹齿滚筒捡拾装置的发展较成熟，如：纽荷兰公司（美国）生产的捡拾装置的弹齿采用曲线结构，可适用于不同作物捡拾作业；克拉斯公司（德国）生产的捡拾装置，其弹齿齿尖部分采用独特的钩形设计，大大提高了捡拾装置的捡拾率，同时还采用拉绳来控制捡拾装置的升降；约翰迪尔公司（美国）为了保证高密度、幅宽较大的草条能充分捡拾喂入，采用了小间距的弹齿式设计，同时，在捡拾弹齿上方还设计了小间距的压草条防止捡拾时草叶和断枝的飞溅。我国对捡拾装置的研究大多基于国外的研究基础，在农业机械领域，从牧草捡拾、稻麦捡拾、残膜回收到花生捡拾收获，捡拾装置的结构形式基本固定，只是作业性能不断提高。

在对捡拾装置理论与试验研究上，国外鲜有相关论文研究报道，苏联的波波夫曾经用图解法对弹齿滚筒式捡拾装置的结构参数及工作性能进行过定性分析，并认为捡拾装置是一个连杆机构。我国对捡拾装置的研究大多以弹齿滚筒捡拾装置为主，尤其是对凸轮滑道形状、捡拾弹齿的运动参数开展了较为全面的理论与试验研究。对花生捡拾收获台的设计研究，国内外学者多数都是基于传统的弹齿滚筒捡拾收获装置，缺乏专门针对我国花生品种和种植模式的简化型弹齿滚筒捡拾装置的理论与试验研究。

6.2.2 捡拾收获台总体设计

捡拾收获台配置于收获机前端，其主要由压禾器、捡拾机构、滑草板、搅龙、机架等组成，总体布置如图6-7所示。主要功能是将铺放在田间的花生果秧捡起，脱离捡拾弹齿后由输送搅龙将捡拾上来的花生果秧向收获台中间输送，随后通过中间的交接口向后输送，为摘果环节连续提供花生果秧。在捡拾器的上方设有压禾器，以避免花生果秧在捡拾过程中被抛起；同时，在捡拾机构和搅龙间设置了滑草板，以确保果秧能够与捡拾装置回转轴有效隔离和顺畅向上滑行。

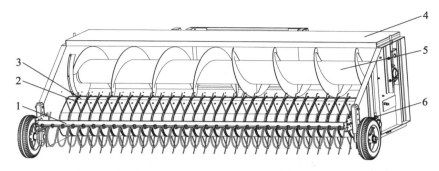

1—压禾器;2—捡拾机构;3—滑草板;4—收获台架;5—搅龙;6—限深轮

图 6-7　捡拾收获台总体结构

6.2.3　关键部件设计与仿真分析

（1）捡拾收获台总体结构与工作原理

运用三维设计软件建立收获台虚拟样机模型,如图 6-8 所示,主要由机架、压禾器、捡拾器、滑草板、输送搅龙、传动系统和限深轮等组成。

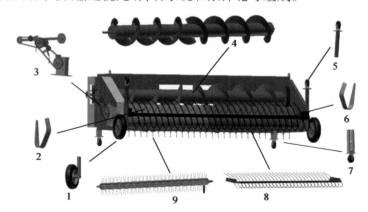

1—限深轮;2—左滑草板;3—传动系统;4—输送搅龙;5—前装卸便携轮;
6—右滑草板;7—后装卸便携轮;8—压禾器;9—捡拾器

图 6-8　捡拾收获台三维图

作业时,随着收获机的前进运动,花生果秧在压禾器和捡拾器的相互作用下被捡拾弹齿捡起,并沿滑草板表面在捡拾弹齿的继续推动下运动进入输送搅龙;在搅龙的回转运动下,花生果秧被集中输送到收获台机架接口部分,进入后续工作部件,完成捡拾收获作业。

（2）机架设计分析

收获台机架主要是为了承载安装捡拾器、滑草板、搅龙、传动系统、限深轮等主要部件,主要由左右机架侧板、滑草板上安装架、滑草板下安装架、背板、收获台挂接口等组成,如图6-9所示。

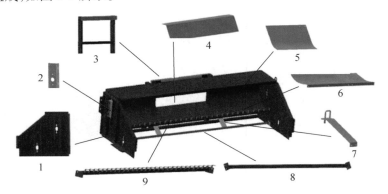

1—机架侧板焊合;2—搅龙调节板;3—收获台挂接口;4—向后输送衔接板;
5—搅龙背板;6—搅龙底板;7—辅助支撑;8—滑草板下安装架;9—滑草板上安装架

图6-9　收获台机架三维图

(3)捡拾器设计分析

① 结构设计

捡拾器是花生捡拾收获台的重要部件,本研究针对我国直立型花生特点,设计一种简易型滚筒弹齿捡拾装置,结构如图6-10所示,该捡拾装置主要由捡拾弹齿、弹齿转轴、轴头组成。

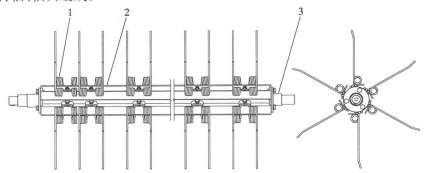

1—捡拾弹齿;2—弹齿安装架;3—轴头

图6-10　捡拾器结构简图

捡拾弹齿是与花生果秧直接接触的部件,采用弹簧钢,结构形式如图6-11所示。根据我国花生主产区主要品种调研结果,统计分析花生果秧形态,初定弹齿齿高 $H = 265$ mm,齿宽 $D = 100$ mm,齿尖长度 $T = 20$ mm,齿尖弯曲角度 $\alpha = 165°$。

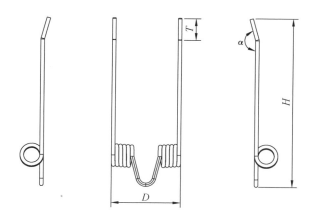

H—弹齿总高;D—弹齿宽度;T—齿尖长度;α—弯曲角度

图 6-11　捡拾弹齿结构

弹齿安装架由角钢安装板、轴管、支撑盘组成,焊接结构形式如图 6-12 所示。两弹齿安装距离为 200 mm,所以两根弹齿之间的间距为 100 mm。

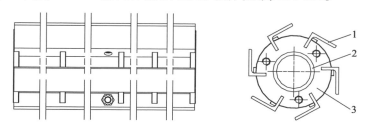

1—角钢安装板;2—轴管;3—支撑盘

图 6-12　弹齿安装架结构示意图

② 运动学分析

由捡拾收获台总体结构与工作原理介绍可知,机器作业时,捡拾弹齿要将花生果秧从地上捡起并输送给搅龙,在这一过程中会造成花生果秧的漏捡及花生荚果的脱落。因此捡拾器作业质量最主要的衡量指标为捡拾率(被捡起的花生果秧质量与花生果秧总质量的百分比)和落果率(掉落的花生荚果质量与花生荚果总质量的百分比)。

A. 运动方程分析

为了提高捡拾率、降低落果率,对捡拾器进行运动学分析,明确捡拾器的运动规律,确定捡拾器的最佳结构设计参数及工作参数。由工作原理可知,捡拾弹齿运动轨迹是机器前进运动与弹齿回转运动轨迹的叠加,轨迹位移方程和速度方程如下:

$$\begin{cases} x = v_t t + R\cos(wt) \\ y = R\sin(wt) \end{cases} \tag{6-1}$$

$$\begin{cases} v_x = v_t - wR\sin(wt) \\ v_y = wR\cos(wt) \end{cases} \tag{6-2}$$

式中：x——水平位移，m；

　　　y——垂直位移，m；

　　　v_t——机器前进速度，m/s；

　　　R——捡拾装置端部半径，m；

　　　w——捡拾装置回转角速度，rad/s；

　　　t——时间，s。

B. 速度比 λ 值分析

设弹齿端部圆周切向速度与机器前进速度的比值为 λ，则有 $\lambda<1$，$\lambda=1$，$\lambda>1$ 三种不同情况，不同速比下的运动曲线如图 6-13 所示。捡拾弹齿作业时，在最低点捡拾速度应尽量快，以减少花生果秧与地面之间的拖刷作用时间，降低落果率；且在最高点应能将花生果秧向后抛送给输送搅龙，即在最高点应具有水平向后的叠加速度，由图 6-13 可知，速度比 $\lambda>1$ 满足上述要求，且 λ 值越大越好。但机器前进速度一般在 1 m/s 左右，λ 值越大，则弹齿圆周切向速度越大，对花生果秧的打击越大，花生荚果越易掉落，落果率则会增加。所以 λ 值应满足 $\lambda>1$，但也不宜过大。

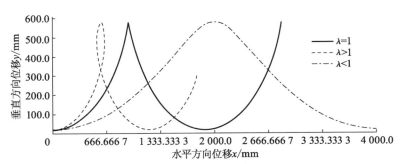

图 6-13　不同速度比运动曲线

C. 捡拾弹齿排数分析

为了提高捡拾率，需在机器前进方向单位长度单位时间内增加弹齿捡拾的次数，即缩小漏捡区（相邻两弹齿运动轨迹在机器前进方向上的不重合区）。由上述分析可知，λ 值不宜过大，即捡拾器的转速不宜过大，所以需要通过增加捡拾弹齿排数来缩小漏捡区。

　　运用 ADAMS 软件对不同弹齿排数的捡拾器进行仿真,分析不同弹齿排数漏捡区的大小,以确定合理的捡拾弹齿排数。在 ADAMS 中建立捡拾器简化模型,设置弹齿端部到回转中心距离 R 为 0.3 m;为避免弹齿插入土块及碰击石子,设置弹齿离地高度 0.02 m;机器前进速度设置为 1 m/s,弹齿转速为 1.2 m/s,即 λ 为 1.2。对捡拾弹齿排数 $n = 3,6,8$ 时进行虚拟仿真分析,其中 $n = 6$ 时弹齿的运动轨迹如图 6-14 所示。

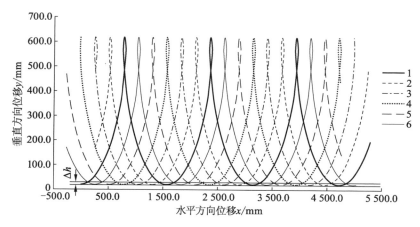

图 6-14　弹齿端部运动轨迹

　　参照牧草捡拾装置对漏捡区的评价标准,弹齿运动轨迹漏捡区最高点与轨迹最低点的距离值 Δh(见图 6-14)与回转半径 R 的比值小于 0.05(即 $\Delta h/R < 0.05$)为理论合格值。通过对上述不同 n 值时的仿真结果分析得出,$n = 3$ 时,$\Delta h = 34.79$ mm,$\Delta h/R = 0.116 > 0.05$,不合格;$n = 6$ 时,$\Delta h = 8.54$ mm,$\Delta h/R = 0.028 < 0.05$,合格;$n = 8$ 时,$\Delta h = 4.79$ mm,$\Delta h/R = 0.016 < 0.05$,合格。当弹齿排数为 6,8 时,均达到评价标准,且弹齿排数越多,漏捡区越小。

　　综合考虑花生植株的蓬松形态、机器加工成本、安装难易程度,选取弹齿排数为 6。

　　(4)输送搅龙设计分析

　　输送搅龙是花生捡拾收获台的重要部件,输送搅龙将捡拾器捡拾的花生果秧及时的归集并输送给输送槽或摘果辊等后续工作部件。采用左右对称的形式,主要由端部防缠弧板、搅龙滚筒、搅龙叶片、搅龙凹板筛、搅龙花键、花键轴头、间隙调节机构等组成,如图 6-15 所示。

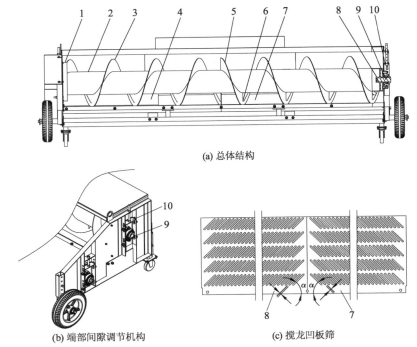

(a) 总体结构

(b) 端部间隙调节机构　　　　(c) 搅龙凹板筛

1—端部防缠弧板;2—搅龙滚筒;3—搅龙右叶片;4—搅龙右凹板筛;5—搅龙左叶片;
6—加强筋;7—搅龙左凹板筛;8—搅龙花键;9—花键轴头;10—间隙调节机构

图 6-15　输送搅龙

为避免收获作业时花生果秧缠绕,搅龙滚筒周长应大于果秧高度。而花生果秧高度一般为 350 ~ 600 mm,设计时结合收获台结构大小、制造成本等方面的考虑,将搅龙滚筒直径设置为 $\phi220$ mm,长 2 980 mm,搅龙叶片外径为 $\phi460$ mm,螺距为 400 mm。同时为了避免花生果秧在搅龙中间与后续工作部件接口处产生堵塞、改善向后输送均匀性,搅龙左右叶片在中点处对称交接,相位相差 180°。

6.2.4　捡拾收获台试验优化

为进一步提高捡拾率、降低落果率等捡拾收获性能指标,对收获台设计参数、工作参数等性能指标影响因素进行了试验研究,以求得各参数的最优组合。

试验设备:上述构建的捡拾收获台,应用于 4HLJ – 8 型花生捡拾联合收获机(见图 6-5);试验地点:江苏泗阳花生种植试验田。试验品种:天府 3 号,挖掘后果秧高度为 390 ~ 480 mm,株丛尺寸为 110 ~ 260 mm,结果范围为 $\phi140$ ~ 240 mm。

（1）影响因素分析

影响花生捡拾收获台捡拾性能的主要因素有捡拾弹齿齿尖离地高度 l、捡拾弹

齿宽度 D、捡拾弹齿安装间距 w、捡拾弹齿齿尖长度 T、捡拾弹齿齿尖弯曲角度 α、机器前进速度 v、捡拾装置回转速度 ω、花生果秧铺放形式等。

（2）主控目标确定

试验主控目标有 2 个，分别为捡拾率和落果率。

① 捡拾率测定

$$J = \frac{M - \Delta m}{M} \times 100\%$$ （6-3）

式中：J——捡拾率，%；

　　Δm——漏捡果秧质量，g；

　　M——试验总果秧质量，g。

② 落果率测定

$$P = \frac{\Delta l}{L} \times 100\%$$ （6-4）

式中：P——落果率，%；

　　Δl——地面捡拾掉落荚果质量，g；

　　L——试验荚果总质量，g。

（3）捡拾性能响应曲面优化试验

① 试验方案设计

通过单因素试验，结果表明捡拾弹齿齿尖距地高度、捡拾弹齿齿尖长度、花生果秧铺放形式对捡拾指标的影响不显著。所以，将捡拾弹齿齿尖距地高度设置为 0 mm，捡拾弹齿齿尖长度为 20 mm，花生果秧铺放形式为无序铺放。捡拾弹齿宽度与捡拾弹齿安装间距越小，捡拾率越高，但综合考虑花生植株的形态和捡拾器制造安装成本等因素，设置宽度、间距均为 100 mm。

根据 Box-Benhnken 中心组合原理，以捡拾率、落果率作为响应值，以机器前进速度 v、弹齿回转角速度 w、齿尖弯曲角度 α 试验因素设计 3 因素 3 水平响应面分析试验。试验因素与水平设置见表 6-1。应用 Design-Expert 8.0.6 软件对试验数据进行处理分析，建立二次多项式回归方程。在此基础上，构建响应面模型，对影响试验指标的因素进行分析研究。

表 6-1　试验因素与水平

试验水平	因素		
	前进速度 X_1/(m·s^{-1})	回转角速度 X_2/(rad·s^{-1})	弯曲角度 X_3/(°)
−1	0.50	4	150
0	0.85	5	165
1	1.20	6	180

② 试验结果

根据 Box-Benhnken 中心组合试验理论,设计了 3 因素 3 水平响应面分析试验。试验设计与试验结果见表 6-2。

表 6-2 试验设计方案及响应面值结果

序号	因素水平			响应值	
	前进速度 X_1/($\text{m} \cdot \text{s}^{-1}$)	回转角速度 X_2/($\text{rad} \cdot \text{s}^{-1}$)	弯曲角度 X_3/(°)	捡拾率 Y_1/%	落果率 Y_2/%
1	−1	1	0	99.81	1.12
2	0	0	0	99.27	0.53
3	1	0	1	97.13	0.81
4	−1	0	1	99.23	0.73
5	0	0	0	99.12	0.48
6	−1	0	−1	99.36	1.05
7	0	0	0	98.96	0.46
8	−1	−1	0	99.23	0.76
9	0	0	0	99.18	0.50
10	0	1	1	98.87	0.89
11	1	−1	0	96.29	0.70
12	0	0	1	96.62	0.65
13	0	0	0	99.42	0.52
14	0	0	−1	97.32	0.72
15	0	1	−1	99.62	0.84
16	0	0	−1	97.63	0.69
17	1	1	0	98.67	0.87

③ 回归方程建立与方差分析

根据表 6-2 中的试验结果,在 Design-Expert 8.0.6 软件中进行回归拟合分析,建立以捡拾率、落果率为目标函数,以机器前进速度、弹齿回转速度、齿尖弯曲角度为自变量的 2 个二次多项式响应面回归模型,结果见式(6-5)和式(6-6):

$$Y_1 = 99.19 - 0.99X_1 + 0.94X_2 - 0.26X_3 + 0.45X_1X_2 - 0.093X_1X_3 - 0.013X_2X_3 - 0.23X_1^2 - 0.46X_2^2 - 0.62X_3^2 \tag{6-5}$$

$$Y_2 = 0.50 - 0.074X_1 + 0.11X_2 - 0.027X_3 - 0.048X_1X_2 + 0.11X_1X_3 + 0.030X_2X_3 + 0.20X_1^2 + 0.16X_2^2 + 0.12X_3^2 \tag{6-6}$$

对回归方程进行方差分析,结果见表 6-3。

表 6-3　回归方程方差分析

方差来源	捡拾率 Y_1				落果率 Y_2			
	平方和	自由度	F 值	显著水平 P	平方和	自由度	F 值	显著水平
模型 Model	19.27	9	28.54	0.000 1 **	0.59	9	41.18	<0.000 1 **
X_1	7.82	1	104.27	<0.000 1 **	0.044	1	26.97	0.001 2 **
X_2	7.05	1	93.99	<0.000 1 **	0.099	1	61.36	<0.000 1 **
X_3	0.54	1	7.21	0.031 3 *	6.05×10^{-3}	1	3.75	0.091 2
$X_1 X_2$	0.81	1	10.80	0.013 4 *	9.025×10^{-3}	1	5.59	0.048 1 *
$X_1 X_3$	0.034	1	0.46	0.521 1	0.048	1	30.00	0.000 9 **
$X_2 X_3$	6.25×10^{-4}	1	8.332×10^{-3}	0.929 8	3.60×10^{-3}	1	2.23	0.174 8
X_1^2	0.22	1	2.97	0.128 5	0.18	1	111.54	<0.000 1 **
X_2^2	0.89	1	11.88	0.010 7 *	0.11	1	68.27	<0.000 1 **
X_3^2	1.63	1	21.75	0.002 3 **	0.058	1	37.11	0.000 5 **
残差	0.53	7			0.011	7		
失拟	0.41	3	4.64	0.086 1	7.775×10^{-3}	3	2.95	0.161 9
失误	0.12	4			3.280×10^{-3}	4		
总和	19.80	16			0.60	16		

注:$P<0.01$(极显著 * *),$P<0.05$(显著 *)

由表 6-3 分析可知,捡拾率 Y_1 和落果率 Y_2 的响应面模型的 P 值分别为 $P_{Y1} = 0.000\ 1$,$P_{Y2} < 0.000\ 1$,表明两回归模型极显著($P<0.01$);失拟项 P 值分别为 $0.086\ 1$,$0.147\ 7$,均大于 0.05,表明回归方程失拟度低;同时 R^2(决定系数)值分别为 $0.973\ 5$,$0.981\ 6$,与数值 1 很接近,说明回归方程预测值与试验测试值很接近,拟合度高,故两模型可以用来优化捡拾机构的相关参数。

在回归方程显著的基础上,需对各参数 P 值的显著性进行分析。在捡拾率模型中,X_1,X_2,X_3^2($P<0.01$)3 个回归项对模型影响极显著,X_3,$X_1 X_2$,X_2^2($P<0.05$)对模型影响显著,$X_1 X_3$,$X_2 X_3$,X_1^2($P>0.05$)对模型影响不显著;落果率模型中,X_1,X_2,$X_1 X_3$,X_1^2,X_2^2,X_3^2($P<0.01$)6 个回归项对模型影响均极显著,$X_1 X_2$($P<0.05$)对模型影响显著;X_3,$X_2 X_3$($P>0.05$)对模型影响不显著。在此基础上,为建立更为简单优化的回归方程,对两原回归方程的不显著进行剔除,结果如式(6-7)和式(6-8)所示。对优化后的模型分析可知,模型 $P_{Y1} < 0.000\ 1$,$P_{Y2} < 0.000\ 1$,均小于 0.01。失拟项 P 值分别为 $0.109\ 2$,$0.092\ 9$,均大于 0.05,表明优化后的回归数学模型拟合较好,可根据方程来分析和预测试验结果。

$$Y_1 = 99.09 - 0.99X_1 + 0.94X_2 - 0.26X_3 + 0.45X_1X_2 - 0.47X_2^2 - 0.63X_3^2 \quad (6\text{-}7)$$

$$Y_2 = 0.50 - 0.074X_1 + 0.11X_2 - 0.048X_1X_2 + 0.11X_1X_3 +$$
$$0.20X_1^2 + 0.16X_2^2 + 0.12X_3^2 \quad (6\text{-}8)$$

④ 单因素对试验指标的影响分析

各单因素对模型影响的主次顺序可通过贡献率 K 值进行比较,贡献率 K 值的计算见式(6-9)和式(6-10),各因素对捡拾率贡献率的大小顺序为回转速度 X_2 > 前进速度 X_1 > 弯曲角度 X_3;各因素对落果率贡献率的大小顺序为前进速度 X_1 > 回转速度 X_2 > 弯曲角度 X_3。分析结果见表6-4。

$$\delta = \begin{cases} 0 \\ 1 - \dfrac{1}{F} \end{cases} \quad (6\text{-}9)$$

$$K_{X_j} = \delta_{X_j} + \frac{1}{2}\sum_{i=1}^{s}\delta_{X_iX_j} + \delta_{X_j^2} \quad (j = 1,2,3, i \neq j) \quad (6\text{-}10)$$

表6-4　各因素贡献率分析

性能指标	因素贡献率			贡献率排序
	前进速度 X_1	回转速度 X_2	弯曲角度 X_3	
捡拾率 Y_1	2.107	2.358	1.815	$X_2 > X_1 > X_3$
落果率 Y_2	2.851	2.662	2.476	$X_1 > X_2 > X_3$

⑤ 交互因素对捡拾率的影响规律分析

根据响应面回归方程分析结果,应用 Design-Expert 8.0.6 软件绘制响应面图,对前进速度 X_1、回转速度 X_2、弯曲角度 X_3 交互因素对捡拾率 Y_1 的影响进行分析。

图 6-16 所示为因素间交互作用对捡拾率响应面曲线,每个响应面反映了当一个变量处于最佳水平时另外两个变量之间的相互作用。图 6-16 a 所示为机器前进速度 X_1 与回转速度 X_2 对捡拾率 Y_1 交互作用的响应面图,可以看出,捡拾率 Y_1 随前进速度 X_1 和回转速度 X_2 变化的曲面都很明显,表明试验指标对两试验因素的变化反应敏感,当减小前进速度,增大回转速度,有助于捡拾率的提高;图 6-16 b 所示为前进速度 X_1 与齿尖弯曲角度 X_3 对捡拾率 Y_1 交互作用的响应面图,可知捡拾率 Y_1 随前进速度 X_1 变化的曲面明显,而随齿尖弯曲角度 X_3 变化的曲面在相对平缓。表明当齿尖弯曲角度 X_3 为定值时,前进速度 X_1 增加,捡拾率 Y_1 有所下降;当前进速度 X_1 为定值时,捡拾率 Y_1 会随弯曲角度 X_3 的增加而增大,达到最大值后开始下降;图 6-16 c 所示为回转速度 X_2 与齿尖弯曲角度 X_3 对捡拾率 Y_1 交互作用的响应面图,可知捡拾率 Y_1 随回转速度 X_2 变化明显,而随弯曲角度 X_3 变化平缓。表明当弯曲角度 X_3 为定值时,捡拾率 Y_1 随着回转速度 X_2 的增加增大,当回转速

度 X_2 为定值时捡拾率 Y_1 会随弯曲角度 X_3 的增加而增大,达到最大值后开始下降,存在最优值。

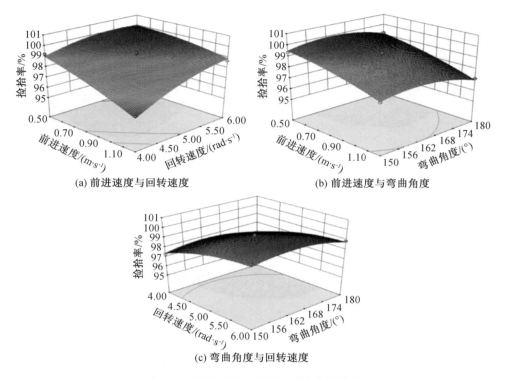

(a) 前进速度与回转速度　　　　　(b) 前进速度与弯曲角度

(c) 弯曲角度与回转速度

图 6-16　因素间交互作用对捡拾率的影响

⑥ 交互因素对落果率的影响规律分析

根据响应面回归方程分析结果,应用 Design-Expert 8.0.6 软件绘制响应面图,对前进速度 X_1、回转速度 X_2、弯曲角度 X_3 交互因素对落果率 Y_2 的影响进行分析。

图 6-17 所示为因素间交互作用对落果率影响的响应面曲线。图 6-17 a 所示为前进速度 X_1 与回转速度 X_2 对落果率 Y_2 交互作用的响应面图,可以看出,落果率随前进速度 X_1 和回转速度 X_2 变化的曲面都很明显,表明试验指标对两试验因素的变化反应敏感。表明当回转速度 X_2 为定值时,落果率先随前进速度 X_1 的增大而降低,达到最小值后开始上升,存在最优值;当前进速度 X_1 为定值,落果率先随回转速度 X_2 增大而降低,达到最小值开始上升,存在最优值。图 6-17 b 所示为前进速度 X_1 与齿尖弯曲角度 X_3 对落果率 Y_2 交互作用的响应面图,可知,落果率 Y_2 随前进速度 X_1 变化的曲面明显,弯曲角度 X_3 相对平缓。落果率 Y_2 随两因素的变化反应基本上都是先减小,后增大,存在最优值。图 6-17 c 所示为回转速度 X_2

与弯曲角度 X_3 对落果率 Y_2 交互作用的响应面图,可知落果率 Y_2 随回转速度 X_2 变化的曲面明显,弯曲角度 X_3 相对平缓,落果率 Y_2 随两因素的变化反应基本上都是先减小,后增大,存在最优值。

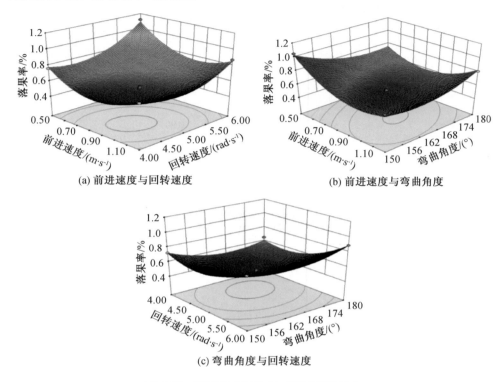

图 6-17   因素间交互作用对落果率的影响

⑦ 模型预测与试验验证

通过分析单因素和交互因素对捡拾率和落果率的影响可知,为达到最佳的捡拾效果,必须让两试验指标在同一参数组合下达到最佳效果。但两指标受因素影响的趋势和程度都有很大差别。因此,在优化软件 Design-Expert 8.0.6 中设置优化目标,寻求最佳的捡拾性能的参数组合。

目标函数:捡拾率达到最大值,即 $Y_1 \rightarrow Y_{1max}$;落果率达到最小,即 $Y_2 \rightarrow Y_{2min}$。

约束条件:因素水平:$-1 \leqslant X_m \leqslant 1$,其中 $m = 1, 2, 3$。在软件中对各参数进行预测优化,得到最优参数组合,当前进速度为 0.78 m/s、回转角速度为 5.07 rad/s、弯曲角度为 165.10°时,捡拾率为 99.44%,落果率为 0.53%。

为了验证响应面模型预测的准确性,考虑到试验的可行性,将前进速度设置为 0.8 m/s、回转角速度为 5.0 rad/s、弯曲角度为 165°,在此优化方案下进行 3 次重复试验,取其平均值作为试验验证值,结果为捡拾率99.36%,落果率为0.58%。试验验证值与模型理论值非常接近,验证了响应面分析的合理性,所得到的最优参数组合符合要求。

（4）试验优化总结

捡拾弹齿齿尖离地高度、捡拾弹齿齿尖长度、花生果秧铺放形式对捡拾率的影响不显著,捡拾弹齿齿尖离地高度、捡拾弹齿齿尖长度、捡拾弹齿齿尖弯曲角度对落果率的影响不显著,在选定的水平内,指标值都较为理想。

捡拾装置各因素对捡拾率影响的显著顺序依次为回转速度＞前进速度＞弯曲角度;各因素对落果率影响的显著顺序依次为前进速度＞回转速度＞弯曲角度。

捡拾机构最优工作参数组合为前进速度0.8 m/s、回转角速度5.0 rad/s、弯曲角度165°,获得试验结果为捡拾率99.36%,落果率0.58%。

6.3 摘果技术

摘果是花生捡拾联合收获的关键环节之一,对收获作业指标起决定性作用,摘果难易程度与花生的含水率、果柄力学特性、果秧比等有密切的联系,同时摘果性能受摘果滚筒与凹板筛结构配置、工作参数、花生植株晾晒条件等影响,需通过理论分析和试验研究、结构与思路创新,进一步优化提升高效花生捡拾联合收获全喂入摘果性能。

6.3.1 总体结构设计

花生捡拾联合收获机采用多级滚筒串联切流式全喂入摘果装置,摘果部件主要有摘果滚筒、凹板筛、传动系统、机架等组成,其总体结构如图6-18所示。

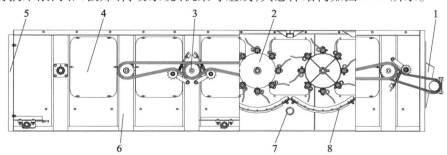

1—喂入口;2—摘果滚筒;3—传动系统;4—内部观察口;5—排草口;

6—机架;7—主传动轴;8—凹板筛

图6-18　摘果装置总体结构

工作原理：从收获台连续喂入摘果滚筒的果秧在摘果弹齿的抓取带动下，随摘果滚筒旋转，在摘果弹齿的击打、梳拉、甩拽等主动力作用和静止凹板筛的阻挡、刮带等约束力作用下，以及花生植株间的相互挤搓与挂拉等作用下，经过多个摘果滚筒，使花生荚果脱离秧蔓，穿过凹板筛，落至清选部件，花生秧蔓排出机外，从而完成摘果作业。

结构特点：喂入花生经每个摘果滚筒及其凹板筛时即进行一次摘果分离，多个滚筒及相组配的凹板筛保证充足的摘果、分离的时间和面积，整个摘果过程中，切流摘果滚筒将较厚的物料层变薄，有利于后续摘果滚筒的作业，花生荚果被及时摘下，并且能够有效分离。通过合理配置各摘果滚筒，合理应用摘果凹板筛空间布置，解决花生秧蔓在摘果滚筒间的顺畅性难题，增加摘果分离能力及对于喂入量的适应性，保证物料在各滚筒作业过程中的连续性、及时性、有效性，实现顺畅、低损、高效摘果，从而降低花生联合收获故障率，提高作业的顺畅性和可靠性，实现花生荚果与秧蔓的有效分离。

花生捡拾联合收获摘果部件设计要求：

a. 摘果部件与其前后工作部件配置合理。通过两段式收获工艺流程的设计，要求摘果部件能够与输送部件合理配置，保证花生植株能够顺利喂入摘果滚筒内，同时通过与清选部件的合理配置，保证摘下的花生荚果能够及时穿过凹板筛落至清选装置。

b. 摘果作业顺畅。摘果过程中能够保证不拥堵，拥堵后可快速清理，摘果过程顺畅可靠。

c. 摘果部件结构参数可调。能够实现对摘果滚筒转速、摘果间隙等可以调节，以满足不同收获要求。

d. 保证作业质量前提下，降低成本，提高工作安全性。

6.3.2 关键部件设计

（1）摘果滚筒设计

① 摘果滚筒结构设计

摘果滚筒是摘果装置的核心部分，其设计优劣直接影响摘果性能指标，进而影响花生联合收获机性能指标。摘果滚筒结构如图 6-19 所示，滚筒轴从圆盘中间孔通过，轴与圆盘轮毂通过键联接，圆盘顶端焊有安装脚，摘果元件支撑座通过螺栓连接在安装脚上，摘果元件通过螺栓连接在可拆卸式支撑座上，可以更换摘果元件。兼顾摘果作业时长和花生联合收获机各部件总体布置，选定 6 个摘果滚筒串联，最后一级滚筒兼有抛秧作用。摘果滚筒不平衡会引起其横向振动，受到不必要的动载荷，不平衡是各微段的质心离心惯性力无法抵消引起的，不利于摘果滚筒的正常工作,影响轴承寿命,因此需对摘果滚筒进行静平衡和动平衡试验。

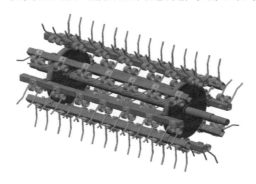

图 6-19　摘果滚筒

② 滚筒转速和半径的确定

摘果滚筒半径由喂入量、花生植株的物理性状等决定,当滚筒转速一定时,摘果元件线速度与滚筒半径相关。当滚筒半径过小时,容易造成摘果滚筒的拥堵,且难以适应大喂入量摘果要求,根据花生联合收获机整机空间结构的整体配置,综合考虑,本设备花生摘果滚筒半径为 340 mm。

滚筒转速对花生摘果性能指标有重要影响,转速越高摘净率越高,但破损率也会上升,较低转速时破损率降低,摘净率也低。现有花生摘果装置,通常采取较高摘果滚筒转速,提高摘净率,但在一定程度上牺牲了破损率指标,而多级滚筒串联花生摘果装置一方面通过降低摘果滚筒转速,保证破损率指标合格,另一方面通过延长摘果作业时长,保证摘净率。

(2) 摘果元件设计

花生摘果实质是通过摘果元件的作用将花生荚果从秧蔓上分离下来,理论上摘果元件对于花生植株有效的力大于花生果秧分离的力,就可以完成摘果。常见的摘果元件结构形式有钉齿、弹齿、弓齿和刀形齿等。

① 摘果弹齿设计

分析得知钉齿对花生植株冲击比较大,弓齿不适应用于切流式摘果滚筒,而刀形齿对花生果秧切碎能力比较强,选定弹齿式摘果元件。综合考虑,摘果元件为双扭弹簧,碳素弹簧丝直径为 8 mm,闭合节距 8.4 mm,单边有效圈数 2.89 圈,两弹簧丝的距离为 100 mm,热处理调质至 40 ~ 45 HRC,表面镀锌。根据花生植株的尺寸,摘果元件安装的间距也为 100 mm。

如图 6-20 所示,把摘果弹齿上部直线段轴线与其顶端向心线夹角定义为摘果滚筒后倾角 α,摘果弹齿以后倾角 α 安装在摘果滚筒上,摘果时,因为花生植株对摘果弹齿反作用力,后倾角增大,其好处是一方面减少摘果元件对花生植株的正面冲击,另一方面把一部分能量转化为弹齿的变形势能,一定程度上降低花生荚果的破损率。但后倾角过大会导致摘果弹齿抓取力较小,因而将摘果弹齿分为两段,摘果弹齿上部直线段与前段有一定的夹角,如此,既加强摘果弹齿抓取物料的能力,又利于甩出滚筒,保证物料在滚筒间传送的流畅。整体后倾摘果弹齿沿径向有效抓取距离 l 取 90 mm,较大的径向距离对物料喂入量有很好的适应性,能够及时地将花生植株向前推送,避免堵塞。

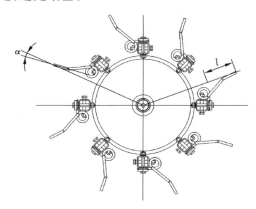

图 6-20 摘果滚筒上摘果元件配置

② 齿排数确定

摘果弹齿排数影响摘果元件作用于花生植株的频次,进而影响花生摘果性能,齿排数过少,对于花生植株抓取间隔时间长,每排抓取物料过多,各级摘果滚筒负载波动大,料层过厚也影响摘果效果;如果齿排数过多,不仅增加摘果滚筒质量,增加功耗、材料,造成资源浪费,而且滚筒转动惯量增加,影响整机性能。综合考虑,选定本设备摘果滚筒齿排数,取 $s = 8$。

(3)凹板筛设计

凹板筛在摘果过程中相对于摘果滚筒是被动的、静止的,与摘果滚筒"一动一静"联合作用,对于花生植株起到阻挡作用,将花生荚果摘下,同时凹板筛对物料有支撑作用,将花生秧蔓支撑在筛面上,经过各级滚筒传递,从机体排出,凹板筛对摘果和果杂分离起重要作用。花生植株需在各级滚筒间传送,

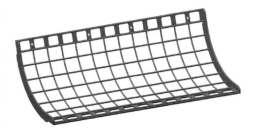

图 6-21 凹板筛

凹板筛包角选择不宜过大,以免输送不畅,影响摘果作业。如图 6-21 所示,凹板筛

是由轴向和径向分布的圆钢拼焊而成,轴向圆钢两端插入侧板孔中,保证轴向圆钢在周向圆钢上面,对花生植株有较强的摩擦阻挡作用。为提高凹板筛荚果的通过性,能够及时分离荚果和花生秧蔓,应选择合理的筛格尺寸。筛格间距过小,可能会导致花生破损增加,同时荚果通过性差;筛格间距过大,影响摘果性能,同时穿过凹板筛的断枝断秧增多,加重清选负荷。综合考虑,选定筛格尺寸为 80 mm × 80 mm。

凹板筛主要由与摘果滚筒轴线平行直圆钢和切向的弯圆钢组成,弯圆钢角度设计为 70°,即凹板筛有效包角为 70°,两侧板和两平板起到支撑圆钢的作用,凹板筛通过平板安装在机架安装角板上。最后一级摘果滚筒同时起着抛秧的作用,因而最后一级凹板筛与前几级凹板筛稍有差异,周向的弯圆钢继续向后伸出,支撑引导花生秧蔓抛出机体。

（4）摘果滚筒与凹板筛组配设计

摘果间隙是摘果元件顶端至凹板筛轴向圆钢上端的距离,如图 6-22 所示。摘果间隙是影响摘果作业质量的重要结构参数,摘果间隙选择合理与否将直接影响摘果性能。通常摘果间隙小,摘果能力增强,有助于提高摘净率,但破损率也增加;摘果间隙过大,料层变得蓬松,弹齿和凹板筛间的摘果交互作用变弱,摘净率与破损率降低。综合考虑本设备摘果间隙设计为 30 ~ 60 mm 可调。

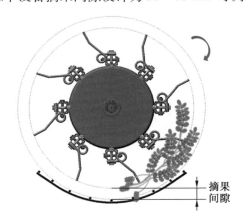

摘果
间隙

图 6-22　摘果间隙示意图

（5）滚筒间花生株系交接运动分析

为实现花生植株在滚筒间交接顺畅,须合理选定两个摘果滚筒中心的安装水平距离,减少花生株系在滚筒交接处的滞留时间,利于花生株系在滚筒间交接,花生植株在摘果滚筒之间运动情况如图 6-23 所示,L 为两滚筒的重叠距离,经前期试验,选定较适宜的重叠距离 $L = 50$ mm。

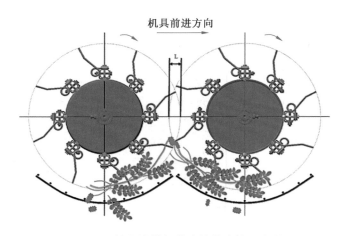

图 6-23 摘果滚筒间花生植株交接示意图

为了能够在滚筒间交接顺利,保证花生株系抛送方向与进入下一个滚筒方向夹角越小越好,即花生株系运动方向改变不能太大,有利于花生株系沿切线方向抛送,顺利地进入下一个摘果滚筒。

通过高速摄影观察并结合理论分析可知,花生株系在滚筒交接时抛送区域主要在 $ABCD$ 范围内,如图 6-24 所示,其中 D 处是摘果间隙调至最大时凹板筛有效包角的临界点,花生株系越过点 D,其甩出的方向是沿凹板筛切线方向。凹板筛包角影响抛送的方向,凹板筛包角越小越有利于交接,前文选定凹板筛的包角为 70°,则 β 为 35°,因此花生株系甩出摘果滚筒的方向是与水平方向的夹角为 35°。在点 A,B 处,后摘果滚筒对花生植株的力与花生抛送方向的夹角为 δ,在 A 处,后摘果滚筒对花生株系的力几乎垂直花生株系抛送方向,用于改变物料流运动方向,此处花生滚筒间交接顺畅,而在 B 处,不考虑前摘果滚筒对花生株系的作用,后摘果滚筒对花生株系力与花生抛送方向的夹角 δ 是锐角,在花生株系抛送反方向分力为 $F_1\cos\delta$,此力不但没有帮助花生株系喂入后摘果滚筒内,而且还把花生株系往反方向推,不利于滚筒间花生株系交接。

花生株系若是靠近点 C,或者在其内侧,则可能进入前后摘果滚筒重叠区域,在此区域经过两滚筒的撕扯,有可能被前滚筒带回,即摘果滚筒回秧。回秧危害主要有造成较多断枝断秧,增加后续清选负荷,摘果滚筒带回的株系对喂入口处花生有扰乱作用,不利于顺畅喂入,同时摘果滚筒对花生植株击打次数变多,荚果破损概率变大。喂入量很大时,花生株系料层变厚,后续摘果滚筒不能及时将抛送而来的花生植株带走,容易造成回秧。

综上所述,影响花生株系在摘果滚筒间交接顺畅的因素主要有两滚筒安装位置、凹板筛包角、摘果弹齿后倾角、齿排数及秧果喂入量等。

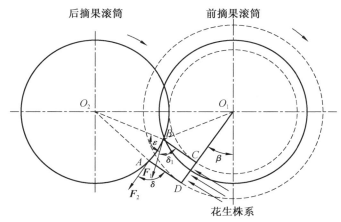

图 6-24 花生植株交接分析图

6.3.3 摘果装置试验优化

当摘果滚筒基本结构参数确定后,影响花生摘果性能主要因素为摘果滚筒转速、喂入量及摘果间隙,为实际考察多级串联切流式全喂入摘果作业质量,在单因素试验基础上,通过响应面法进一步分析,从而确定最优参数组合。

（1）试验材料与方法

① 试验材料

试验选在江苏泗阳县八集镇,供试品种为品种天府 3 号,采用单垄双行种植模式,垄距为 850 mm,窄行距为 250 mm,株距为 200 mm,株高 390 ~ 480 mm,花生有效结果深度约为 100 mm,结果半径在 100 mm 以内。试验在晾晒 4 ~ 5 d 时进行,此时花生荚果含水率降到 20% 左右。

② 试验方法与仪器设备

试验所用设备是农业部南京农业机械化研究所研制的 4HLJ-8 花生联合收获机,花生摘果装置集成在花生联合收获机上,用到的测量仪器主要有转速表、电子天平等。试验按照农业行业标准《花生收获机 作业质量》(NY/T 502—2016)设计并开展。

③ 试验因素

选定试验因素为滚筒转速、喂入量及摘果间隙。喂入量与花生联合收获机作业时行走速度存在线性关系,通过随机取样,测得单垄 1 m 范围内花生植株质量为 1.125 kg,当作业幅宽为 4 垄时,可换算喂入量与行走速度的关系,试验时,以行走速度代替喂入量。

④ 试验指标

选定摘净率、破损率和夹带损失率为主控指标。

被摘下荚果的质量占总荚果质量的百分比为摘净率,计算公式为

$$Z = \frac{m_1}{m_1 + m_2 + m_3 + m_4} \times 100\%$$ （6-11）

式中:Z——摘净率,%;

m_1——摘下的荚果质量,g;

m_2——未摘下的荚果质量,g;

m_3——摘果后花生秧蔓中夹带的荚果质量,g;

m_4——地面掉落花生荚果的质量,g。

花生仁果破损和果壳开裂荚果(裂开后能看见花生仁果)的质量占总荚果质量的百分比为破损率,计算公式为

$$Q = \frac{m_5}{m} \times 100\%$$ （6-12）

式中:Q——破损率,%;

m_5——破损的花生荚果质量,g;

m——m_1,m_2,m_3,m_4 之和(即 $m = m_1 + m_2 + m_3 + m_4$),g。

排草口排出花生秧蔓夹带的已摘下荚果占总荚果质量的百分比为夹带损失率,计算公式为

$$S = \frac{m_3}{m} \times 100\%$$ （6-13）

式中:S——夹带损失率,%。

（2）摘果作业性能的响应面法优化试验

① 试验方案设计

在进行响应面法优化试验前首先通过单因素试验确定各因素的试验水平,再对滚筒转速 X_1、喂入量 X_2、摘果间隙 X_3 这 3 个因素进行 3 因素 3 水平响应面试验分析,试验因素与水平见表6-5。

表6-5 试验因素和水平

因素	试验水平		
	−1	0	1
滚筒转速 X_1/(r·min^{-1})	200	260	320
喂入量 X_2/(kg·s^{-1})	2.25	3.60	4.95
摘果间隙 X_3/mm	30	40	50

以摘净率 Z、破损率 Q、夹带损失率 S 为响应指标,每次试验重复 3 次,结果取

平均值。试验数据采用 Design-Expert 8.0.6.1 软件进行二次多项式回归分析,运用响应曲面分析法研究摘果性能各影响因素相关性和交互作用影响规律。

②　试验结果

采用 Box-Behnken 试验设计 3 因素 3 水平试验,表 6-6 为响应面试验方案与试验结果,有 15 个试验点。

表 6-6　试验方案及响应值结果

序号	因素水平			响应值		
	滚筒转速	喂入量	摘果间隙	摘净率/%	破损率/%	夹带损失率/%
1	−1	1	0	91.25	3.35	1.86
2	0	0	0	95.64	5.63	2.01
3	0	1	−1	93.46	4.84	1.75
4	0	0	0	95.17	5.37	1.89
5	0	1	1	93.85	4.72	2.07
6	1	1	0	93.10	7.46	1.74
7	1	−1	0	97.54	7.83	1.72
8	0	0	0	95.36	5.38	1.98
9	1	0	1	96.65	7.64	1.78
10	−1	−1	0	93.72	3.91	1.31
11	1	0	−1	97.26	8.27	1.69
12	−1	0	−1	93.57	3.60	1.67
13	0	−1	−1	96.13	5.67	1.63
14	−1	0	1	92.75	3.13	1.76
15	0	−1	1	94.86	5.26	1.65

③　回归模型建立与显著性检验

根据上表中试验样本数据,利用 Design-Expert 8.0.6.1 软件开展多元回归拟合分析,建立花生联合收获摘果性能指标摘净率 Z、破损率 Q、夹带损失率 S 对滚筒转速 X_1、喂入量 X_2、摘果间隙 X_3 3 个自变量的二次多项式响应面回归模型,见表 6-7,并对回归方程进行方差分析,对回归系数进行显著性检验,根据影响显著性简化响应面模型。

表 6-7　回归方程方差分析

方差来源	摘净率 Z				破损率 Q				夹带损失率 S			
	平方和	自由度	F 值	显著水平 P	平方和	自由度	F 值	显著水平 P	平方和	自由度	F 值	显著水平 P
模型	42.88	9	12.44	0.006 3**	38.79	9	78.79	<0.000 1**	0.46	9	13.54	0.005 2**
X_1	21.98	1	57.40	0.000 6**	37.02	1	676.78	<0.000 1**	0.014	1	3.6	0.116 4
X_2	14.02	1	36.61	0.001 8**	0.66	1	12.09	0.017 7*	0.15	1	40.69	0.001 4**
X_3	0.67	1	1.74	0.244 1	0.33	1	6.07	0.057 0	0.034	1	8.93	0.030 5*
X_1X_2	0.97	1	2.53	0.172 3	9.025×10^{-3}	1	0.16	0.701 4	0.07	1	18.55	0.007 7**
X_1X_3	0.011	1	0.029	0.871 9	6.4×10^{-3}	1	0.12	0.746 2	0	1	0	1
X_2X_3	0.69	1	1.80	0.237 5	0.021	1	0.38	0.562 5	0.022	1	5.94	0.058 8
X_1^2	0.93	1	2.43	0.179 4	0.47	1	8.63	0.032 4*	0.11	1	30.3	0.002 7**
X_2^2	3.58	1	9.36	0.028 1*	0.12	1	2.19	0.199 3	0.059	1	15.55	0.010 9*
X_3^2	0.11	1	0.28	0.620 1	0.092	1	1.67	0.252 2	0.013	1	3.37	0.126 0
残差	1.91	5			0.27	5			0.019	5		
失拟项	1.80	3	10.75	0.086 3	0.23	3	3.53	0.228 3	0.011	3	0.95	0.549 3
误差	0.11	2			0.043	2			7.8×10^{-3}	2		
总和	44.79	14			39.07	14			0.48	14		

注:$P<0.01$(极显著,**),$P<0.05$(显著,*)

3 个因素对摘净率 Z 影响效果为 $X_1>X_2>X_3$,即影响因素重要性顺序为摘净率 > 破损率 > 夹带损失率,其中 X_3 回归系数影响不显著。3 个因素对破损率 Q 影响效果为 $X_1>X_2>X_3$,即影响因素重要性顺序为摘净率 > 破损率 > 夹带损失率,其中 X_3 回归系数影响不显著。3 个因素对夹带损失率 S 影响效果为 $X_2>X_3>X_1$,即影响因素重要性顺序为破损率 > 夹带损失率 > 摘净率,其中 X_1 回归系数影响不显著。建立的回归模型分别为

$$Z = 84.71 + 0.03X_1 + 2.82X_2 - 0.53X_2^2 \tag{6-14}$$

$$Q = 3.88 - 0.02X_1 - 0.21X_2 + 1.06\times10^{-4}X_1^2 \tag{6-15}$$

$$S = -4.51 + 0.03X_1 + 1.01X_2 + 6.50\times10^{-3}X_3 -$$
$$1.63\times10^{-3}X_1X_2 - 4.77\times10^{-5}X_1^2 - 0.07X_2^2 \tag{6-16}$$

④ 交互因素对摘果性能影响规律分析

固定某个因素在中间水平,从而分析其他两个因素对摘果性能的交互效应,通过绘制响应曲面图与等高线图,分析摘果滚筒转速、喂入量及摘果间隙对性能指标的影响。

A. 交互因素对摘净率的影响规律分析

图 6-25 a 是摘果间隙 X_3 处于中间水平 40 mm 时,滚筒转速 X_1 和喂入量 X_2 对于摘净率 Z 交互作用响应曲线图,从中可以看出增加滚筒转速和降低喂入量有助于提高摘净率;图 6-25 b 是喂入量 X_2 处于中间水平 3.6 kg/s 时,滚筒转速 X_1 和摘果间隙 X_3 对于摘净率 Z 交互作用响应曲线图,从中可以看出增加滚筒转速和减小摘果间隙有助于提高摘净率,摘果间隙对摘净率影响不及滚筒转速明显;图 6-25 c 是滚筒转速 X_1 处于中间水平 260 r/min 时,喂入量 X_2 和摘果间隙 X_3 对于摘净率 Z 交互作用响应曲线图,从中可以看出减小摘果间隙和喂入量有助于提高摘净率,摘果间隙对摘净率影响不及喂入量。

从响应面图中还可以得知,交互因素对摘净率的影响不显著,响应面变化规律与表 6-7 分析计算结果及回归模型式(6-14)一致。总之,摘果滚筒转速越高、喂入量越小、摘果间隙越小,摘净率越高,花生荚果摘得越干净。其主要原因是摘果滚筒转速越高,摘果滚筒上摘果弹齿对花生株系的作用力越大,有利于花生摘果,而且喂入量小时,喂入的花生植株越少,摘果元件对其作用越充分,而摘果间隙较小时,也就有凹板筛与摘果弹齿的间隙小,两者间组配作用变强,有助于提高摘净率。

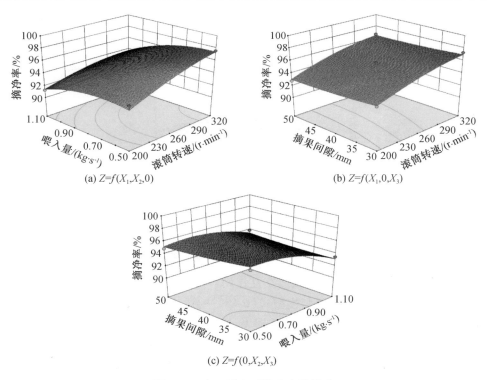

(a) $Z=f(X_1,X_2,0)$　　　(b) $Z=f(X_1,0,X_3)$

(c) $Z=f(0,X_2,X_3)$

图 6-25　交互因素对摘净率的影响

B. 交互因素对破损率的影响规律分析

图 6-26 a 是摘果间隙 X_3 处于中间水平 40 mm 时,滚筒转速 X_1 和喂入量 X_2 对于破损率 Q 交互作用响应曲线图,从中可以看出降低滚筒转速和增加喂入量有助于降低破损;图 6-26 b 是喂入量 X_2 处于中间水平 3.6 kg/s 时,滚筒转速 X_1 和摘果间隙 X_3 对于破损率 Q 交互作用响应曲线图,从中可以看出降低滚筒转速和增加摘果间隙有助于降低破损率,摘果间隙的变化对破损率影响没有滚筒转速影响明显;图 6-26 c 是滚筒转速 X_1 处于中间水平 260 r/min 时,喂入量 X_2 和摘果间隙 X_3 对于破损率 Q 交互作用响应曲线图,从中可以看出增大摘果间隙和喂入量有助于降低破损率,摘果间隙对破损率影响不及喂入量。

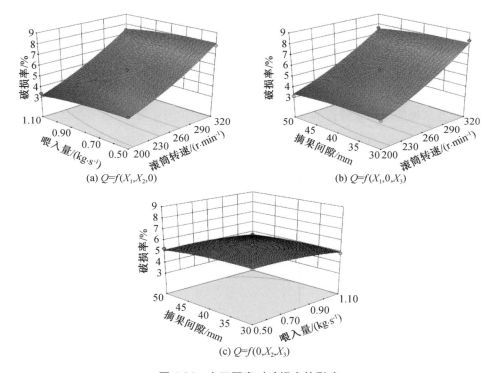

图 6-26　交互因素对破损率的影响

从响应面图中还可以得知,因素交互作用对破损率影响不显著,响应面变化规律与表 6-7 分析计算结果及回归模型式(6-15)一致,总之摘果滚筒转速越低、喂入量越高、摘果间隙越大,有助于降低破损率,花生荚果完整度越好。其主要原因是摘果滚筒转速越高,摘果滚筒上摘果元件对花生株系的作用力越大,有利于花生荚果摘果,但由于打击力度大也导致花生荚果破损率增加,而且喂入量大时,喂入的花生植株越多,较厚的花生株系有一定的缓冲作用,保护花生荚果不被打击,从而使破损率降低,而摘果间隙较大时,也就有凹板筛与摘果弹齿的间隙大,摘果有效空间变大,有利于荚果免受摘果元件打击从而降低破损率。

C. 交互因素对夹带损失率的影响规律分析

图 6-27 a 是摘果间隙 X_3 处于中间水平 40 mm 时,滚筒转速 X_1 和喂入量 X_2 对于夹带损失率 S 交互作用响应曲线图,从中可以看出随着滚筒转速和喂入量增加,夹带损失率先增加后减小;图 6-27 b 是喂入量 X_2 处于中间水平 3.6 kg/s 时,滚筒转速 X_1 和摘果间隙 X_3 对于夹带损失率 S 交互作用响应曲线图,从中可以看出随着滚筒转速增加和摘果间隙加大,夹带损失率先增加后减小;图 6-27 c 是滚筒转速 X_1 处于中间水平 260 r/min 时,喂入量 X_2 和摘果间隙 X_3 对于夹带损失率 S 交互作用响应曲线图,从中可以看出随着摘果间隙加大和喂入量增加,夹带损失率先增加后减小。

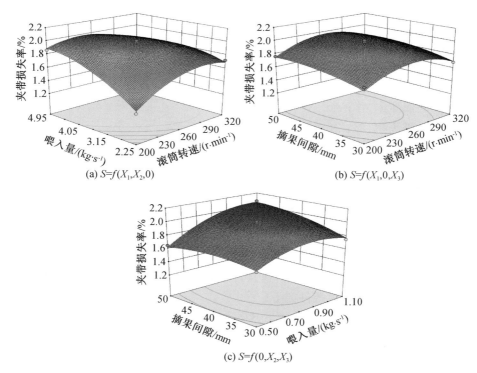

图 6-27　交互因素对夹带损失率的影响

从响应面图中还可以得知,滚筒转速和喂入量交互因素对夹带损失率影响显著,其他交互因素对夹带损失率影响不显著,响应面变化规律与表 6-7 分析计算结果及回归模型式(6-16)一致,总之 3 个因素处于中间水平时,夹带损失率较高。当摘果滚筒转速较低时,花生植株在摘果滚筒中运动时间较长,有利于摘下的荚果与秧蔓分离,因此夹带损失率处于较低水平;转速很大时离心力也越大,在较短时间内能有效分离,因此夹带损失率随滚筒转速先增加后减小。当喂入量增加时,花生秧蔓夹带摘果荚果的概率也变大,摘果间隙对夹带损失率影响不是很明显,总之,在试验条件内,夹带损失率稳定在 1.5% ~2.0% 之间。

⑤ 多目标参数优化分析

因各因素对考核指标影响不一致,如摘果滚筒转速大有利于提高摘净率,但也导致较高的破损率,考虑到实际收获条件,并达到高摘净率、低破损率和低夹带损失率的作业质量,需综合考虑,采用多目标非线性优化理论方法,获得花生联合收获最佳参数组合。

A. 目标函数

摘净率 Z 尽可能取最大值,破损率 Q 取最小值,夹带损失率 S 也取最小,多目标函数为

$$\begin{cases} Z = f(X_1, X_2, X_3) \rightarrow \max \\ Q = f(X_1, X_2, X_3) \rightarrow \min \\ S = f(X_1, X_2, X_3) \rightarrow \min \end{cases} \tag{6-17}$$

式中: Z——摘净率,%;

$\quad$ Q——破损率,%;

$\quad$ S——夹带损失率,%;

$\quad$ X_1——滚筒转速,r/min;

$\quad$ X_2——喂入量,kg/s;

$\quad$ X_3——摘果间隙,mm。

B. 约束条件

根据相关标准,摘净率指标要求大于 95%,破损率指标小于 5%,为了实现高效收获,要求机具生产率≥10 亩/h,机具行走速度 >0.7 m/s,其他试验因素应该限定在取值范围内,得到约束条件如下:

$$\begin{cases} Z \geqslant 95\% \\ P \leqslant 5\% \\ 200 \leqslant X_1 \leqslant 300 \\ 3.15 \leqslant X_2 \leqslant 4.95 \\ 30 \leqslant X_3 \leqslant 50 \end{cases} \tag{6-18}$$

C. 优化结果

根据建立的数学模型,利用 Design-Expert 8.0.6.1 软件对模型进行优化求解确定最佳组合参数,结果见表6-8。

表 6-8　最佳组合参数

项目	滚筒转速/ (r·min⁻¹)	喂入量/ (kg·s⁻¹)	摘果间隙/ mm	摘净率/%	破损率/%	夹带损失率/ %
优化结果	234	3.15	30	95.46	4.73	1.73

由表 6-8 可知,最佳参数组合:滚筒转速 234 r/min,喂入量 3.15 kg/s,摘果间隙 30 mm。此时花生联合收获机作业速度为 0.7 m/s。

⑥ 验证试验

为验证所建模型预测的准确性,根据实际试验的可操作性,在最佳适收期间,以滚筒转速约 234 r/min、喂入量约 3.15 kg/s、摘果间隙 30 mm 进行验证试验,重复 3 次,试验结果见表 6-9。

表 6-9　优化条件下试验结果

	摘净率/%	破损率/%	夹带损失率/%
优化值	95.46	4.73	1.73
试验值	96.80	4.91	1.68
相对误差	1.40	3.80	2.90

根据试验结果,验证试验值与模型优化值相对误差均小于 5%,模型预测结果比较符合试验值,说明参数优化模型可靠。

6.4　花生荚果气力输送技术

花生荚果输送是联合收获机的重要环节,目前花生联合收获荚果输送方式主要有带输送、刮板输送、斗式升运、螺旋输送和气力输送。然而,由于花生荚果形状不规则、表面粗糙、流动性差,限制了输送方式的选用。气力输送具有结构简单、配置方便等特点,现对其开展试验研究。

6.4.1　荚果气力输送试验装置构建

为研究花生荚果压送式气力输送各项参数对花生输送性能指标的影响,构建可快速输送花生荚果的压缩射流输送试验装置(见图 6-28、图 6-29)。通过多种工况下参数的优选试验,探寻各参数与花生荚果气力输送性能指标之间的关系。

图 6-28　花生荚果压送式气力输送试验台　　图 6-29　花生荚果压送式气力输送管道

该试验台由风机(气源)、喂料台、送风管、进料管、抛料管和排杂泄压机构组成。可满足以下功能要求:a. 试验台能够模拟 4HLJ-8 型全喂入捡拾联合收获机花生荚果实际输送工况;b. 能够实现喂料量、喂料速度及风压、风量的连续可调;c. 可根据需要调节进料管射流挡板倾角;d. 装置一侧为透明有机玻璃可观察实际工作时管道内部花生荚果流动状态。

(1) 风机选型与变频器选型

4HLJ-8 型花生全喂入捡拾联合收获机实际作业荚果喂入量为 2 kg/s。CFD-DEM 仿真模拟结果显示最佳风压 p 为 1 410 Pa,风量为 21 600 m³/h。风机所需配用电动机功率公式如下:

$$W = \frac{Qp}{3\ 600\eta\eta_{\mathrm{m}}}K \tag{6-19}$$

式中:W——风机所需配用功率,W;

　　　Q——风机的风量,m³/h;

　　　p——风机的风压,Pa;

　　　η——风机的全压效率;

　　　η_{m}——风机的机械效率;

　　　K——电动机容量的安全系数。

根据额定设计最大的喂入量要求计算得出风机配用的电动机功率为 15 kW。相应地,为了实现风机转速调节采用 15 kW 变频器(见图 6-30、图 6-31)。

图 6-30　15 kW 变频器

图 6-31　15 kW 变频电动机

（2）供料装置设计

供料装置为该管道的核心部件（见图6-32），其上射流挡板起着控制管道横截面积的作用，由此来控制管道内风压，并在喂入口处产生负压，让花生荚果顺利落入供料器。

图 6-32　气力输送试验台供料装置

6.4.2　荚果气力输送性能试验

（1）试验影响因素及指标

① 试验主要影响因素

影响花生荚果气力输送性能指标的因素有很多，试验中的主要验证因素为喂入量 Q_m、转速 n、进料管射流挡板倾角 θ。具体如下：

A. 喂入量 Q_m

喂入量是指气力输送装置工作时，每秒钟喂入供料装置的花生质量，kg/s。喂入量的不同，对输送过程中荚果运行轨迹、颗粒簇分布、荚果受力等有着极大的影响。在实际试验过程中，喂入量的改变是通过振动给料器实现的。

B. 转速 n

风机转速的大小影响着管道内的风压和风量，对荚果破损、单位质量功耗及压降等有较大的影响。试验过程中通过变频器频率的调节实现风速的改变。

C. 射流挡板倾角 θ

射流挡板倾角的变化能实现管道内横截面积的改变,从而提高风压及产生喂料口处的负压。该机构对荚果输送性能起着重要作用,防止由于紊流导致花生荚果吹出,提高物料喂入的顺畅性。

② 试验指标

试验主控目标为管道压降 Δp、荚果破损率 D 和单位质量功耗 E,其测定方法如下:

A. 管道内压降 Δp

管道内压降主要由以下 4 部分组成:水平管道进口损失 Δp_1、竖直管道出口损失 Δp_2、弯管处扰动损失 Δp_3 及管内气流动能耗散 Δp_4,即 $\Delta p = \Delta p_1 + \Delta p_2 + \Delta p_3 + \Delta p_4$,在实际试验中通过测量管道入口和出口处的风压,再进行差值计算得出。

B. 荚果损伤率 D

$$D = \frac{m_1 + m_2 + m_3}{m} \times 100\% \qquad (6\text{-}20)$$

式中:D——荚果损伤率,%;

m_1,m_2,m_3,m——分别为破损的荚果质量、仁果质量、果壳质量及样品总质量,kg。

C. 单位质量功耗 E

$$E = \frac{W}{Q_{\mathrm{m}}} \qquad (6\text{-}21)$$

式中:E——单位质量功耗,J/kg;

W——输送过程中消耗的平均功率,W;

Q_{m}——喂入量,kg/s。

实际过程中,功率消耗的测定利用功率计测量。

(2) 喂入量对试验指标的影响

① 试验材料

因为花生荚果在不同含水率下,荚果特性有所不同,为模拟田间实际作业情况,试验前先将花生荚果浸入水中浸泡 24 h,以期达到鲜果的含水率。试验物料选用四粒红花生,将荚果称重分组,随机抽样测定每组的荚果破损率,重复 3 次,取平均值作为结果;根据分组重量,喂入量分别为 0.93,1.85,2.73,3.74,4.82 kg/s。控制其他因素:风机转速为额定转速 1 460 r/min,供料管射流挡板倾角为 45°。每组重复 3 次,分别测试每组各指标值,试验用花生荚果样品如图 6-33 所示。

图 6-33　试验花生荚果样品

② 试验结果与分析

试验结果见表 6-10。利用 SPSS 软件分析不同喂入量对各指标影响的显著性，见表 6-11。

表 6-10　喂入量对各指标的影响

喂入量 $Q_m/(\mathrm{kg \cdot s^{-1}})$	压降 $\Delta p/\mathrm{Pa}$	损伤率 $D/\%$	单位质量功耗 $E/(\mathrm{J \cdot kg^{-1}})$
0.93	1 428	2.59	984.25
0.93	1 534	2.33	1 071.75
0.93	1 761	2.36	1 120.87
1.85	1 935	2.69	922.18
1.85	1 928	2.86	936.44
1.85	2 057	2.98	905.86
2.73	2 847	3.22	910.25
2.73	2 294	3.26	854.23
2.73	2 698	3.12	840.64
3.74	3 623	3.31	827.69
3.74	3 714	3.5	854.84
3.74	3 588	3.56	945.28
4.82	4 581	3.51	926.77
4.82	4 840	3.64	942.83
4.82	4 786	3.42	918.36

表6-11　喂入量对各指标影响的方差分析

方差来源		平方和	DF	均方	F	Sig.
Δp	组间	1.99×10^7	4	4.96×10^6	178.57	0.00
	组内	2.78×10^5	10	2.78×10^4		
	总和	2.01×10^7	14			
D	组间	2.506	4	0.626	41.25	0.00
	组内	0.152	10	0.015		
	总和	2.657	14			
E	组间	7.03×10^5	4	1.76×10^5	8.50	0.03
	组内	2.07×10^5	10	20 659.6		
	总和	9.09×10^5	14			

由表6-11可知,不同的喂入量对试验指标压降、损伤率、单位质量功耗均有较为显著的影响。由图6-34～图6-36可知压降和损伤率随喂入量的增加而增加,管道内风速随着喂入量的增加而降低,而单位质量功耗在喂入量为3.20 kg/s时达到最低值。随着喂入量的增加,花生荚果在管道内的体积分数增大,由稀疏变得紧密,荚果与荚果间的相互碰撞增大,且大量的花生荚果拥堵在一处,减少了管道内空气流动的横截面积,使得瞬时风压变大,荚果受力变大,这两者原因导致了花生荚果损伤率变高;随着管道内物料浓度的增大,气固两相间的能量交换也较为频繁,空气动能更多地传递给花生荚果,从而压降变低。当喂入量较少时,功率 W 并未有明显变化,此时的单位质量功耗较大,随着喂入量的进一步增大,单位质量功耗降低,但当喂入量达到一临界值时,功耗增加的程度比喂入量大,导致喂入量不降反升。

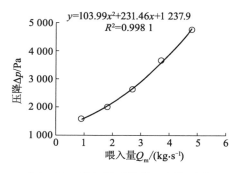

图6-34　喂入量对管道压降的影响

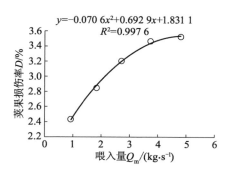

图6-35　喂入量对荚果损伤率的影响

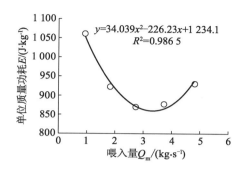

图 6-36　喂入量对单位质量功耗的影响

（3）转速对指标的影响

① 试验条件

试验过程中，风机转速的调节主要是通过变频器的调节（微调），并辅以皮带轮调节（粗调）共同实现。试验前需要通过组合式转速计测量 1 200 ~ 1 800 r/min 转速所对应的变频器频率，以方便在试验过程中进行快速调节。损伤率的测定，仍是通过先测定试验样本损伤率及试验后样本损伤率得出。控制其他因素：喂入量为 2.73 kg/s、射流挡板倾角为 45°。

② 试验结果与分析

试验结果见表 6-12，利用 SPSS 软件分析不同风机转速对各指标的显著性，见表 6-13。

表 6-12　风机转速对各指标的影响

风机转速 $n/(\text{r} \cdot \text{min}^{-1})$	压降 $\Delta p/\text{Pa}$	损伤率 $D/\%$	单位质量功耗 $E/(\text{J} \cdot \text{kg}^{-1})$
1 080	3 428	2.79	965.52
1 080	3 534	2.83	957.36
1 080	3 761	2.86	945.83
1 260	2 635	2.63	872.29
1 260	2 728	2.69	843.42
1 260	2 952	2.58	855.86
1 440	2 347	2.42	806.30
1 440	2 294	2.56	855.73
1 440	2 698	2.49	842.71
1 620	1 923	2.58	897.69
1 620	1 714	2.63	933.54
1 620	1 988	2.60	946.18

风机转速 $n/(r \cdot min^{-1})$	压降 Δp/Pa	损伤率 D/%	单位质量功耗 $E/(J \cdot kg^{-1})$
1 800	1 581	2.89	1 070.75
1 800	1 840	2.84	1 094.82
1 800	1 786	2.90	1 000.25

表 6-13 风机转速对各指标影响的方差分析

方差来源		平方和	DF	均方	F	Sig.
Δp	组间	6.61×10^6	4	1.65×10^6	57.847	0.00
	组内	2.86×10^5	10	2.86×10^4		
	总和	6.90×10^6	14			
D	组间	0.312	4	0.078	36.057	0.00
	组内	0.022	10	0.020		
	总和	0.334	14			
E	组间	9.20×10^4	4	2.30×10^4	28.654	0.00
	组内	8.02×10^3	10	802.443		
	总和	1.00×10^5	14			

由表 6-13 可知,风机转速对风速、压降、荚果伤损率及单位质量功耗有较大的影响。由图 6-37 ~ 图 6-39 可知荚果伤损率曲线近似呈"U"形,风机转速 1 450 ~ 1 620 r/min 时,花生荚果损伤率最小,低转速和高转速区损伤率都明显变大,低转速是因为低风速时部分花生荚果由于自重大于等于浮力,在竖直管道内呈现回转悬浮状态。压降随着转速的提高,先减小随后保持平缓不变。管道内点 G 风速和单位质量功耗随着转速的增大而增大。

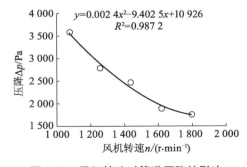

图 6-37 风机转速对管道压降的影响

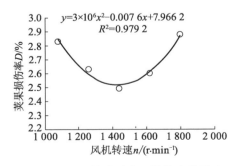

图 6-38 风机转速对荚果损伤率的影响

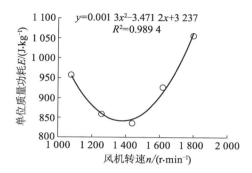

图 6-39　风机转速对单位质量功耗的影响

随着转速增大,风压和流量变化规律符合流体动力学公式。

$$\begin{cases} Q = \dfrac{\pi}{4}d^2 u\phi\,3\ 600 \\ p = \rho u^2\psi \\ u = n\dfrac{d}{2} \end{cases} \Rightarrow \begin{cases} Q = 450\pi\phi nd^3 \\ p = \dfrac{\rho\psi n^2 d^2}{4} \end{cases} \quad (6\text{-}22)$$

式中:d——叶轮叶片外缘直径,m;

u——叶轮叶片外缘线速度,m/s;

ϕ——无因次数,风机流量系数;

ψ——无因次数,风机静风压系数;

n——风机转速,r/min。

花生荚果的破损主要原因是荚果与管壁的碰撞、荚果与荚果间的挤压,随着转速变大,风速提高,荚果颗粒单位时间内获得的动能变大,与壁面和荚果间的撞击力变大,伤损率变高。单位质量功耗,随着风机转速的增加呈指数级增加,在低速区,曲线斜率相对较小,到高速区,单位质量功耗迅速增加。

(4)射流挡板倾角对指标的影响

①试验条件

每次试验前通过调节定位螺栓实现 5 块射流挡板的倾角的改变。在本试验中,改变的射流挡板倾角分别为 30°,45°,60°,假定挡板水平时为 0°,数值时为 90°。每块挡板的下端长度依次减小分别为 350,300,250,250,200 mm,由此产生射流,使得在供料器喂入口产生负压,使得花生顺利落入供料器而不被吹出。其他参数控制:喂入量为 2.73 kg/s,风机转速为 1 460 r/min。

②试验结果与分析

试验结果见表 6-14。利用 SPSS 软件分析不同射流挡板倾角对各指标影响的显著性见表 6-15。

表 6-14　射流挡板倾角对各指标的影响

射流挡板倾角/(°)	压降 Δp/Pa	伤损率 D/%	单位质量功耗 E/(J·kg^{-1})
15	2 247	2.62	972.32
15	2 025	2.29	987.14
15	1 749	2.27	955.27
30	1 983	2.59	858.47
30	2 166	2.59	851.18
30	2 102	2.37	847.90
45	1 799	2.77	823.51
45	1 324	2.56	849.92
45	1 698	2.85	850.11
60	1 901	3.28	899.27
60	1 731	2.93	928.78
60	1 894	3.12	951.24
75	2 979	3.35	1 033.09
75	3 257	3.59	1 014.92
75	2 992	3.49	992.86

表 6-15　射流挡板倾角对各指标影响的方差分析

方差来源		平方和	DF	均方	F	Sig.
Δp	组间	3.81×10^6	4	9.51×10^5	28.423	0.00
	组内	3.35×10^5	10	3.35×10^4		
	总和	4.14×10^6	14			
D	组间	2.385	4	0.596	24.351	0.00
	组内	0.245	10	0.024		
	总和	2.630	14			
E	组间	6.67×10^4	4	1.67×10^4	51.998	0.00
	组内	3.21×10^3	10	320.605		
	总和	6.99×10^4	14			

由方差分析可知,挡板倾角对管道内点 G 风速、压降、荚果伤损率、单位质量功耗有显著影响。由图 6-40~图 6-42 可知管道内点 G 风速和荚果伤损率随着倾角的增大而呈单调递增趋势,压降和单位质量功耗则随着倾角增加,先减后增,在 45°时达到最低点。

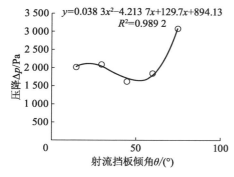

图 6-40　射流挡板倾角对管道压降的影响

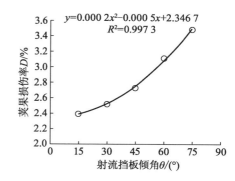

图 6-41　射流挡板倾角对荚果损伤率的影响

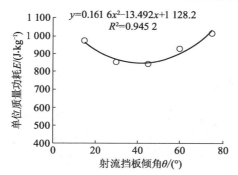

图 6-42　射流挡板倾角对单位质量功耗的影响

原因分析:随着倾角增加,管道内进风口处横截面积不断减小,风压增大,流速变高,因此管道内点 G 风速和荚果伤损率单调增加。而压降和单位质量功耗则是由于随着横截面积不断减小,在喂料口处产生的涡流不断变大,喂料口处的风压损失变大,因此管道内压降和单位质量功耗随之增加。

（5）荚果气力输送性能试验结论

对压送式气力输送性能影响因素进行归纳分析和单因素试验研究,研析各因素对压送式气力输送性能的影响规律,结论总结如下:

a. 影响管道压降的主次因素依次为荚果喂入量、风机转速、射流挡板倾角。荚果喂入量越大、风机转速越高、射流挡板倾角越大,则管道压降越高;反之则管道压降越低。

b. 影响荚果伤损率主次因素依次为风机转速、荚果喂入量、射流挡板倾角。风机转速越高、荚果喂入量越大、射流挡板倾角越大,则荚果伤损率越高;反之伤损率较低。

c. 影响单位质量功耗主次因素依次为荚果喂入量、风机转速、射流挡板倾角。荚果喂入量越小、风机转速越高、射流挡板倾角越大,则单位质量功耗越高;反之则单位质量功耗越低。

6.5 荚果装卸与秧蔓收集技术

6.5.1 荚果装卸技术现状与研发要点

目前国内外花生全喂入捡拾联合收获收集与卸料装置一般都采用箱斗式料仓,作业时,输送装置将荚果升运至料仓内,待物料装满后,再经液压系统控制升降油缸实现料仓翻转卸料,如图 6-43 所示为捡拾联合收获机典型装卸装置。荚果装卸装置基本结构现已较为成熟,但其技术研发要点主要有两个方面:一是荚果料仓均匀撒铺技术,解决荚果流动性差,收集时易在料仓内同一区域集中堆积,料仓容积利用率低问题;二是荚果料仓翻斗助卸料技术,解决料仓卸料翻转角度过大时,重心偏移,影响机具稳定性问题。

图 6-43 国内外全喂入花生捡拾联合收获机典型装卸装置

6.5.2 荚果料仓均匀撒铺技术

花生荚果采用气力输送向料仓输送收集时,由于荚果沿气流方向被吹出管道,因此会造成集中在料仓内的同一块区域,形成堆积隆起,无法充分利用料仓的容积,降低利用率,若停机整理,又影响了机具工作效率。

现有农业颗粒物料均匀撒铺装置多采用螺旋推送形式,此类装置不仅动力消耗大,且只能单方向打散铺放,特别是挤压荚果,易造成破损。为此,笔者研制了一种气力荚果均匀撒铺的装置,简述如下。

(1)结构设计

设计的气力输送用荚果料仓均匀撒铺装置结构如图 6-44 所示,水平安装支座 11 固定在圆弧气力输送末端管道 1 出口下边缘,其上安装有与出口气流方向垂直的水平铰接轴 10,支撑框架 9 通过矩形框铰支边 9-1 装配在铰接轴上;矩形框铰支边的对边一角装有垂向叶片转轴 8,其径向延伸出周向均布的四片叶片 7;叶片转轴 8 顶部装有同轴的小齿轮 6,该小齿轮 6 与铰支在支撑框架 9 一侧的大齿轮 4 啮合;大齿轮 4 上通过具有球铰链的连杆支座 5 与连杆 3 铰接,连杆支座 5 与大齿轮 4 的中心偏离,连杆 3 的另一端与固定在末端管道 1 上的侧壁板 2 通过球铰头铰接,构成空间曲柄摇杆机构；支撑框架 9 的铰支边 9-1 固连有摆动过程保持出口气流方向垂直于叶片转轴 8 的导向护罩 12；导向护罩 12 由两侧的三角板 12-2 和顶部的圆弧板 12-1 构成，该圆弧板的圆弧半径以及圆心位置与末端管道 1 对应的圆弧半径及圆心位置相匹配。

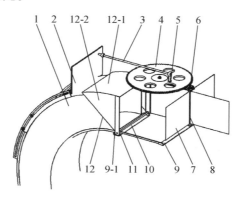

1—气力输送末端管道；2—料仓侧壁；3—链杆；4—大齿轮；5—连杆支座；6—小齿轮；
7—叶片；8—转轴；9—支撑框架；9-1—铰支边；10—铰接轴；11—安装支座；12—导向护罩；
12-1—圆弧板；12-2—三角板

图 6-44　气力输送用花生荚果均匀撒铺装置

（2）作业原理及特点

作业时，料管末端的气流将吹动叶片绕叶片转轴旋转，从而通过小齿轮带动大齿轮持续转动，连同球铰接连杆与支撑框架构成的空间曲柄摇杆机构将驱使支撑框架绕铰接轴往复摆动。这样，随气流输出的花生荚果一方面在叶片旋转的作用下被横向抛撒，同时在支撑框架周期性摆动的作用下实现纵向抛撒，此两方向抛洒作用相互配合，使得花生荚果十分均匀的撒铺在料仓内。该装置较常用螺旋均铺装置具有如下特点：a. 利用气力输送的风力推动叶片旋转，进而带动支撑框架周期性摆动，不需要额外配置动力；b. 在叶片的旋转与支撑框架周期摆动的作用下，同时实现了荚果在横向与纵向上的打散，有效提高了物料的均铺效果；c. 依靠叶片旋转和设备摆动实现均匀撒铺，可有效降低荚果破损率。

6.5.3　荚果料仓翻斗卸料技术

捡拾联合收获料仓内荚果装满后，由液压系统控制升降油缸实现料仓翻转卸料。为使卸料顺畅干净，料仓的翻转角度一般设计较大，翻转时重心偏移变化亦较大，影响机具稳定性，若设计不合理甚至可能出现侧翻，现对荚果料仓翻斗卸料装置结构要点简述如下。

图 6-45 为安装有卸料机构的荚果料仓翻斗结构示意图,料仓 1 的后部两侧面对称开有竖直向下的左滑槽 101 和右滑槽 102,旋转轴 2 两端分别穿过左滑槽 101 和右滑槽 102,能实现在滑槽内上下滑动;旋转轴两端分别安装有左(右)拉簧 3(4),两个拉簧的另一端分别固定在料仓 1 的左(右)安装架 103(104)上;同时,旋转轴 2 上装有帆布 5,帆布 5 绕过旋转轴 2 一端固定在料仓 1 后部底面上,另一端固定在料仓 1 前翻盖 105 的内表面上。

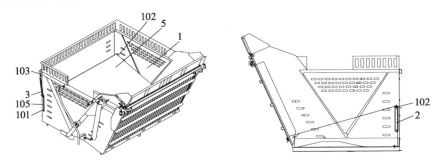

1—料仓;101—左滑槽;102—右滑槽;2—旋转轴;3—左拉簧;
4—右拉簧;5—帆布;103—左安装架;104—右安装架;105—前翻盖

图 6-45　荚果料仓翻斗助卸料机构示意图

作业时,荚果经气力输送收集于料仓内帆布上,由于重力作用,帆布被压,促使旋转轴在滑槽内下滑,但下滑的过程受拉簧的拉力作用是缓慢进行的,对荚果落入料仓起缓冲作用;在升降油缸抬升料仓翻转卸料时,随着荚果被倒出料仓,帆布上重量减少,旋转轴受拉簧拉力向上滑动,将帆布往上提,有助于把剩余荚果倾倒至仓外,料仓实现翻转角度减小的目的,避免了因翻转角度过大,机具重心偏移造成稳定性差甚至发生倾翻的危险。

6.5.4　秧蔓收集技术

（1）花生果秧一体化收集日趋重视

由于花生秧蔓营养丰富、质地松软,畜禽都可以食用,是一种优质的粗饲料来源。近年来,产区对花生秧蔓饲料化利用日趋重视,迫切需要实现花生秧蔓机械化收集。近年,河南、山东等主产区相关单位在已有全喂入花生捡拾联合收获机上,通过单独设计集秧仓或者在尾部排秧口增设秧蔓收集装置,实现花生荚果和秧蔓一体化收集,主要样机如图 6-46 所示。

(a) 自走式全喂入果秧联合收获机

(b) 牵引式全喂入果秧联合收获机

图 6-46 国内全喂入花生果秧联合收获机

（2）几种典型秧蔓收集装置

① 自重式秧蔓收集自卸装置

如图 6-47 所示，该装置主要由定集秧箱、动集秧箱、主框架、气缸、护网等组成，用来收集振动筛末端吸杂风机管道排出的碎秧、摘果滚筒末端排出的长秧等。收集时定集秧箱与动集秧箱在气缸作用下处于闭合状态，秧蔓在排杂管道风力作用下可在收集箱体中均匀分布，动集秧箱可绕销轴进行旋转，集满秧蔓时气缸驱使动集秧箱绕销轴转动，定、动集秧箱处于打开状态，秧蔓在滑秧板作用下依靠自重进行卸秧，秧蔓收集装置的运动过程可在整机行进过程中进行，不影响整机正常作业。

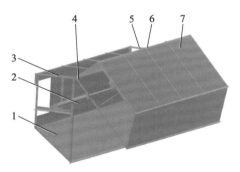

1—滑秧板；2—气缸；3—定集秧箱；4—转轴；5—主框架；6—动集秧箱；7—护网

图 6-47 自重式秧蔓收集自卸装置

② 重力锤式秧蔓收集装置

重力锤式秧蔓收集装置如图 6-48 所示，该装置为左右对称配置，主要由集草栅、转轴、重力锤等部件组成，采用杠杆原理，收获作业时，摘果装置排出的花生秧蔓逐渐堆积在该集草栅上，当超过承载重量时，收集装置自动向下开启抛出花生秧蔓，随后，在重力锤作用下集草装置自动关闭。该装置可通过改变重力锤的数量和挂接位置调节其承载重量,以适应不同收获状态下的花生秧蔓。

1—集草栅;2—转轴;3—重力锤

图 6-48　重力锤式秧蔓收集装置

第 7 章　花生荚果机械化干燥技术

　　花生干燥是将花生内部自由水和部分结合水去除的过程,是保障后续贮藏和输运安全、降低霉变概率的重要手段。近年来,随着花生全程机械化水平的快速发展,尤其是机械化收获的快速推进,原有的人力收获和场地晾晒的协调平衡已被打破,收获后花生快速、优质干燥已成为制约产业发展的重要因素,研究和推广适合我国种植品种、收获方式、经营模式的机械化产地干燥技术装备已成为花生全程机械化发展的新热点和重点。

7.1　国内外技术发展概况

7.1.1　国外技术发展概况

　　美国花生产地干燥为两段式干燥,也即由田间带蔓晾晒和机械集中干燥两段完成,与机械收获、仓储与加工等环节实现无缝对接:花生挖掘收获后,田间晾晒至荚果含水率20%左右,再由捡拾联合收获机进行摘果、清选、集果等作业,收获后的花生荚果在田间装入专用干燥车,并拖运至附近干燥站进行集中干燥,干燥结束后再通过干燥车将花生转移至仓储点或脱壳加工厂。美国的花生收获、干燥一体化模式使得花生从产地到工厂转移过程中减少了诸多不必要的装卸工序,简单高效,作业流程如图7-1所示。整个干燥系统如图7-2所示。干燥车运至干燥棚后,接入导风管集中烘干,一般需 2～3 天。

(a) 挖掘收获　　　　(b) 带蔓晾晒　　　　(c) 捡拾收获　　　　(d) 集中干燥

图7-1　美国花生收获、干燥一体化模式

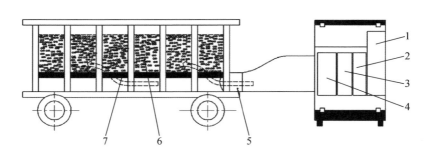

1—储气罐;2—控制单元;3—鼓风机;4—加热单元;5—进风口;6—花生物料层;7—穿孔底板

图 7-2　花生车载箱式干燥系统示意图

这种干燥方式与鲜摘后直接机械烘干相比,不仅节省了干燥能耗,还降低了霉变的概率。并且经过多年的生产实践与研究,已形成较完善的花生机械化烘干生产工艺技术,可根据环境温度、湿度的不同,给出适当的干燥介质(空气)温度,见表 7-1;根据花生荚果初始含水率的不同,给出最低通风风量和适当的物料层堆放厚度,见表 7-2。

表 7-1　美国花生烘干温度推荐值

环境温度/℉(℃)	环境相对湿度/%					
	90	60	30	90	60	30
	干燥介质相对环境温度温升/℉(℃)			干燥介质温度/℉(℃)		
40(4.4)	25(13.9)	20(11.2)	15(8.4)	65(18.3)	60(15.6)	55(12.8)
50(10.0)	20(11.1)	15(8.3)	10(5.6)	70(21.1)	65(18.3)	60(15.6)
60(15.6)	15(8.3)	10(5.5)	5(2.7)	75(23.9)	70(21.1)	65(18.3)
70(21.1)	10(5.6)	5(2.8)	—	80(26.7)	75(23.9)	—
80(26.7)	5(2.7)	—	—	85(29.4)	—	—

表 7-2　美国花生烘干通风风量与堆料厚度推荐值

初始湿基含水率/%	最低通风风量/(m³·h⁻¹)	最大堆料厚度/m
15	300	2.44
20	360	1.83
25	600	1.52
30	720	1.22
35	900	0.91

美国车载箱式干燥系统本质上即固定床通风干燥,为了提高干燥质量,一般需将经过加热的干燥空气进行必要的均温、均风措施后,再通入花生物料层。干燥不均匀是此类设备最大的缺点。干燥后箱体底部与顶部的花生水分差异很大,易出现底部花生干燥过度与顶部花生干燥不充分并存的现象,影响花生品质,不利于后续贮藏。美国 Cundiff 和 Baker 曾对弗吉尼亚州花生干燥进行了大量实践研究,研究表明:当平均湿基含水率干燥至 10% 时,风量大小对顶层与底层花生水分差的影响很大,风量越小,水分差越大。当风量较小时,介质空气在穿过物料层中部时,可能已达饱和湿度,将无法及时带走花生表层水分,从而影响花生品质,长时间处于该状态甚至会引发霉变。由于受作业模式与作业要求的限制,车载箱式干燥系统难以从原理上改变干燥室的结构,竖直方向干燥不均匀现象很难解决,只能根据料床深度与环境温湿度适当地调节干燥温度与风量,以改善堆层物料干燥均匀性。

澳大利亚也有一定规模的花生种植,主要集中在阿瑟顿高原地区和南部昆士兰地区,其中阿瑟顿高原地区主要采用车载箱式干燥装备(即美国的花生干燥模式),南部昆士兰地区主要采用干燥仓储一体化设施,如图 7-3 所示。

图 7-3　澳大利亚南部干燥仓储一体化设施

在实施干燥时入仓含水率(湿基)一般需控制在 20% ~30% 范围内,通风风量根据仓储设施内花生实际体积供应,每立方米花生每分钟最低通风风量 12 m³;花生堆层厚度不得超过 2 m,当花生初始含水率超过 25% 时,含水率每增加 5%,堆层厚度需降低 15 cm;干燥过程空气相对湿度需保持在 50% ~60%,以保证堆内物料干燥的均匀性;干燥过程介质空气温度可根据环境的干球温度、湿球温度或相对湿度确定,具体见表 7-3。

表 7-3　澳大利亚干燥仓储一体化设施通风温度推荐表

干球温度/℃	干湿球温度差/℃																
	0.5	1	1.5	2	3	3.5	4	4.5	5	5.5	6	6.5	7	8	8.5	9	9.5
	相对湿度/%																
10~13	94	88	81	75	69	63	58	52	56	41	35	30	25	20			
13~15.5	94	89	83	78	72	67	62	57	51	47	41	37	33	28			
15.5~18	94	90	85	80	74	70	65	61	56	52	47	42	39	34	30		
18~21	95	91	86	81	76	72	64	59	55	52	48	44	39	36			
21~24	95	91	87	82	78	73	70	66	62	58	54	51	47	43	40	38	
	使用9℃的温升			使用6℃的温升			使用3℃温升		不加热					不加热；不适用于湿基含水率13%以下的花生干燥			
24~26.5	96	92	88	83	79	75	72	68	65	61	57	54	51	47	44	41	38
26.5~29.5	96	92	88	84	81	77	73	70	66	63	59	56	53	50	47	44	41
29.5~32	不太可能发生的情况			85	82	78	75	72	68	66	63	60	57	54	51	48	45
32~35				48			77	74	71	68	65	62	59	56	54	51	

　　在干燥设备加热能源使用方面,主要采用液化气、天然气等。为保护环境、节约能源、减少废气废热排放,国外专家提出采用太阳能作为部分热源加热干燥气流,以减少石化燃料的使用,整个作业过程能源消耗可降低至40%~50%,但由于受光照时间限制,单独的太阳能干燥系统往往会面临能量间歇、能量密度低等问题,因此连续作业式花生干燥装置还需其他辅助能源加热气流。目前太阳能集热干燥技术已逐步应用于美国花生干燥系统中。

　　热泵供热技术作为一种新型绿色能源,因其能量利用率高,干燥能耗低,可改善干燥品质,受到广泛关注,正逐步应用于美国花生机械化干燥中,作为花生车载式干燥系统中的热源,在干燥过程中不仅可回收废气中的显热,还能回收废气中的潜热,使能量利用率得到有效提高。其干燥方式温和,接近自然干燥,干燥品质好,生产效率高、运行费用低。Daika DDG8000 花生热泵热风机(见图7-4)为一种典型的空气源热泵热风机,可与干燥车组配形成热泵循环干燥系统,烘干温度最高可达50 ℃,干燥介质相对湿度仅有15%~20%,生产率可达10 t/d,整个作业过程减少约30%的能耗费用,节省约50%的干燥时间。但该套设备价格昂贵,一次性投资成本高。

图7-4 Daika DDG8000 花生热泵热风机

在花生干燥特性研究方面,美国的 Young 通过大量的实验研究,曾于 1982 年首先指出干燥气流温度不宜超过 35 ℃,否则易产生异味;温度过高时,荚果水分挥发过快,易导致果仁爆裂,种皮脱落,影响花生品质。随后美国的 Samples 和 Cundiff 等学者经过大量的农场干燥研究,证实了 Young 提出的干燥温度条件,并提出在干燥气流温度低于 35 ℃ 的基础上应高于环境温度 8~11 ℃,以提高干燥质量和干燥速率。但某些干燥企业为了增加效益,多以牺牲花生品质为代价,以高于环境温度 20 ℃ 的热气流干燥花生,最高温度达 52 ℃。随后 Young,Colson,Kulasiri 等在低于 35 ℃ 的安全温度条件下进行了薄层干燥试验研究并建立了相应的薄层干燥模型。此外美国的 Young,Butts,Wright 等就降低干燥能耗、时耗,提高花生干后品质等方面做了大量研究。

大量研究资料表明,在花生固定床干燥过程中风温对干燥速率的影响最大,风量次之,湿度影响最小。在整个干燥过程中热风主要起到 2 个作用:一是向花生物料传递热量;二是带走花生表层水分。干燥过程中若风量过小,热风流至顶层花生时,热量已基本散失并且湿度已接近饱和,无法达到理想的干燥效果。然而,由于受花生内部扩散阻力的制约,风量过大时,风量的增加对干燥速率的影响并不明显,并且出于节能角度考虑,风量也不宜过大,以免造成热能浪费。

因此需综合考虑热风温度、热风风量与当地空气温湿度、花生品质、能耗、干燥速率之间的关系,根据生产实际和不同需求制定适宜的花生干燥工艺。为此相关专家做出了大量研究,如美国的 Butts,Baker,Steele 等结合佐治亚州、佛罗里达州等美国花生产地气候条件,提出了多套适用于不同产地的花生干燥方案,并且分别就干燥时耗、能耗及干燥后花生的风味、酸价、过氧化值等多项指标与传统干燥方式进行了比较,研究表明相对于传统干燥方案,新提出的干燥方案在提高干燥品质或降低能源消耗方面具有明显的优势,但仍有很大的改进空间。

在控制技术研究方面,国外学者也做出了重大突破,其中代表性的有美国学者 Troeger 建立的 PNUTDRY 控制系统、Colson 和 Young 等建立的 PEADRY 控制系统。

这两系统均可精确地模拟干燥状态和预计干燥终止点,但因输入变量较多,考虑因素较为全面,使得计算过于复杂,计算机难以实时响应。Butts 等对上述两套系统控制算法进行了简化,建立了 PECMAN 控制系统,满足了实时响应要求,但控制精度略有下降。

此外,近年来在谷物干燥研究中,为了简化干燥过程中的复杂计算,模糊控制、专家系统、神经网络控制、模型预测控制等智能控制技术已逐步应用于干燥控制系统,并已取得了一定的成效。上述这些控制技术或成为花生干燥控制技术的发展方向。

7.1.2 国内技术发展概况

近年来,随着我国花生规模化种植面积不断推广及机械化收获的快速推进,高效收获作业使荚果短期迅速大量堆积,晒场资源显得日益紧张,机械化干燥技术与装备需求日趋迫切。为此我国个别地区开始使用机械干燥方式干燥花生,但干燥机械多为兼用干燥机械,没有配套的控制模拟模块及相应的干燥工艺,无法对花生荚果干燥速率、干燥终止点进行科学控制或预测,易出现干燥不均匀、干燥过度和干燥不充分并存的状况,难以保证花生的干燥品质。如 SKS – 480 系列热风干燥机(见图 7-5)对农产品进行干燥时,由于机体结构设计不合理,送风室无合理的均风匀风装置,往往会导致局部物料过干和局部物料干燥不充分。

(a) 通风式枪型热风干燥机　　　　　　(b) 通风式枪型间接热风干燥机

图 7-5　SKS – 480 系列热风干燥机

为解决传统厢式干燥在竖直方向上的干燥不均匀性,一些厂家对干燥室内部结构进行了优化。如采用带孔的百叶窗式翻板将干燥室沿深度方向分成若干层,相邻层之间确以合适的距离,以此来保证同层内不同区域的花生水分差在允许范围内。待底层的花生干燥至安全贮藏水分时,需将其从干燥室内放出,再从箱底开始逐层将上一层花生翻动至下一层,最后在顶层加入新的物料,继续干燥,如此循环,直至干燥完成(见图 7-6)。这种方法有效改善了因深度而引起的干燥不均匀性,并且减少了能源消耗,提高了干燥效率,但是该结构使得作业过程变得烦琐。

图 7-6　翻板式花生干燥机

在干燥特性研究方面,农业部南京农业机械化研究所针对薄层花生进行了试验研究,考察了干燥温度、风速、相对湿度对干燥过程的影响,在选定的工艺参数范围内其影响程度依次为干燥温度、风速、相对湿度,在此基础上归纳总结了花生薄层干燥方程,并通过理论计算和试验分析了传统固定床通风干燥在料层深度方向上干燥不均匀的局限性,创新性提出双风口左右换向通风干燥的方法,有效改善了物料层干燥均匀性的问题。

7.2　花生荚果干燥要求与主要干燥形式

7.2.1　干燥要求

与谷物干燥一致,高效、优质、环保、低能耗是花生干燥的总体要求,具体为低(无)损耗、干燥均匀性、干燥过程与终止点判定准确、营养成分的保存与口感的提升、干燥热能充分利用等方面。

目前,国内常用的粮食产地干燥机械主要为混流循环、大型转筒等主流干燥设备,有干燥均匀性好、效率高、热量利用率高等优点。但由于花生荚果外形不规则、流动性差、易破损,上述干燥设备中构成循环干燥回路的螺旋水平推送和翻斗竖直提升在输送或上料过程中极易对花生荚果造成挤压或剪切破损影响,对后续贮藏和运输环节造成不利影响(主要是霉变和蛀虫)。但由于花生物料自身特性,可替代的水平和垂直输送方式少,输送效率低、可靠性差,难以满足大批量循环干燥机的长期高效低(无)损输送作业要求。

在干燥过程中,混流循环干燥设备内部角状盒密集排布,当装载的花生物料含杂、带土率较高时,花生物料很难在干燥机内部顺畅流动,当土杂堵塞角状盒上的筛孔时,还会影响介质空气在干燥机内部和物料层中的顺利流通。而大型翻转式干燥机在长时间连续从高处翻落的过程中,易造成裂荚、破荚损伤。因此,受破损率和流动性影响,混流循环和大型翻转等典型动态干燥设备较难适应花生干燥需求。

7.2.2 主要干燥形式

受花生物料特性限制,尽管动态干燥方式在干燥均匀性和热利用率方面存在巨大优势,但现有的输送技术和干燥结构难以从根本上解决破碎、破损或顺畅流动的问题,因此目前花生产地干燥主要采用静态固定床通风干燥的方式,如章节7.1中叙述的美国车载箱式干燥系统、澳大利亚干燥仓储一体化系统、箱式热风干燥机、翻板式花生干燥机等。其中美国车载箱式干燥系统和澳大利亚干燥仓储一体化设施在我国还未见有使用,而随着花生机械化收获的快速推进,短期内花生荚果的大量堆积,箱式热风干燥机作为辅助和应急干燥设备正在逐步被广大农户采纳使用,但其干燥不均匀性、能耗成本高、热量利用率低等问题,正限制其进一步的推广使用,同时也限制了花生干燥机械化的发展。

传统固定床通风干燥设备(见图7-7)由于存在结构上的缺陷,箱体长宽比分配不合理、缺乏合理的布风机构,介质空气穿过冲孔板和物料层的风速分布不均匀。图7-8为空载状态下,介质空气穿过冲孔承料板的风速分布,总体呈马鞍形分布,进风口对侧风速最大,沿着通风方向的两侧及四角处风速最小。同时由于干燥时物料层厚度较大,介质空气在穿透物料层的过程中携带的热量逐渐减少,吸湿能力逐渐减弱,下层物料的干燥温度和速率始终高于上层物料。

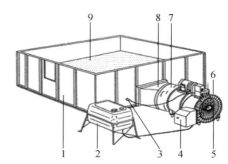

1—干燥前板;2—油箱;3—感温棒;4—燃烧机;
5—风机;6—控制箱;7—布管;8—入风管;9—网板

图7-7 传统固定床通风干燥机

图7-9描述了50 ℃高水分花生干燥过程上、中、下3层物料温度和含水率的变化,下层物料温度迅速升高,上层温度升高缓慢,上下层物料平均含水率差值先增大后逐渐缩减,干燥结束时平均含水率差值约为4.4%,物料全局干燥不均匀度约为7.2%。干燥中后期排出物料层的废气温度较高,但相对湿度较低,热量利用率低,作业成本高,单位质量干物料烘干成本约为1.26 元/kg。因此,改善干燥不均匀性、提高热效率、降低作业成本及提高适应性是我国当前花生机械化干燥研发的重点。

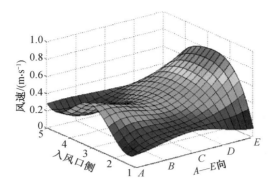

图 7-8 空载状态下的风速分布

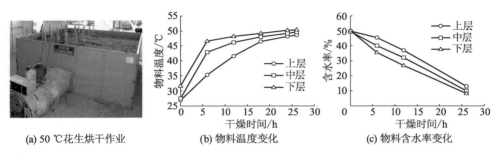

(a) 50 ℃花生烘干作业　　　(b) 物料温度变化　　　(c) 物料含水率变化

图 7-9 花生荚果 50 ℃干燥试验及干燥过程物料温度、含水率变化

7.3 箱式换向热风花生荚果干燥技术

7.3.1 换向通风干燥方案制订

箱式固定床通风干燥设备结构简单,配置灵活,属于静态干燥设备,适应性广,较适用于花生荚果干燥,但由于新收获后的花生初始含水率高,干燥时堆放的物料层厚度大,该类设备干燥花生时存在明显的缺陷,主要有:a. 通风不均匀,存在较大的通风死角;b. 等高床层物料温度分布差异大,降水速率不一致;c. 上下床层物料干燥先后次序固定,上层物料干燥滞后严重;d. 能量利用率低,浪费严重,且回收困难。

针对上述问题,农业部南京农业机械化研究所创新性提出了双入风口交替换向通风干燥方案,设备关键技术及具体的结构方案如下:a. 采用箱式固定床通风干燥方式;b. 沿通风方向在烘干箱中间部位安装隔板,将烘干箱筛板上层分为左右两个烘干室,将筛板下层分为左右两个通风室;c. 采用密闭式通风干燥方法,箱体顶部装有箱盖,左右两块侧板在风室位置开有通风口,用于穿过物料层后热空气的排放；d. 采用大入风口通风技术，减小通风管到烘干室内壁的距离，有效解决通风死角过大的问题；e. 采用热空气分流引流技术，在风室内部装有导风板组，降低热空气穿过筛孔板后进入料层时的风速差异；f. 采用换向通风干燥技术，通过换向通风机构调节两个干燥室的通风顺序，降低上下层物料的水分差，提高干燥均匀性；g. 在侧面排风口处连接热空气回流管道，易于回收未充分利用的热量。

该设备主要由燃油热风机、油箱、换向通风机构、烘干箱体、隔板、承料冲孔板等组成，其结构如图7-10所示。

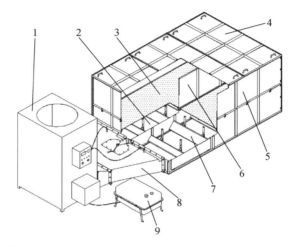

1—燃油热风机；2—底板；3—网板；4—盖板；5—壁板；6—隔板；
7—导风板组；8—换向通风机构；9—油箱

图7-10　双入风口换向通风干燥机结构示意图

7.3.2　干燥工艺的确定

因收获时间和收获工艺的影响，收获后的花生荚果含水率存在较大的差异。采用上述换向通风干燥时，对于高水分的花生物料，为了降低大湿度热空气穿过物料层的时间过长而造成的物料品质、风味的减损，在干燥前期不安装烘干箱箱盖，左右两个通风室同时进行通风干燥，使物料颗粒表层易蒸发的水分快速蒸发；当干燥一段时间后，物料颗粒表层较干且穿过物料的热空气相对湿度较低时，安装好箱盖，左右两个通风室进行单口交替通风，使气流穿过一侧物料层后，并在上方的气流混合室充分混合后，再通入另一侧料层后排出，整个床层实现换向通风干燥，可较大地降低料层厚度方向的水分梯度，缩短干燥时间。而对于烘干前物料颗粒表面已经较干的物料，则可直接进行换向通风干燥。烘干过程中的热空气流动路线如图7-11所示。

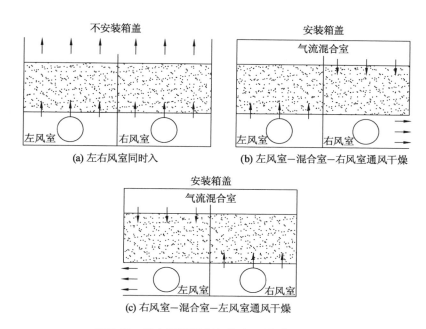

图 7-11　换向通风干燥机换向干燥过程示意图

7.3.3　换向通风干燥理论模型

在箱式固定床换向通风干燥过程中,热空气温度、湿度随时间和位置的不同而不断地变化,料床中花生的水分也随时间不断地变化。因此在分析和计算时必须把花生料床分为若干薄层,利用薄层方程计算热空气状态和花生荚果水分的变化,如此一层层计算,最后得到整体花生荚果干燥效果。根据计算时所采用的方程组和假设条件的不同,可得出不同的干燥模型。

一般干燥模型的分层计算步骤如下:

a. 把左右两个烘干室内物料分为若干个薄层,每层的厚度为 Δx;b. 把干燥时间分为较小的时间间隔,称之为时间增量 Δt;c. 各层花生物料的初始水分和进入第一层花生的热空气温度和相对湿度是已知的,因此在经过一定时间后,利用薄层干燥方程可以计算出热风通过之后,第一层花生水分的变化;d. 利用热质传导的平衡条件,可以计算热空气通过第一层谷物后的状态,即热风的温度和湿度;e. 以通过第一层花生后的热空气状态作为进入第二层花生的热空气初始状态,用同样的方法计算第二层花生水分的变化和热空气的状态变化;f. 重复上述计算过程,直到计算完所有料层为止;g. 增加时间增量,计算经过第二段时间以后各层花生荚果的水分变化,然后分层计算;h. 继续增加时间,直到达到换向时间要求,改变薄层单元计算次序继续计算;i. 如此反复,直到花生荚果水分达到安全贮藏水分为止。

时间增量 Δt 和分层厚度 Δx 的选择与干燥方式、料床总厚度、热风温度、风量大小及要求的精确程度有关。

美国密执安大学农业工程系教授 Bakker-Arkema,根据干燥过程热质传递基本理论,用一系列偏微分方程表示农产品干燥过程,创立了干燥理论模型。模型假设被干燥物料主要发生在降速干燥阶段,认为物料颗粒内部存在着水分梯度,结合物料的某些特性,用以模拟农产品的干燥性能。

由于以热质传递为依据的花生荚果干燥模型十分复杂,本节为了简化计算进行了如下 5 点假设:a. 单个花生荚果内部温度梯度忽略不计;b. 试验装置为绝热体,其热容量可忽略不计;c. 花生荚果间热传导忽略不计;d. 干燥气体为活塞流;e. 短时间内湿空气与花生荚果的比热保持恒定。

在干燥过程模拟中,需要求解的参数有 4 个:物料颗粒的平均干基水分 M、物料颗粒温度 θ、通过料层后热空气的温度 T、热空气湿度 H。它们均是料层高度 x 与干燥时间 t 的函数,具体函数关系可用方程组(7-1)表示:

$$\begin{cases} M = M(x,t) \\ \theta = \theta(x,t) \\ H = H(x,t) \\ T = T(x,t) \end{cases} \tag{7-1}$$

式中:M——物料颗粒的平均干基水分,%;

$\quad\theta$——物料颗粒温度,℃;

$\quad T$——通过料层后热空气的温度,℃;

$\quad H$——热空气湿度,$kg \cdot kg^{-1}$;

$\quad x$——料层高度,m;

$\quad t$——干燥时间,h。

由于在干燥过程中需求解 M,θ,T,H 这 4 个未知量,因此需根据干燥过程中物料颗粒与干燥介质的热质传递原理推导出 4 个方程,对上述 4 个未知量进行求解。4 个方程分别是质平衡方程、热平衡方程、热传递方程和干燥速率方程。推导这 4 个方程所用的符号及其代表意义如下:h_H 为对流传热系数,$J/(m^2 \cdot h \cdot ℃)$;a 为花生荚果比表面积,m^2;c_a 为干空气定压比热容,$J/(kg \cdot ℃)$;c_p 为干花生荚果比热容,$J/(kg \cdot ℃)$;c_w 为水的比热容 $J/(kg \cdot ℃)$;c_v 为水蒸气的比热容,$J/(kg \cdot ℃)$;h_{fg} 为花生荚果中水分的汽化热,J/kg;V_a 为空气体积流量,$m^3/(m^2 \cdot h)$;Me 为花生荚果平衡水分(小数,干基);ρ_p 为干花生体积密度,kg/m^3;ρ_a 为干空气密度,kg/m^3;μ 为干空气黏度,$kg/(m \cdot h)$;ε 为花生荚果间空隙度。

以单层物料为研究对象(见图 7-12),计薄层厚度为 dx,干燥过程中热空气与花生荚果热质交换过程分析如下:

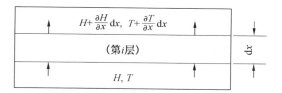

图 7-12 单层物料热质传递计算简图

设 S 为薄层的横截面积,则可得薄层花生荚果重量 $= Sdx\rho_p$。

dt 时间花生薄层失去的水分量为

$$\rho_p Sdx \frac{\partial M}{\partial t}dt \tag{7-2}$$

dt 时间薄层空隙间空气湿度的变化:

$$\varepsilon \rho_a Sdx \frac{\partial H}{\partial t}dt \tag{7-3}$$

dt 时间通过花生薄层的空气的量:

$$\rho_a V_a Sdt \tag{7-4}$$

在 dx 距离空气湿度的变化为

$$\rho_a V_a Sdt \frac{\partial H}{\partial x}dx \tag{7-5}$$

根据干燥过程质平衡原理:从花生物料中蒸发掉的水分 + 空隙内气体湿度在 dt 时间内的变化 = 湿空气得到的水分,可得:

$$\rho_p Sdx \frac{\partial M}{\partial t}dt + \varepsilon \rho_a Sdx \frac{\partial H}{\partial t}dt = -\rho_a V_a Sdt \frac{\partial H}{\partial x}dx \tag{7-6}$$

化简后得:

$$\frac{\partial H}{\partial t} + \frac{V_a}{\varepsilon}\frac{\partial H}{\partial x} = -\frac{\rho_p}{\varepsilon \rho_a}\frac{\partial M}{\partial t} \tag{7-7}$$

设 W 表示 dt 时间内从花生物料中蒸发的水分,则有

$$W = -\rho_p Sdx \frac{\partial M}{\partial t}dt \tag{7-8}$$

从花生中蒸发水分所需的热:

$$Q_1 = Wh_{fg} \tag{7-9}$$

使蒸发的水分升温所需的热为

$$Q_2 = Wc_v(T - \theta) \tag{7-10}$$

加热花生所需的热：

$$Q_3 = s\mathrm{d}x\left(\rho_p c_p + \rho_p \overline{\overline{M}} c_w\right)\frac{\partial \theta}{\partial t}\mathrm{d}t \tag{7-11}$$

对流传递的热：

$$Q = h_H a(T - \theta)\mathrm{d}t S\mathrm{d}x \tag{7-12}$$

根据干燥过程中热平衡原理：热空气通过对流传递给花生物料的热量＝从花生物料中蒸发水分所需的热量＋使水蒸气升温所需的热量＋加热花生物料所需的热量，可得：

$$h_H a(T - \theta)\mathrm{d}t S\mathrm{d}x = -\rho_p S\mathrm{d}x\frac{\partial M}{\partial t}\mathrm{d}t \cdot \left[h_{fg} + c_v(T - \theta)\right] + S\mathrm{d}x\left(\rho_p c_p + \rho_p M c_w\right)\frac{\partial \theta}{\partial t}\mathrm{d}t \tag{7-13}$$

化简后得：

$$\frac{\partial \theta}{\partial t} = \frac{1}{\rho_p(c_p + M c_w)}\left\{h_H a(T - \theta) + \rho_p\frac{\partial M}{\partial t}\left[h_{fg} + c_v(T - \theta)\right]\right\} \tag{7-14}$$

流过床层前后热空气焓的变化为

$$\rho_a V_a S\mathrm{d}t(c_a + H c_v)\frac{\partial T}{\partial x}\mathrm{d}x \tag{7-15}$$

$\mathrm{d}t$ 时间空隙内空气显热的变化为

$$S\mathrm{d}x\varepsilon\rho_a(c_a + H c_v)\frac{\partial T}{\partial t}\mathrm{d}t \tag{7-16}$$

根据干燥过程热传递原理，空气通过薄层前后焓的差值＋空隙内气体在 $\mathrm{d}t$ 时间内焓的变化＝对流传递的热量，可得：

$$\rho_a V_a S\mathrm{d}t(c_a + H c_v)\frac{\partial T}{\partial x}\mathrm{d}x + S\mathrm{d}x\varepsilon\rho_a(c_a + H c_v)\frac{\partial T}{\partial t}\mathrm{d}t = -h_H a S\mathrm{d}x(T - \theta)\mathrm{d}t \tag{7-17}$$

化简后得：

$$\frac{\partial T}{\partial t} + \frac{V_a}{\varepsilon}\cdot\frac{\partial T}{\partial x} = -\frac{h_H a(T - \theta)}{\varepsilon\rho_a(c_a + H c_v)} \tag{7-18}$$

设 MR 为干燥水分比，M_e 为干燥平衡水分，M_0 为干燥初始水分，干燥速率方程为

$$MR = \frac{M - M_e}{M_0 - M_e} = a\mathrm{e}^{-kt} + (1 - a)\mathrm{e}^{-kbt} \tag{7-19}$$

微分计算后得：

$$\frac{\mathrm{d}M}{\mathrm{d}t} = -\left[ka\mathrm{e}^{-kt} + kb(1 - a)\mathrm{e}^{-kbt}\right](M_0 - M_e) \tag{7-20}$$

式中 a, k, b 为模型常数，与风温、风速关系如下：

$$a = 0.752\ 46 - 0.009\ 538\ 5\ T - 0.081\ 968\ v + 0.001\ 8\ 244\ T \cdot v \qquad (7\text{-}21)$$

$$k = 3.090\ 66 - 0.195\ 85\ T + 0.728\ 25\ v + 0.003\ 568\ 2T^2 \qquad (7\text{-}22)$$

$$b = 0.058\ 862 - 0.098\ 516\ v + 0.002\ 325\ 5\ T \cdot v \qquad (7\text{-}23)$$

7.3.4　干燥的初始与边界条件

对于刚完成收获的花生物料,在未进入干燥室进行干燥前,物料薄层温度基本与干燥地点环境温度一致,因此可认为在干燥初始时刻($t = 0$),花生物料水分及温度均匀分布,可得干燥初始条件,如下式:

$$\begin{cases} M(x,0) = M_0, \\ \theta(x,0) = \theta_0, \end{cases} \text{其中 } 0 \leqslant x \leqslant x_{max} \qquad (7\text{-}24)$$

式中:M_0——为物料初始水分,%;

$\qquad \theta_0$——为入风初温,℃;

$\qquad x$——为料层高度,m;

$\qquad x_{max}$——为料层总高,m。

为了简化计算,假设整个干燥过程中进入第一层料层前的热空气温度、湿度保持不变,则有边界条件 1:

$$\begin{cases} T(0,t) = T_b, \\ H(0,t) = H_b, \end{cases} \text{其中 } t \geqslant 0 \qquad (7\text{-}25)$$

式中:T_b——进入第一层料层前热空气温度,℃;

$\qquad H_b$——进入第一层料层前热空气湿度,kg · kg^{-1};

$\qquad t$——干燥时间,h。

在干燥过程中,需根据干后水分要求对干燥耗时加以控制。假设对于整批花生物料,干燥至平均水分达到终止水分 M_f 时停止干燥。则有边界条件 2:

$$\frac{1}{x_{max}} \int_0^{max} M(x,t)\,\mathrm{d}x \leqslant M_f \qquad (7\text{-}26)$$

7.3.5　干燥过程模拟与数学模型数值分析

对花生荚果干燥过程模拟计算时,同样将料床看成由许多薄层组成,每一个薄层作为一个节点,各薄层单元的水分和温度及热空气的温度和湿度用双下标表示,第一个下标表示薄层的位置,第二个下标表示干燥时间。模拟从料床底部第一层处开始,依次计算不同高度各节点的花生温度、水分及热空气温度、湿度,将计算结果作为下一节点的输入值,再去计算下一个节点处各变量值。直到整个料床的平均水分达到贮藏水分要求为止。干燥过程物料层划分如图 7-13 所示,薄层单元位置节点、时间节点划分如图 7-14 所示。

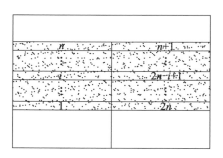

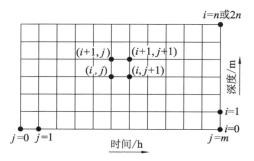

图 7-13　数值计算薄层单元分层示意图　　图 7-14　薄层单元位置节点与时间

设料床总厚为 $x_{\max}$，将料床沿厚度方向均匀分成若干单元，每个单元厚度为 Δx，$x = i\Delta x$。同时，将干燥时间划分成若干段，每段时长为 Δt，$t = j\Delta t$。采用有限差分法，对理论模型进行离散化。

（1）左右风室同时入风干燥和左风室—混合室—右风室通风干燥

$$\frac{H_{i+1,j+1} - H_{i+1,j}}{\Delta t} + \frac{V_a}{\varepsilon} \cdot \frac{H_{i+1,j+1} - H_{i,j+1}}{\Delta x} = -\frac{\rho_{gb}}{\varepsilon \rho_a} \cdot \left. \frac{\partial M}{\partial t} \right|_{i,j+1} \tag{7-27}$$

$$\frac{T_{i+1,j+1} - T_{i+1,j}}{\Delta t} + \frac{V_a}{\varepsilon} \cdot \frac{T_{i+1,j+1} - T_{i,j+1}}{\Delta x} = -\frac{h_T a_s \left(T_{i+1,j+1} - \theta_{i,j+1} \right)}{\varepsilon \rho_a \left(c_a + H_{i+1,j+1} c_v \right)} \tag{7-28}$$

$$\frac{\theta_{i,j+1} - \theta_{i,j}}{\Delta t} = \frac{h_T a_s \left(T_{i+1,j+1} - \theta_{i,j+1} \right)}{\rho_{gb} \left(c_g + M_{i,j+1} c_w \right)} + \frac{\rho_{gb} \left[h_{fg}^* + c_v \left(T_{i+1,j+1} - \theta_{i,j+1} \right) \right]}{\rho_{gb} \left(c_g + M_{i,j+1} c_w \right)} \cdot \left. \frac{\partial M}{\partial t} \right|_{i,j+1}$$

$$\tag{7-29}$$

$$\left. \frac{\partial M}{\partial t} \right|_{i,j+1} = -\left(M_{i,0} - M_{e\,i,j+1} \right) \cdot \left[k_{i,j+1} \cdot a_{i,j+1} \cdot \exp\left(-k_{i,j+1} t \right) + \right.$$
$$\left. k_{i,j+1} \cdot b_{i,j+1} \left(1 - a_{i,j+1} \right) \cdot \exp\left(-k_{i,j+1} b_{i,j+1} t \right) \right] \tag{7-30}$$

$$a_{i,j+1} = 0.752\,46 - 0.009\,538\,5\,T_{i,j+1} - 0.081\,968\,v_{i,j+1} + 0.001\,824\,4\,T_{i,j+1} \cdot v_{i,j+1} \tag{7-31}$$

$$k_{i,j+1} = 3.090\,66 - 0.195\,85\,T_{i,j+1} + 0.728\,25\,v_{i,j+1} + 0.003\,568\,2\,T_{i,j+1}^2 \tag{7-32}$$

$$b_{i,j+1} = 0.058\,862 - 0.098\,516\,v_{i,j+1} + 0.002\,325\,5\,T_{i,j+1} \cdot v_{i,j+1} \tag{7-33}$$

（2）右风室—混合室—左风室通风干燥

$$\frac{H_{i,j+1} - H_{i,j}}{\Delta t} + \frac{V_a}{\varepsilon} \frac{H_{i,j+1} - H_{i+1,j+1}}{\Delta x} = -\frac{\rho_{gb}}{\varepsilon \rho_a} \cdot \left. \frac{\partial M}{\partial t} \right|_{i,j+1} \tag{7-34}$$

$$\frac{T_{i,j+1} - T_{i,j}}{\Delta t} + \frac{V_a}{\varepsilon} \cdot \frac{T_{i,j+1} - T_{i+1,j+1}}{\Delta x} = -\frac{h_T a_s \left(T_{i,j+1} - \theta_{i,j+1} \right)}{\varepsilon \rho_a \left(c_a + H_{i,j+1} c_v \right)} \tag{7-35}$$

$$\frac{\theta_{i,j+1} - \theta_{i,j}}{\Delta t} = \frac{h_T a_s (T_{i,j+1} - \theta_{i,j+1})}{\rho_{gb}(c_g + M_{i,j+1}c_w)} + \frac{\rho_{gb}[h_{fg}^* + c_v(T_{i,j+1} - \theta_{i,j+1})]}{\rho_{gb}(c_g + M_{i,j+1}c_w)} \cdot \frac{\partial M}{\partial t}\Big|_{i,j+1}$$

(7-36)

$$\frac{\partial M}{\partial t}\Big|_{i,j+1} = -(M_{i,0} - M_{ei,j+1}) \cdot [k_{i,j+1} \cdot a_{i,j+1} \cdot \exp(-k_{i,j+1}t) +$$

$$k_{i,j+1} \cdot b_{i,j+1}(1 - a_{i,j+1}) \cdot \exp(-k_{i,j+1}b_{i,j+1}t)]$$

(7-37)

（3）初始与边界条件

初始条件：

$$\begin{cases} M_{i,0} = M_0, \\ \theta_{i,0} = \theta_0, \end{cases} \quad 其中 \ 0 \leqslant i \leqslant 2n$$

(7-38)

边界条件，向上通风时：

$$\begin{cases} H_{0,j} = H_b, \\ T_{0,j} = T_b, \end{cases} \quad 其中 \ j \geqslant 0$$

(7-39)

边界条件，向上通风时：

$$\begin{cases} H_{n,j} = H_b, \\ T_{n,j} = T_b, \end{cases} \quad 其中 \ j \geqslant 0$$

(7-40)

7.3.6 主要关键参数确定

（1）最优换向通风时间的确定

干燥作业终止时刻物料水分分布的均匀程度是衡量干燥品质的重要指标，干燥过程换向通风时间是影响干燥均匀度的重要因素。为了确定合适的换向通风时间，参照工业生产中花生快速干燥的基本需求，选取 3 组干燥作业条件（见表 7-4），考虑实际作业过程中操作的方便性，取换向时间 t_{hx} 分别为 1，2，3，4 h，在其他条件不变的情况下，采用数学模型对干燥过程模拟计算的方法，分析换向通风时间对干燥后物料水分分布均匀性的影响，确定合适的通风换向时间间隔。绘制采用不同换向通风时间，干燥结束时物料水分随料层位置变化关系曲线图（见图 7-15）。

表 7-4 干燥作业参数与物料初始参数

序号	温度 $T/℃$	风速 $v/(m \cdot s^{-1})$	相对湿度 $RH/\%$	初始水分 $M_0/d.b.$	物料温度 $\theta_0/℃$	终止水分 $M_f/d.b.$	堆料高度 x_{max}/m
1	52	0.8	20	0.667	25	0.08	1.12
2	52	0.4	20	0.667	25	0.08	1.12
3	46	0.4	20	0.667	25	0.08	1.12

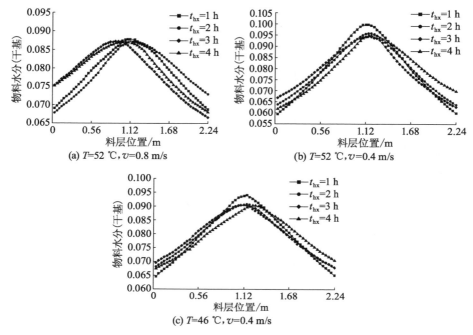

(a) $T=52\ ℃,\upsilon=0.8\ \text{m/s}$ (b) $T=52\ ℃,\upsilon=0.4\ \text{m/s}$

(c) $T=46\ ℃,\upsilon=0.4\ \text{m/s}$

图 7-15　不同作业条件下干燥终止时物料层的含水率分布图

由图 7-15 可知，t_{hx} 值较小时，左右两干燥室同等高度的物料水分差异较小，但 t_{hx} 值的减小并不能有效降低干燥后料层整体水分差，亦不能有效降低干燥耗时（见表 7-5）。但当 t_{hx} 从 1 h 增至 4 h 时，左右两侧物料层干燥不均衡性明显增加。因此，考虑到干燥初始阶段，出风层物料不宜长时间处于湿热状态，以免花生发生霉变，影响干后花生品质，因此花生干燥作业过程中 t_{hx} 值取 2 h 为宜，即换向通风时间间隔为 2 h。

表 7-5　不同 t_{hx} 所需的干燥时间对比分析

序号	干燥所需时间/h			
	$t_{hx}=1\ \text{h}$	$t_{hx}=2\ \text{h}$	$t_{hx}=3\ \text{h}$	$t_{hx}=4\ \text{h}$
1	13.5	13.2	13.1	13.0
2	21.2	19.5	19.2	18.9
3	29.6	27.7	27.3	27.1

（2）最佳堆料厚度和风速的确定

干燥热耗是考察花生烘干作业性能的重要指标,与干燥温度、环境温度、通风量及空气含湿量等参数相关。具体计算过程如下:

令 T_{dry} 为干燥风温, T_{evm} 为环境温度。则干燥作业时需将空气加热至干燥风温的温差为

$$\Delta T = T_{dry} - T_{evm} \tag{7-41}$$

令 S 为料床床底面积; v 为干燥空气进风风速。则 dt 时间内穿过料床的热空气体积为

$$V = S \cdot v \cdot dt \tag{7-42}$$

dt 时间内加热空气流所需的热量为

$$dE = c_a \rho_a V \Delta T + c_v H \rho_a V \Delta T \tag{7-43}$$

式中: c_a, c_v——分别为干空气、水蒸气定压比热容;

ρ_a——干空气的密度;

H——热空气绝对湿度。

则批次干燥所需总热耗为

$$E_{total} = \int_0^{t\,dry} c_a \rho_a V \Delta T + c_v H \rho_a V \Delta T = \int_0^{t\,dry} (c_a + c_v H) \Delta T \rho_a S v dt \tag{7-44}$$

令 x 为料床堆料高度,则单位体积花生物料干燥所需总热耗为

$$E_v = \frac{E_{dry}}{S \cdot x} = \frac{1}{x} \int_0^{t\,dry} (c_a + c_v H)(T_{dry} - T_{evm}) \rho_a v dt \tag{7-45}$$

对于恒温恒风速干燥,假设干燥过程中环境温湿度不发生变化,则式(7-44)、式(7-45)可简化为

$$E_{dry} = (c_a + c_v H) \cdot (T_{dry} - T_{evm}) \rho_a S v t_{dry} \tag{7-46}$$

$$E_v = \frac{1}{x}(c_a + c_v H)(T_{dry} - T_{evm}) \rho_a v t_{dry} \tag{7-47}$$

为了简化计算,忽略干燥过程环境温湿度的变化,取环境温度 25 ℃、相对湿度 60% 的外部条件,取干燥温度 52 ℃,通风风速 0.5,0.6,0.7,0.8 m/s,堆料厚度 0.28,0.42,0.56,0.70,0.84,0.98,1.12 m,共 1×4×7 = 28 组干燥条件。采用计算机干燥模拟的方法,分别计算 28 组干燥条件下,物料平均水分干燥至 8% 干基时,物料的水分差、干燥耗时、单位体积湿物料干燥热耗。并根据模型计算结果绘制相关折线图,分别如图 7-16、图 7-17、图 7-18 所示。

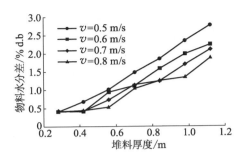

图 7-16　干后物料水分差比较图

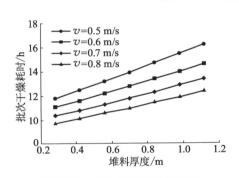

图 7-17　批次干燥耗时比较图　　**图 7-18　单位体积湿物料干燥耗热比较图**

由图可知,堆料厚度增加时,干燥耗时增加,单位体积物料耗能降低,干燥均匀性减弱;而干燥作业入风风速增加时,干燥均匀性增强,干燥耗时降低,但单位体积湿物料干燥耗热增加。为了确定合适的干燥作业参数,根据模拟计算结果,采用逐步回归分析的方法,求得各通风风速下物料水分差(干基)、单位体积湿物料干燥耗热与批次干燥堆料厚度的关系见式(7-48)~式(7-55)。

通风风速 $v = 0.5$ m/s 时:

$$\Delta M = 0.74x^2 + 1.84x - 0.21, \quad adj - R^2 = 0.998 \tag{7-48}$$

$$E_v = -22.98x^3 + 62.69x^2 - 59.66x + 24.68, \quad adj - R^2 = 0.997 \tag{7-49}$$

通风风速 $v = 0.6$ m/s 时:

$$\Delta M = 2.37x - 0.41, \quad adj - R^2 = 0.961 \tag{7-50}$$

$$E_v = -26.72x^3 + 72.75x^2 - 69.06x + 28.19, \quad adj - R^2 = 0.996 \tag{7-51}$$

通风风速 $v = 0.7$ m/s 时:

$$\Delta M = 1.46x^2 + 0.28, \quad adj - R^2 = 0.978 \tag{7-52}$$

$$E_v = -29.76x^3 + 81.03x^2 - 76.82x + 31.09, \quad adj - R^2 = 0.996 \tag{7-53}$$

通风风速 $v = 0.8$ m/s 时:

$$\Delta M = 1.25x^2 + 0.28, \quad adj - R^2 = 0.948 \tag{7-54}$$

$$E_v = -30.77x^3 + 84.1x^2 - 80.32x + 32.85, \quad adj - R^2 = 0.996 \qquad (7\text{-}55)$$

式中：x——批次干燥堆料厚度，m；

　　　ΔM——堆内物料水分差，%；

　　　E_v——单位体积湿物料干燥耗热，J/m³。

根据对干燥后物料水分差的要求，通过式(7-48)~式(7-55)，分别计算在风速 0.5,0.6,0.7,0.8 m/s 时物料的堆料厚度和干燥热耗，结果见表 7-6。当 ΔM = 1.5% 时，4 个通风风速下的单位体积湿度料干燥能耗相差并不明显，其中通风风速 0.5 m/s，堆料厚度 0.72 m 时，单位体积湿物料干燥热耗最小；当 ΔM = 1.0% 时，通风风速 0.7 m/s，堆料厚度 0.7 m 时，单位体积湿物料干燥热耗最小，但与通风风速 0.8 m/s，堆料厚度 0.76 m 时相比，单位体积湿物料干燥热耗相差不大。

综上所述，针对鲜秧收获花生荚果湿基含水率通常为 40% 左右，设计花生左右换向通风干燥机堆料厚度 0.7 m，风速 0.7 m/s，换向通风时间 2 h 为宜；干秧收获荚果湿基含水率通常在 20% 左右，则堆料厚度和换向通风时间均可适当增加。

表 7-6　不同通风风速和水分差要求下的堆料厚度及单体积湿物料干燥热耗

风速 $v/(\text{m} \cdot \text{s}^{-1})$	干基水分差 $\Delta M = 1.5\%$		干基水分差 $\Delta M = 1\%$	
	堆料厚度/m	干燥热耗/$(\text{J} \cdot \text{m}^{-3})$	堆料厚度/m	干燥热耗/$(\text{J} \cdot \text{m}^{-3})$
0.5	0.72	5.65×10^8	0.54	7.13×10^8
0.6	0.81	5.79×10^8	0.59	7.29×10^8
0.7	0.91	5.85×10^8	0.70	6.81×10^8
0.8	0.99	5.89×10^8	0.76	6.86×10^8

7.3.7　关键部件设计

花生换向通风干燥机的主要关键部件有箱体、匀风机构、换向机构、热风炉等，其中热风炉生产技术已较为成熟，可根据设备作业量需求在市场上选配，箱体、匀风机构、换向机构则需根据作业量需求重点设计。

（1）烘干机箱体

根据当前农村中小规模花生种植区对小型烘干设备的需求，以 1.5 t 湿花生批次烘干量作为生产量指标，充分吸纳美国车载箱式花生干燥系统设计经验，换向通风干燥机左右两个烘干室长宽比定为 3∶1，按照干燥前湿花生容重 450~500 kg/m³ 计算，每个烘干室单元装载区域尺寸可定为 3 000 mm × 1 000 mm × 700 mm，根据经验设定承料冲孔板下通风室高度 400 mm，物料层上方的气流混合室高度 300 mm，则干燥箱长宽高内尺寸为 3 000 mm × 2 000 mm × 1 300 mm。

为了方便运输、装卸,烘干箱采用积木式快速搭接结构,每个组装单元均为由薄钢板、筋边及加强筋焊接而成的平板模块,通过搭扣连接和夹紧。各零部件组装后的箱体如图7-19所示。

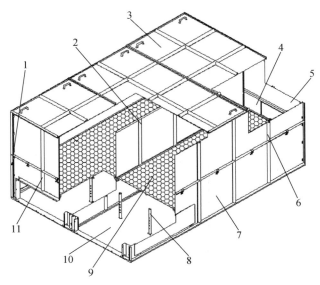

1—左侧板;2—隔板;3—盖板;4—后板;5—前后板增高板;6—侧板增高板;
7—右侧板;8—支撑脚;9—筛孔板;10—底板;11—前板

图7-19　箱式换向通风干燥机箱体结构示意图

(2) 匀风机构

采用热空气分流、引流技术,在烘干箱2个通风室内分别等距安装4块导风板,导风板倾斜方向的长度递次增加,实现对入射的热空气逐层、逐次分流的目的,如图7-20所示。该方案可有效解决入射口附近床层风量小、入射口对面侧附近床层风量大的风场分布不均匀问题,提高干燥床平面内的干燥均匀性。图7-21为空载状态下,单进风口通风时,在无导风板组和有导风板组两种情况下,试验测得的承料冲孔板上方10 cm处的风速分布等值线图。由图7-21可知,未安装导风板组时风速分布范围0.5～1.0 m/s,安装后风速分布范围为0.68～0.73 m/s,有效提高了通风均匀性。

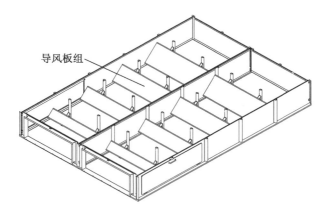

图 7-20　导风板组安装分布

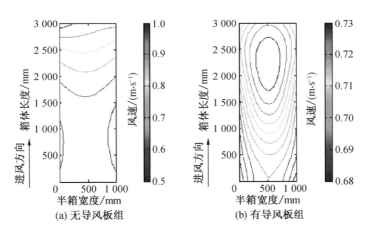

(a) 无导风板组　　　　　　　(b) 有导风板组

图 7-21　承料冲孔板上方 10 cm 处风速分析等值线图

（3）换向通风装置

换向通风装置通过调节介质空气的进风口,改变物料层固有的通风干燥次序,使左右两个烘干箱内物料达到均匀干燥的目的,主要由连接管道、三通管道、导风叶片、换向手柄等组成,结构如图 7-22 所示。该装置通过换向手柄调节导风叶片的位置,以达到不同工况下的作业要求,如图 7-23 所示,将换向手柄转动到位置 2 时,换向叶片位于装置中心的对称面,左右两个出风口同时出风,左右两个烘干室同时通风干燥,介质空气同时穿过两侧料层后直接排入大气;将换向手柄转动到位置 1 时,换向叶片将出风口 2 堵住,热空气仅从出风口 1 出风,介质空气穿过左侧物料层后,途径顶部混风室后,再对右侧物料层进行干燥,最后从右侧出风口排出;同样,将换向手柄转动到位置 3 时,出风口 1 被堵住,仅保留出风口 2 通风,介质空气穿过右侧物料层后,途径顶部混风室,再对左侧物料进行干燥,最后从左侧出风口排出。

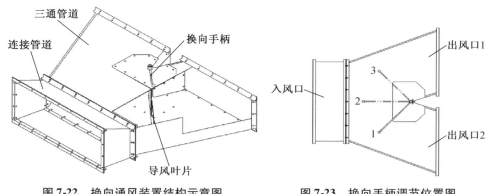

图7-22　换向通风装置结构示意图　　　　图7-23　换向手柄调节位置图

7.3.8　作业质量与效果分析

根据收获方式和收获时气温的不同,采用柴油作为供热燃料,开展了2次作业质量分析试验,分别是半喂入联合收获后的高含水率花生50 ℃干燥和挖掘—带蔓晾晒—捡拾收获后的低含水率花生35 ℃干燥。试验过程将物料层在水平方向分5×6份,竖直方向3等分,共90个取样点,物料温度通过DS18b20温度传感器实时在线测量,物料含水率测量通过试验前放置好的样品网袋按时取出后采用烘箱法测量获得,换向通风干燥机测试区域划分与温度传感器、样品网袋放置位置情况如图7-24所示。

高含水率花生50 ℃烘干时,昼夜平均环境温度25 ℃,干燥前物料平均湿基含水率46.6%,烘干前6 h双入风口同时通风干燥,上、中、下3层物料平均含水率差值快速扩大,物料层温度差值先增加后减小,6 h后采用换向通风干燥工艺,周期性改变料层的通风次序,左右两侧物料层温度呈波浪式变化,上层物料温度波动幅度最小,下层物料温度波动幅度最大,波动幅度均逐渐减少,干燥结束时床层物料平均含水率差值约为1%(见图7-25、图7-26)。低含水率花生35 ℃烘干时,昼夜平均环境温度22 ℃,干燥前物料水平湿基含水率24.2%,干燥时直接进入换向通风干燥工艺,整个干燥过程上、下层物料水分差较小,干燥结束时床层物料平均含水率差值约为0.4%(见图7-27)。在2次干燥试验中,花生换向通风干燥机均表现出良好的干燥均匀性,明显优于传统箱式固定床干燥设备,但烘干能耗成本仍然较高,单位质量干物料烘干能耗成本分别为1.01,0.54 元/kg,普通用户难以接受,限制了该类设备的进一步推广使用,但两次试验均表明,干燥中后期排出的废气温度较高(逐渐逼近设定的干燥温度),但相对湿度较低,仍有较强的吸湿能力,因此可以从能源选用和余热回收角度改进设备机构,降低使用成本。

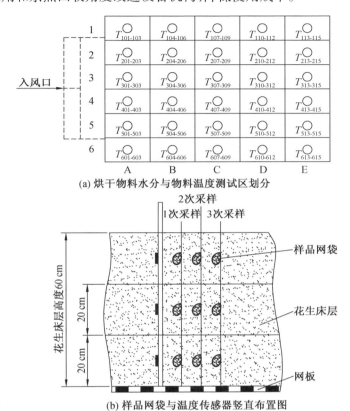

图 7-24　换向通风装置结构示意图

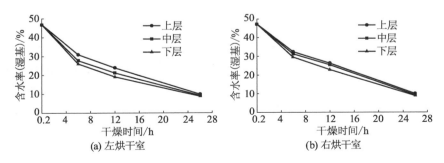

图 7-25　高含水率花生 50 ℃烘干各层物料平均含水率变化曲线

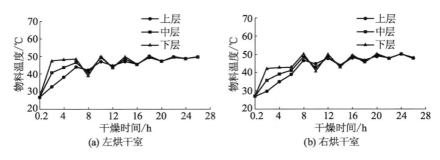

图 7-26　高含水率花生 50 ℃烘干各层物料温度变化曲线

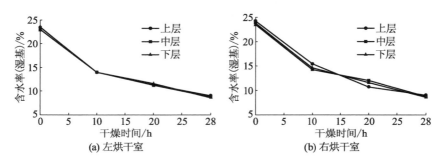

图 7-27　低含水率花生 35 ℃烘干各层物料平均水分变化曲线

7.4　箱式热泵花生荚果干燥试验研究

热泵干燥技术是 20 世纪 70 年代末 80 年代初发展起来的一项绿色能源技术，因其独特的干燥原理、高效节能、热效率高、除湿快、环境友好并能较好地保持物料的品质而受到重视。随着我国人民生活水平的提高和科学技术的快速发展，热泵干燥技术也逐渐应用到农副产品干燥领域。

7.4.1　热泵干燥基本原理

"热泵"是一种能从自然界的空气、水或土壤中获取低位热能，经过电能做功，提供可工业化应用的高位热能的装置。其工作原理与制冷机相同，均按照逆卡诺循环原理工作，区别在于工作温度范围不同。热泵在工作时，它本身消耗一部分能量，把环境介质中贮存的能量加以挖掘，通过传热工质循环系统提高温度进行利用，而整个热泵装置所消耗的功仅为输出功中的小部分，因此，采用热泵技术可以节约大量高品位能源。

热泵的性能一般用制冷系数（COP）来评价。制冷系数的定义为由低温物体传到高温物体的热量与所需的动力之比。常用热泵的制冷系数为 3 ~ 4,即热泵能够将自身所需能量的 3 ~ 4 倍的热能从低温物体传送到高温物体。所以热泵实质上是一种热量提升装置,工作时它本身消耗很少一部分电能,却能从环境介质(水、空气、土壤等)中提取 4 ~ 7 倍于电能的装置,提升温度进行利用。欧、美、日都在竞相开发新型热泵技术,据报道新型热泵制冷系数可达 6 ~ 8,若该技术得到有效普及,能源利用将更高效。

将空气源热泵作为花生换向通风干燥机的热源,增加介质空气穿过物料后的回气机构和进气调节机构,与热泵机组构成可控回路,可在干燥中后期回收废气中的显热和潜热,进一步提升能量利用率,大幅降低烘干作业能耗成本。

热泵换向通风干燥机主要由热泵系统、进风控制机构、换向通风干燥机 3 部分组成,其中热泵系统由压缩机、冷凝器、节流阀、蒸发器四部分组成,如图 7-28 所示。工作过程按序可分为压缩过程、冷凝过程、节流过程、蒸发过程,并构成封闭循环。

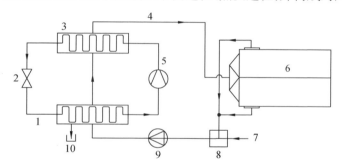

1—蒸发器;2—节流阀;3—冷凝器;4—介质空气;5—压缩机;
6—换向通风干燥机;7—外部大气;8—进风控制机构;9—循环风机;10—排水口

图 7-28　热泵换向通风干燥机工作原理图

① 压缩过程

低温低压的制冷剂气体被压缩机压缩成高温高压的气体。该阶段压缩机所做的功转化成制冷剂气体的内能,使之温度升高、压力增高,热力学上称为绝热过程。

② 冷凝过程

从压缩机出来的高温高压的制冷剂气体,流经冷凝器,通过冷凝器与流经此处的低温介质空气发生热交换,使介质空气温度快速升高,而制冷剂气体温度下降凝结成中温高压制冷剂液体。液化时制冷剂温度降低但压力不变,在热力学上称之为等压过程。

③ 节流过程

从冷凝器出来的中温高压的制冷剂液体,经过节流装置的节流,变成了低温低压制冷剂液体。在热力学上则称为等焓过程。

④ 蒸发过程

从节流装置出来的低温低压的制冷剂液体,流经蒸发器,通过蒸发器与流经此处的高温高湿介质空气发生热交换,介质空气温度快速下降,并在饱和蒸汽压的作用下排出大量的冷凝水,在此过程中介质空气释放了大量的显热和潜热,而制冷剂液体蒸发成了低温低压的制冷剂气体。吸收的热量变成了制冷剂的潜热,虽然温度上升不大,但内能增加很多。由于压力变化不大,在热力学上称为等压过程。

在上述过程中,根据花生干燥时的含水率情况控制干燥介质空气的来源,尤其是花生机械化半喂入联合收获后的高含水率花生,荚壳生物组织结构疏松,含有大量易蒸发水分,充分利用热泵干燥除湿功能的技术优势,循环风机直接吸取外部大气作为干燥介质,并根据干燥时的环境温度和湿度情况,对介质空气进行除湿和加热,介质空气通入干燥机并穿过物料层后直接排入大气,该阶段介质空气不构成封闭循环,为开式热泵系统,若干燥时环境温度较高并且湿度较低,甚至可不启动热泵系统,直接通风干燥。干燥一段时间后,花生荚壳含水率稍低时,控制换向通风干燥机排风机构,循环风机抽取穿过物料层后的湿热空气,回收介质空气中的显热和潜热,该阶段介质空气构成封闭循环,为闭式热泵系统,能量利用率高。

7.4.2 余热回收机构设计

花生热泵换向通风干燥机主要由热泵热风机、烘干箱体、换向通风机构、均匀通风机构、余热回收机构,其中热泵热风机已为成熟产品,市场上有大量机型可以选购,烘干箱体、换向通风机构及均匀通风机构设计要点前已重点描述,该处重点介绍余热回收机构,其结构如图7-29所示。

当箱式换向通风干燥机采用换向通风工艺时,烘干机出风口1出风,控风门1打开,控风门2依然关闭,湿热介质空气通过回风管1进入热泵机回风口,通过进风控制机构

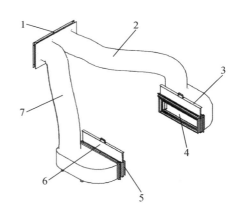

1—热泵机回风口;2—回风管1;
3—控风门1;4—烘干机出风口1;
5—烘干机出风口2;6—控风门2;7—回风管2

图7-29 余热回收机构结构示意图

后,经过循环风机吸取后,与热泵机的蒸发器和冷凝器发生热交换,在此过程中回收湿热空气中的显热和潜热,最终被除湿和加热后的介质空气排出热泵机后经由

换向通风机构进入烘干箱对物料进行干燥;同理,烘干机出风口 2 出风,控风门 2 打开,控风门 1 依然关闭,湿热空气则通过回风管 2 进入热泵机回风口。

7.4.3 干燥性能试验研究

为检验花生热泵换向通风干燥机作业效果,分别针对半喂入联合收获和分段捡拾收获后的物料特征,在江苏泗阳开展了高含水率花生干燥试验,在河南驻马店开展了低含水率花生干燥试验,分析干燥条件与经济成本,并将之与前期燃油供热换向通风干燥和定向通风干燥进行对比,作业过程能耗成本按照当前柴油 7.2 元/kg、工业电费 1 元/(kW·h)的价格计算,计算过程及结果见表 7-7。

表 7-7　几种干燥方法作业效果与成本分析

干燥方法	换向通风干燥				定向通风干燥
	热泵供热		柴油燃烧供热		柴油燃烧供热
设定温度/℃	35	40	50	35	50
设定湿度/%	10	10			
环境平均温度/℃	13	28	25	22	25
烘干前物料质量/kg	2 423	2 047	1 513	1 052	973
烘干后物料质量/kg	1 528	1 562	887	836	569
烘干前物料含水率/%	43.1	32.2	46.6	24.2	46.6
干后物料含水率/%	9.8	9.6	9.3	8.9	9.0
烘干耗油/kg			95.5	45.2	77.4
烘干耗电/(kW·h)	392	138	39	45	19.5
干燥不均匀度/%	1.6	1.5	2.2	1.4	7.2
单位质量干物料烘干能耗成本/(元·kg^{-1})	0.26	0.09	0.82	0.44	1.01

由表 7-7 可知,同样采用换向通风干燥方式,热泵供热与燃油加热相比,能耗成本降低了 65%~80%,干燥不均匀度略有降低但不明显。与传统燃油箱式干燥相比,热泵供热换向通风干燥能耗成本降低了 70%~90%,干燥不均匀性降低了 80% 左右。

尽管热泵干燥效果良好,研究更加合理的干燥工艺及过程控制技术,还可进一步降低干燥成本、提高干燥均匀性,但设备一次性投资成本相对较高,普通农户难以接受,大量推广还需政府政策及农机购机补贴资金的大力支撑。

第 **8** 章　花生机械化脱壳技术

花生脱壳是将荚果去除果壳的过程,是花生产后加工的重要环节,也是影响花生仁果及其制品品质和商品性的关键。花生机械化脱壳(尤其种用花生脱壳)仁果损伤问题,是备受关注又尚未得到有效解决的难题。

8.1　国内外技术发展概况

8.1.1　国外技术发展概况

全球花生种植主要集中在亚洲、非洲、南美洲的部分国家,发达国家中仅美国有规模化种植,且占世界比例较小。就全球花生生产机械化水平来看,世界花生生产大国印度、尼日利亚、印尼等国花生机械化程度较低,在花生加工技术装备方面尤为落后;美国花生生产机械化水平较高,在花生脱壳技术装备研究方面起步较早,在 19 世纪初期即有相关研究报道且有系列化产品在市场上获得应用。目前,美国花生脱壳已实现规模化、自动化的流水作业,收储、脱壳、精深加工等配套体系健全,其花生集中脱壳加工,且在脱壳前须按照美国农业部制定的花生质检和分级标准对花生收购点或者脱壳公司的花生荚果进行严格的水分检测、分级,并在脱壳前进行去石去杂等处理,以保证花生脱壳加工质量。

美国花生脱壳装备生产制造企业较少,但产品制造质量精良、系列化产品较多,其市场产品以 LMC(Lewis M. Carter)公司生产的系列化脱壳设备为主,约占其国内市场份额的 90%。该公司生产的 5728,4604,3480 系列脱壳机,生产率可分别达到 7 ~ 9 t/h,5 ~ 6 t/h,2 ~ 3 t/h,可满足不同加工需求,4604 型花生脱壳机如图 8-1 所示。该公司的花生脱壳设备脱壳关键部件为旋转打杆与凹板筛组配式(以下简称旋转打杆式),其主要特点如下:a.采用多滚筒同时作业,可据花生尺寸规格实现不同尺寸花生的变参数脱壳作业,提高设备作业性能;b.采用多个清选装置实现去杂及未脱花生大小分级,提高脱净率及清洁度;c.设备振动小,可靠性高。

该公司还设计研发了花生成套脱壳生产线,如图 8-2 所示。该生产线可一次完成花生原料初清、去石、脱壳、破碎种子清选等作业,且在生产线的最末端辅以人工选别以进一步剔除破碎花生仁果,其作业参数可满足美国现有几个品种的食用花生脱壳技术需求,但整套设备价格昂贵,基础设施建设要求较高,且在破碎率方面还有很大的提升空间。

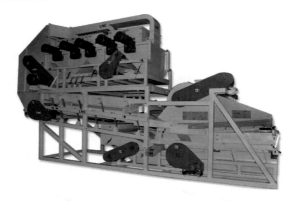

图 8-1　美国 LMC 公司 4604 型花生脱壳机指

图 8-2　美国花生脱壳生产线

　　此外,在脱壳设备新技术研发方面,美国学者还进行了不同脱壳原理及脱壳结构形式的研究,并试制了相关样机。20 世纪 80 年代初美国的 LIANG 研制了一种脱壳机,它能够对物料按尺寸进行分级,在分级之后对尺寸相近荚果进行脱壳,以减小破损,提高脱壳质量;美国的 Patel 尝试着用激光来逐个切割荚果,虽几乎能够达到 100% 的整仁率,但作业成本高、效率低,无推广价值;美国国家花生研究室(NPRL)学者还尝试将花生脱壳装置与分段式收获设备组合进行田间收获、脱壳联合作业,但未见相关产品。

　　美国机械化花生脱壳技术及其产品虽然在高效化、系列化、自动化、成套化和精良化确实处于领先地位,但在降低破损这一关键问题上亦未有实质性突破。

8.1.2　国内技术发展概况

与美国相比,我国花生脱壳技术研发起步较晚,科研投入较少,基础理论研究缺乏,市场产品多为低水平重复。花生脱壳设备研发起步于20世纪60年代,主要用于油用、食用花生脱壳加工,且多为小型简易式花生脱壳设备,可实现花生脱壳、壳仁分离,其结构形式以旋转打杆式、动静磨盘式为主,其中旋转打杆式花生脱壳设备结构简单、价格便宜,市场上使用较为广泛。部分小型脱壳设备为提高脱净率设计了复脱装置,可实现未脱荚果二次复脱,常见小型花生脱壳设备如图8-3所示。

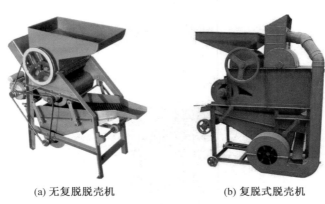

(a) 无复脱脱壳机　　　　　　　　(b) 复脱式脱壳机

图8-3　小型简易花生脱壳设备

近年来,随着花生生产比较效益的提高,花生规模化种植面积不断扩大,大规模集中脱壳加工企业(个体户或种植大户)日益增加,对高效、大型、高质量的花生脱壳设备,尤其是对种用花生脱壳设备的需求日趋迫切。制造企业应市场需求,在小型脱壳设备基础上改进生产了大型脱壳机组,如图8-4所示。该类设备具有气力输送、复脱、多级分选功能,可完成花生荚果提升、脱壳、壳仁分离、破碎种子清选、复脱等作业,生产效率从1~8 t/h不等,可满足集中规模化加工需求。此外,部分花生脱壳制造企业根据用户需求设计并建成了可一次完成花生初清、去石、脱壳、仁果分级的花生脱壳生产线,可满足油用、食用花生高效加工需求,但难以满足种用花生脱壳技术要求。

总体来看,国内市场现有花生脱壳技术与设备主要存在以下问题:

a. 作业质量较差,环境污染较大。市场现有花生脱壳设备脱壳破损率(据标准JB/T 5688.2—2007试验,其中破损率是指破碎率、损伤率之和)通常在10%左右,有些设备为达到较高生产率,采用高转速脱壳,破损率达20%~30%。脱壳作业以单机较多,缺乏除尘系统,脱壳过程中粉尘、细碎果壳对环境污染较大。

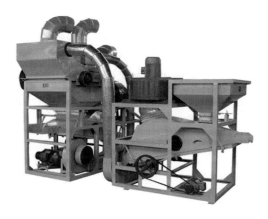

图 8-4　大型花生脱壳机组

　　b. 适应性差。脱壳设备通常针对某一区域特定品种设计,更换品种作业质量差异悬殊,适应性差问题突出。

　　c. 技术低水平重复,创新性缺乏。市场现有产品,尤其关键部件相互模仿,缺乏创新,低水平重复严重,不同厂家脱壳关键部件结构参数、运动参数差异不大,多数企业技术设备仍停留在 20 世纪 90 年代。

　　d. 制造质量差,可靠性差。部分脱壳机生产企业靠降质压价提升市场竞争力,设备制造质量差,导致作业过程故障频出,作业可靠性差。

　　针对上述问题,国内科研机构对花生脱壳设备开展技术攻关。相关学者开展了新型脱壳原理的脱壳试验研究,例如气爆式和超声波式脱壳等非机械式花生脱壳,结果表明气爆式脱壳花生仁果的破碎率虽小于 1%,但其脱净率只有 30%;超声波式脱壳装置结构简单,但生产率低,难以满足生产需求。相关学者甚至利用微波技术和气体射流冲击技术进行脱壳的新方法,使荚果简便、快速、高效地脱壳,且不破坏仁果外形,但这两种方法易使花生熟化,影响品质,市场上尚无相关产品。

　　总体来说,国内现有的花生脱壳设备仍未较好解决损伤率高、品种适应性差的问题,在种用花生脱壳设备方面成熟设备较少。降低花生脱壳破损率、提升脱壳设备品种适应性,破解种用花生脱壳技术装备难题,仍是当前我国花生脱壳设备研发的主攻方向。

　　近年,农业部南京农业机械化研究所开展了花生脱壳技术及装备研发工作,对花生脱壳设备关键部件结构参数、运动参数进行了优化设计,并针对花生种子脱壳破损率高、适应性差的问题,研发了 6BH－800 型花生脱壳设备并进行了相关技术集成。该设备在保证发芽率的同时,最大限度降低了花生种子破损率,为研发种用花生脱壳设备提供有效的技术借鉴。

8.2 花生机械化脱壳主要形式及技术难点

花生脱壳方式主要分为非机械式脱壳和机械式脱壳。目前市场上主要采用机械式花生脱壳设备,其常见主要形式根据脱壳原理、结构形式的不同可分为打击揉搓式、磨盘式两种,其中以打击揉搓式使用最为广泛。

8.2.1 主要形式

（1）打击揉搓式脱壳设备

打击揉搓式花生脱壳机结构如图8-5所示。花生荚果由喂料斗1进入脱壳仓,在脱壳仓内滚筒2与凹板筛3共同作用下对花生荚果进行挤压、揉搓实现脱壳,脱出的花生仁果与果壳混合物经凹板筛3落料至振动筛6,下落过程中果壳被凹板筛3与振动筛6之间的风机4吹出,花生仁果、未脱净的花生荚果在振动筛6与清选风机7的作用下实现分离,仁果由出料口5进入料箱进行收集,未脱的荚果经由气力输送管路8进入复脱装置,完成整个脱壳过程。

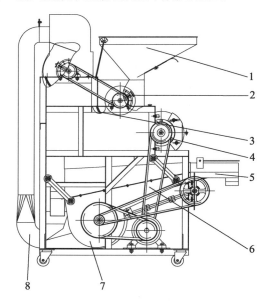

1—喂料斗;2—脱壳滚筒;3—凹板筛;4—风机;5—出料口;

6—振动筛;7—清选风机;8—气力输送管路

图8-5　打击揉搓式花生脱壳机结构示意图

该脱壳设备中,脱壳仓是其关键部件,也是脱壳机作业质量的重要影响因素。

脱壳仓由脱壳滚筒及凹板筛组成,根据脱壳滚筒结构形式不同,可将其分为开式脱壳滚筒和闭式脱壳滚筒 2 种,如图 8-6 和图 8-7 所示。二者在作业原理及作业质量上有如下差异:开式脱壳滚筒与凹板筛组合对花生进行脱壳时,花生进入脱壳仓,在下落过程中首先受旋转打杆打击。随后荚果下落至滚筒凹板筛之间,在脱壳滚筒的旋转带动及凹板筛的阻滞作用下,荚果与旋转打杆凹板筛之间、荚果与荚果之间受到外力揉搓及挤压,从而使得荚果果壳破裂,仁果在外力作用下脱出,破裂的果壳及脱出的仁果在旋转打杆挤压及连续料流的共同作用下,由凹板筛栅条间隙排出脱壳仓。该结构形式下各打杆(板)对脱壳仓内花生打击作用较为显著,破损率相对较高,但其结构特点使脱壳仓内空间较大,对荚果喂入均匀性要求较低,可实现较大喂料速率的花生荚果脱壳,生产率相对较高,适用于油用、食用花生高效脱壳;闭式脱壳滚筒凹板筛结构与上述结构相比,对荚果打击作用较弱,荚果由料斗下落至脱壳仓时,在闭式滚筒带动下,荚果主要在脱壳滚筒的揉搓、挤压作用下实现脱壳,破损率相对较小,但其结构特点使脱壳仓内空间相对狭小,在实际生产中对脱壳设备喂料均匀性要求较高,喂料速率快易产生堵塞,影响正常作业,可用于种用花生的低损脱壳作业。

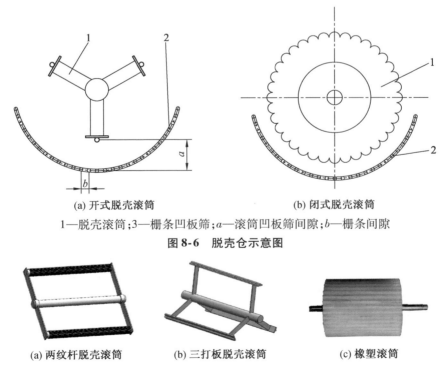

(a) 开式脱壳滚筒   (b) 闭式脱壳滚筒

1—脱壳滚筒;3—栅条凹板筛;a—滚筒凹板筛间隙;b—栅条间隙

图 8-6 脱壳仓示意图

(a) 两纹杆脱壳滚筒   (b) 三打板脱壳滚筒   (c) 橡塑滚筒

图 8-7 不同形式的花生脱壳滚筒

　　不同厂家生产的花生脱壳设备凹板筛结构也有较大差别,主要有栅条凹板筛、编织筛两种,如图8-8所示,以栅条凹板筛式结构较为常见。编织筛在脱壳过程中对花生阻滞较大,脱净率高,但破损亦较高,常用在油用花生脱壳设备;栅条凹板筛对花生阻滞作用较编织筛小,破碎相对较小。

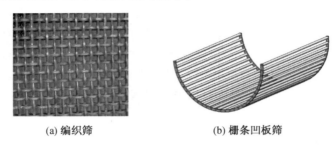

(a) 编织筛　　　　　　　　　　　(b) 栅条凹板筛

图8-8　滚筒栅条凹板筛式花生脱壳机凹板筛

（2）库磨盘式脱壳设备

　　磨盘式花生脱壳设备主要由进料斗、磨盘、仁壳分离风机、振动筛、机架、电机等组成,脱壳仓是该类花生脱壳设备的关键部件,如图8-9所示。

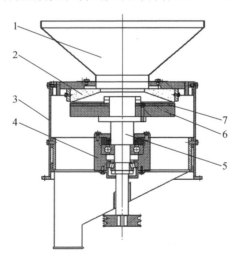

1—进料斗;2—静盘;3—脱壳仓体;4—动盘支承;5—驱动轴;6—动盘;7—橡胶

图8-9　磨盘式脱壳机脱壳仓示意图

　　脱壳仓由上下动静两磨盘组成,上盘2为静盘,下盘6为动盘,且静盘2、动盘6间隙可根据不同的花生品种进行调节。脱壳时,花生荚果由进料斗1进入脱壳仓,动盘6在驱动轴的旋转下,带动动盘6与静盘2之间的花生荚果并与之产生摩擦及挤压作用,同时花生荚果之间也产生相互挤压,在挤压、揉搓、摩擦的共同作用下,花生荚果果壳破裂,仁果脱出,完成脱壳过程,部分该类花生脱壳机为降低破损,还在动盘上设置橡胶 7,以实现对花生荚果的柔性挤压。该类设备外形尺寸大、生产率高、仁果破损率较高,通常在榨油厂或南方某区域花生脱壳使用。

综上,我国目前市场花生脱壳设备主要以打击揉搓式为主,能够完成脱壳、分离、清选和分级功能的较大型花生脱壳机组只有在一些对仁果破损率要求不高的大批量花生加工的企业中应用较为普遍。

8.2.2 主要技术难点

由 8.2.1 可知,目前花生脱壳设备主要以打击揉搓式为主,故本节主要对该类型花生机械化脱壳技术主要技术难点进行分析和探讨。

(1) 花生机械化脱壳工艺路线缺乏

系统、完善、合理的脱壳工艺是脱壳质量的重要保障,也是实现花生脱壳标准化、精细化生产的前提。近年,我国花生脱壳技术研究主要集中在降低单机破损率、提高设备适应性方面,在全面系统的脱壳技术方面的研究相对较少。然而,降低脱壳破损率非脱壳单机技术完全能够实现,需综合运用现有技术装备手段,系统研究适于花生机械化脱壳的技术路线,并确定适宜的脱壳工艺。为此,农业部南京农业机械化研究所针对我国花生机械化脱壳技术现状,借鉴其他类似品种的相关加工特点,并结合花生荚果和仁果的特性及脱壳需求,提出适合我国花生机械化脱壳的技术路线,如图 8-10 所示。

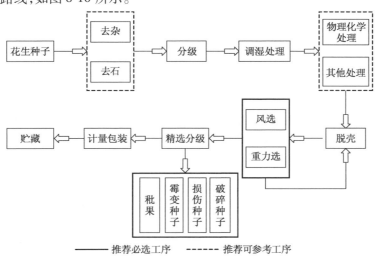

图 8-10 种用花生加工工艺路线图

（2）品种脱壳特性差异大

我国花生品种繁多，各品种间物理尺寸、外形、荚果果壳特性、仁果特性差异明显，且部分品种外形尺寸极不规则，完全不能机械化脱壳，品种脱壳特性差异仍是制约花生脱壳质量的关键问题之一。试验研究表明，花生荚果外形规则一致、仁果大小均匀、缩缢及饱满度适中的荚果较适合机械化脱壳。因此，为实现高质量花生脱壳作业，须针对不同花生品种开展脱壳工艺参数、结构参数的研究与优化，确定与品种相适应的脱壳工艺，品种、装备、工艺结合，做到"一品一艺"，提升花生脱壳设备适应性及作业质量。此外，还须与育种专家互动融合，提出适于脱壳的花生品种特性，选育出适于机械化脱壳的新品种。

（3）适配技术装备缺乏

农机农艺融合、工艺与装备互动是解决花生种子脱壳的重要前提，加工装备是影响花生脱壳质量的关键。然而，从花生加工的工艺路线各环节所需装备来看，任一个环节均无花生脱壳专用装备，花生脱壳仍使用豆类，甚至水稻、小麦加工通用技术装备，在结构参数、运动参数等方面均不能适应花生脱壳需求，仍需针对花生荚果、仁果开展试验研究、关键部件创制及结构参数、运动参数优化工作。下面从加工工艺路线中影响花生脱壳质量的关键重点环节逐一分析。

① 分级设备

花生分级包括荚果分级及仁果分级。由于荚果、仁果物理性状差异悬殊，所需分级设备结构迥然不同。在花生仁果分级方面目前技术装备较为成熟，在花生荚果分级装备方面仍须解决顺畅性及生成效率问题。

花生荚果分级可提高花生荚果尺寸的均匀一致性，是花生脱壳质量的重要保障。现有花生荚果分级技术主要采用旋转滚筒筛，拍打式清筛机构进行清筛。目前，该类分级设备在荚果分级方面生产率多在 1 t/h 左右，分级合格率85% 左右，生产率及分级合格率均较低，且在分级长时间作业时堵塞严重，分级合格率大幅下降。长时间堵塞筛孔的花生经多次拍打，容易产生破碎。实现花生荚果高效、低损、顺畅分级是花生种子脱壳工序中需进一步突破的关键问题。

② 调湿处理

花生种子贮藏含水率通常为8% ~9% 。在该水分下脱壳破损率30% 左右，严重影响花生脱壳质量。为达到较好的脱壳效果，通常需要对荚果调湿处理后脱壳。试验研究表明，针对某白沙品种调湿处理，荚果含水率约为12% 时，破损率较低。实际生产时，须根据花生种子初始含水率进行调湿水量计算后，通过对花生荚果调湿处理。将调湿后花生荚果在封闭容器中常温静置 10 ~12 h 后，在太阳下暴晒1 ~2 h 使荚果果壳快速失水变脆，脱壳过程中较易破裂实现脱壳。少量荚果脱壳前调湿预处理人工即可完成，但人工调湿处理难以满足种子工厂化加工需求。

目前,调湿处理相关装备完全空白。根据调湿工艺要求,在工厂化大规模生产时须实现均匀、快速调湿,果壳快速干燥,而由于花生荚果流动特性、荚果果壳快速失水等方面因素制约,相关装备研发难度较大。

③ 脱壳设备

降低破损率、提升设备适应性是花生脱壳设备研发的两大重点难题。现有打击揉搓式花生脱壳设备脱壳质量制约因素详见 8.3,此处不再赘述。现有脱壳原理下,通过设备改进降低破损率、提升设备适应性难度较大,降低脱壳破损率仍须结合品种、工艺研究。针对花生品种特性,研究工艺参数及相关结构参数,实现"一品一艺"才能有效破解花生脱壳设备技术难题。

④ 清选设备

花生脱壳清选包括脱壳前花生荚果清选,脱壳后破碎仁果清选。脱壳后破碎及损伤仁果清选是花生仁果清选的主要技术难题,目前尚无相关专用设备,主要采用其他通用带式清选设备。带式清选设备在花生破损仁果清选过程中,由于花生物理特性及品种差异,现有设备参数及结构难以满足破损仁果清选要求,尤其是部分外形呈扁平状的花生常被误选,选别合格率有待进一步提高,且清选设备纵向倾角、横向倾角仍需优化。设备喂入机构、相关参数等方面仍需进一步研究,并须设计新型机构破解相关难题。

8.3　打击揉搓式花生脱壳设备试验研究及参数优化

8.3.1　作业质量影响因素与试验研究

脱壳关键部件结构参数、运动参数,花生荚果物理特性等对花生脱壳作业质量均有不同程度的影响,本节从品种特性、设备运动参数、结构参数等方面分析各参数对作业质量的影响程度。

（1）品种特性对脱壳质量的影响

① 花生荚果外形尺寸

荚果外形尺寸对脱壳质量影响较大,不同品种荚果外形尺寸差异较大,即使同一品种其尺寸也常表现出较大差异。试验白沙及四粒红、鲁花 11 等 4 个花生品种长、宽、厚尺寸统计分布结果,可知 4 个品种花生各方向尺寸分布范围均较广,尺寸差异较大。研究表明,在采用同一作业参数脱壳时,尺寸较大的花生易产生破损,而较小的花生难以脱壳。因此,均匀一致的花生荚果尺寸对高质量花生脱壳意义重大。

② 花生荚果形状及缩缢

花生荚果形状有普通形、葫芦形、斧头形、茧形、蜂腰形、曲棍形和串珠形等形状。花生荚果形状也是影响花生脱壳质量的主要因素。研究表明,曲棍形和串珠形花生荚果,如东北四粒红,易于获得良好的脱壳效果。

生产上推广应用的多数花生品种荚果各室之间有明显缩缢,荚果缩缢分为深、中深、浅、平4个等级。荚果缩缢极深的花生,不易脱壳;而荚果缩缢浅的花生,脱壳时仁果容易破损。

③ 花生荚果含水率

花生荚果含水率决定果壳及仁果的力学性能。脱壳时,荚果在脱壳滚筒的作用下相互揉搓、挤压发生变形,当果壳变形达到一定极限后破碎,仁果在外力的挤压作用下脱出。研究表明,花生果壳的含水率越低,花生壳的韧性越小、脆性越大,抗冲击能力越小,较小的形变即可使果壳破碎,有利于提高脱净率。花生仁果力学特性受含水率影响较大,就某白沙品种而言,当含水率在10%以下时,两胚之间、红衣与胚之间结合力较低,在脱壳过程中极易破碎、红衣脱落,导致破损率增大。

因此,在实际脱壳过程中,要获得理想的脱壳效果,应选择适宜的果壳含水率,使花生果壳的脆性及韧性处于理想态,并同时综合考虑花生仁果的含水率,使脱壳过程中仁果红衣与种胚结合力较大,难以脱落,从而获得较低的破损率。

④ 花生荚果饱满度

花生荚果的饱满度亦影响花生脱壳效果。饱满度也即花生果仁在荚果中的充盈程度,荚果饱满度越大,壳仁间隙越小。当花生荚果饱满度较大时荚果果壳在破碎变形时较易伤害仁果,导致仁果红衣破损甚至仁果破碎,从而影响花生脱壳质量。因此,饱满度较小的花生荚果有利于获得较佳的脱壳效果。

（2）脱壳机参数对脱壳质量的影响

① 脱壳滚筒线速度

就开式脱壳滚筒而言,滚筒线速度决定了打杆对荚果打击力度,是花生脱壳质量的重要影响因素。研究表明不同品种荚果果壳强度存在差异,破壳所需打击力也不同,通常为30~60 N。合理选择脱壳滚筒线速度以保证打击力适度,是保证脱壳质量的前提和关键。线速度较大时,对荚果打击力大,荚果脱净率高,但破碎率和损伤率增加;反之,会严重影响脱净率。因此,在花生脱壳过程中,既要保证脱壳滚筒有足够的线速度以实现较强的打击力使荚果果壳破碎,又要保证脱壳滚筒的线速度不致造成仁果损伤。

表8-1及图8-11分别为不同脱壳滚筒转速下所对应的线速度与破碎率、损伤率及脱净率的关系。其中转速350,380,405,440,480 r/min,对应滚筒线速度为

3.85,4.18,4.45,4.84,5.28 m/s。由此可知,当转速增加也即线速度增加时,破损率、脱净率呈现增加趋势,但当转速大于一定值时,破损率、脱净率均下降。主要是因为当转速突破一定值时,滚筒快速将花生挤压出凹板筛,导致部分花生尚未脱壳即从凹板筛排出,致使脱净率、破损率均下降。

表 8-1　不同脱壳打板转速对脱壳指标的影响

打板转速/ ($r \cdot min^{-1}$)	平均破碎率/%	平均损伤率/%	平均脱净率/%	破损率=破碎率+ 损伤率
350	3.19	4.04	94.63	7.23
380	4.47	3.99	97.20	8.46
405	4.67	4.79	97.10	9.46
440	5.42	4.74	96.08	10.16
480	5.19	4.36	95.22	9.55

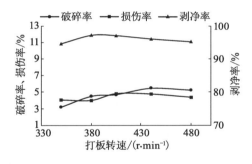

图 8-11　不同脱壳打板转速对脱壳指标的影响

② 凹板筛栅条间隙

凹板筛是脱壳设备关键部件,其作用是阻滞花生荚果并与旋转打杆共同作用使花生荚果之间、荚果与凹板筛之间产生揉搓、挤压以实现脱壳。凹板筛栅条间隙与仁果的适配情况与脱壳质量密切相关。就同一尺寸花生荚果而言,凹板筛间隙选择较小时,花生脱净率较高,破损率也较大;当间隙选择较大时,花生仁果破损率较低,但脱净率较高。因此,脱壳前应根据花生仁果的尺寸分布情况,合理选择凹板筛尺寸,以期获得较低的破损率及较高的脱净率。凹板筛适配性的简易判定方法:在脱壳前手工对花生荚果进行脱壳,挑选尺寸分布较为集中的花生仁果,以仁果在人工轻压即能完好无损穿过凹板筛为宜。

表 8-2 和图 8-12 是在一定试验条件下,不同凹板筛栅条间隙对某白沙品种脱壳单因素试验的结果。

表 8-2　不同凹板筛栅条间隙对脱壳指标的影响

栅条间隙/mm	平均破碎率/%	平均损伤率/%	平均脱净率/%	破损率 = 破碎率 + 损伤率
8.5	5.93	6.10	98.91	12.03
9.5	5.23	6.04	98.00	11.27
9.8	2.96	4.99	97.40	7.95
10.5	4.85	5.12	95.29	9.97
11.0	5.40	5.04	89.97	10.44

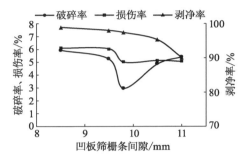

图 8-12　不同凹板筛栅条间隙对脱壳指标的影响

③ 滚筒凹板筛间距

脱壳滚筒与凹板筛间距是花生脱壳设备的重要参数。脱壳过程中,滚筒与凹板筛间距较大时,该间距内荚果层数较多,荚果变形对挤压揉搓能量吸收较多,与滚筒接触的荚果易在挤压作用力下脱壳,处于中间料层及底层的花生荚果由于受不到足够的揉搓力和挤压力而难以破壳,导致脱净率低,且料层较厚不利于已脱壳的花生仁果快速分离,不仅影响脱壳效率,而且大大增加破损率;滚筒与凹板筛间距较小,该间距内花生荚果分布层数较少,花生荚果较易受到脱壳滚筒的挤压与揉搓,脱净率较高。因此,应用滚筒凹板筛式花生脱壳机对花生荚果进行脱壳时,需合理设计滚筒与凹板筛间距。表 8-3 和图 8-13 是在一定试验条件下不同滚筒凹板筛间距对某白沙品种脱壳单因素试验结果。

表 8-3　不同滚筒凹板筛间距对脱壳指标的影响

间距/mm	平均破碎率/%	平均损伤率/%	平均脱净率/%	破损率 = 破碎率 + 损伤率
24	5.62	6.20	98.10	11.82
27	4.64	5.19	97.54	9.83
30	3.17	4.10	94.60	7.27

间距/mm	平均破碎率/%	平均损伤率/%	平均脱净率/%	破损率 = 破碎率 + 损伤率
33	4.43	4.80	95.36	9.23
36	4.84	5.05	93.17	9.89

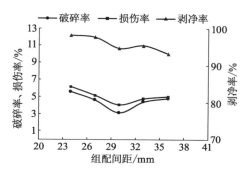

图 8-13　不同滚筒凹板筛间距对脱壳指标的影响

④ 喂料速率

喂料速率即单位时间进入脱壳仓的荚果质量,是脱壳作业的重要影响因素,适宜的喂料速率及稳定连续的料流是脱壳机作业质量的必要前提。喂料速率较小时,花生荚果难以充满脱壳仓,脱壳滚筒、凹板筛难以对荚果进行有效挤压、揉搓,花生脱净率较低。喂料速率较大时,荚果快速充满脱壳仓,凹板筛难以快速分离脱好的花生仁果及果壳,易使花生脱壳机产生堵塞。因此,需通过试验研究喂入速率与花生脱壳机作业质量的相关性。表 8-4 和图 8-14 为针对 6BH – 800 型花生脱壳设备进行喂料速率与作业质量关系的研究结果。试验表明,针对该型脱壳设备,对某白沙品种脱壳作业时,喂料速率为 10 kg/min 时作业质量最优。

综上所述,脱净率、破损率是花生脱壳设备研发中需重点考虑的关键问题。在花生脱壳设备设计时,需以脱净率、破损率为考核指标,综合考虑品种特性、机具关键部件结构参数、运动参数及脱壳相关工艺,并开展相应品种选育及关键参数优化,才能有效破解高质量花生脱壳技术难题。

表 8-4　不同喂料速率对脱壳指标的影响

喂料速率(生产率)/ (kg·h⁻¹)	平均破碎率/ %	平均损伤率/ %	平均脱净率/ %	破损率 = 破碎率 + 损伤率
290	6.19	5.62	92.22	11.81
400	5.60	5.45	93.40	11.05

续表

喂料速率(生产率)/ (kg·h⁻¹)	平均破碎率/ %	平均损伤率/ %	平均脱净率/ %	破损率 = 破碎率 + 损伤率
510	4.89	4.87	93.80	9.76
610	3.45	4.58	96.01	8.03
710	4.73	5.92	94.20	10.65

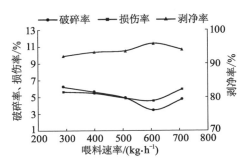

图 8-14　不同喂料速率对脱壳指标的影响

8.3.2　6BH−800 花生脱壳机关键部件参数优化及试验

以上分析了打击揉搓式脱壳设备工作原理及作业质量影响因素,本节以 6BH−800 型打击揉搓式花生脱壳机为研究对象,对其脱壳滚筒、凹板筛、喂料速率等关键参数进行优化研究,其具体结构、工作过程,关键部件结构详见 8.2.1 中的打击揉搓式脱壳设备。

（1）试验材料与试验设计

① 试验仪器设备（见表 8-5）

表 8-5　试验仪器设备

名称	数量	型号	备注
花生脱壳试验台	1	自研	
变频器	1	H3000	10~50 Hz 可调
尺子	1		测量精度 1 mm
电子天平	1		测量精度 1 g
辅助工具	若干		设备参数调整用

② 试验原料

试验所选用花生原料为 2015 年泰州产某白沙品种,其物理尺寸见表 8-6,实测荚果含水率12.5%。

表8-6　试验对象物理尺寸

尺寸	长	宽	厚
荚果/mm	19 ~ 44	9 ~ 16	9 ~ 16
仁果/mm	11.8 ~ 15.9	6.2 ~ 10.5	8.2 ~ 10.3

③ 考核指标

按照标准JB/T 5688.2—2007开展试验,以取样的破损率R_1及脱净率R_2为考核指标,并分别按式(8-1)和式(8-2)计算花生脱壳机破损率及脱净率,各次试验做3次,取平均值。

$$R_1 = \frac{w_1}{w + w_1 + w_2} \tag{8-1}$$

$$R_2 = \frac{w + w_1 + w_2}{w + w_1 + w_2 + w_3} \tag{8-2}$$

式中: w——完整纯仁重,g;

w_1——破碎仁重,g;

w_2——损伤仁重,g;

w_3——未剥开果的仁重,g。

④ 试验设计

以脱壳滚筒转速A、滚筒凹板筛间隙B、喂料速率C为影响因素,以破损率、脱净率为考核指标,采取中心组合设计方法及理论,开展二次回归正交试验,并以破损率R_1、脱净率R_2为响应值进行响应面分析。按照响应面试验设计,对自变量的真实值进行编码,编码方程为$x_i = (z_i - z_{i0})/\Delta z_i$(式中$x_i$为自变量的编码值,$z_i$为自变量的真实值,$z_{i0}$为试验中心点处自变量的真实值,$\Delta z_i$为自变量的变化步长)。因素自变量编码及水平见表8-7。

表8-7　因素编码水平表

编码	因素水平		
	滚筒转速 A/(r·min^{-1})	间隙 B/mm	喂料速率 C/(g·s^{-1})
−1	260	20	180
0	270	25	200
1	280	30	220

（2）结果与分析

① 中心组合设计方案

按照中心组合试验设计方案，随机组合试验次序，所得试验设计及相关结果见表8-8。

表8-8　中心组合设计方案及相应结果

试验编号	因素水平			试验指标	
	滚筒转速	间隙	喂料速率	含杂率 R_1/%	损失率 R_2/%
1	−1	0	−1	4.7	94.6
2	1	−1	0	6.0	97.0
3	−1	0	1	4.9	94.7
4	0	1	1	5.0	96.0
5	1	1	0	5.1	96.1
6	0	−1	1	5.9	96.7
7	0	0	0	3.3	93.0
8	0	0	0	3.2	92.6
9	−1	1	0	4.9	94.5
10	0	0	0	3.3	92.8
11	1	0	−1	4.1	93.7
12	0	0	0	3.1	92.7
13	0	0	−1	5.8	96.4
14	0	0	0	3.2	92.4
15	0	−1	−1	3.6	93.5
16	−1	−1	0	5.1	96.2
17	1	0	1	4.4	94.0

② 破损率数学模型及方差分析

采用逐步回归法对表8-8结果进行三元二次回归拟合并进行方差分析，得到破损率 R_1 的编码值简化回归方程见式（8-3）：

$$R_1 = 3.22 + 0.025B + 0.25C - 0.18AB + 0.025AC - 0.78BC +$$
$$0.75A^2 + 1.30B^2 + 0.55C^2 \tag{8-3}$$

方差分析见表8-9，模型显著性检验 $F = 27.84$，模型 P 值小于0.01，失拟检验为不显著,说明残差由随机误差引起,此回归分析的模型拟合度较好,可对脱壳设备破损率进行分析预测。该模型预测损失率 R_1 与滚筒转速 A、滚筒凹板筛间隙 B、喂料速率 C 存在二次非线性关系。模型方差分析亦表明滚筒凹板筛间隙与喂料速率间的交互作用对破损率影响较显著。

表 8-9　破损率数学模型的方差分析

变异来源	平方和	自由度	F 值	P 值
Model	149	9	27.84	0.006 4
滚筒转速 $A/(\text{r} \cdot \text{min}^{-1})$	0.00	1	0.00	1.000 0
间隙 B/mm	5.0×10^{-3}	1	0.024	0.882 0
喂料速率 $C/(\text{g} \cdot \text{s}^{-1})$	0.5	1	0.50	0.167 7
AB	0.12	1	0.12	0.047 01
AC	2.5×10^{-3}	1	2.5×10^{-3}	0.038 5
BC	2.4	1	11.38	0.011 9
A^2	2.38	1	11.29	0.012 1
B^2	7.14	1	33.83	0.000 7
C^2	1.29	1	6.09	0.043 0
残差	1.48	7	0.21	
失拟项	1.35	3	0.46	0.911 5
纯误差	0.028	4	7.0×10^{-3}	
总变异	233.88	16		

注:$P < 0.01$ 为极显著;$P < 0.05$ 为显著

③ 破损率响应曲面分析

对试验结果进行响应面分析,分析响应面结果并考察滚筒转速 A、滚筒凹板筛间隙 B、喂料速率 C 对破损率的影响,分析结果如图 8-15 ~ 图 8-17 所示,由等高线形状判断交互作用强弱。由等高线图可以看出,滚筒转速和滚筒凹板筛间隙、滚筒凹板筛间隙和喂料速率、滚筒转速和喂料速率的交互作用显著,其他因素交互作用较小。由图 8-15 可知,滚筒转速 A 和滚筒凹板筛间隙 B 交互作用对破损率的影响较为显著。由图 8-16 可知,当滚筒转速一定时,降低喂料速率破损率先降低,后有升高。由图 8-17 可知,当滚筒凹板筛间隙一定时,增加喂料速率破损率随之逐渐增加。

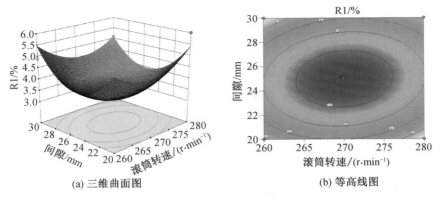

(a) 三维曲面图　　　　　　　　(b) 等高线图

图 8-15　滚筒凹板筛间隙、滚筒转速对破损率交互影响的三维曲面图和等高线图

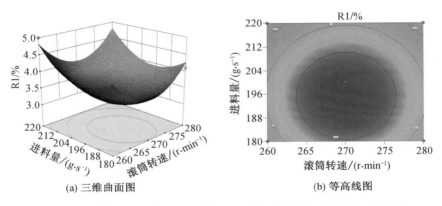

(a) 三维曲面图　　　　　　　　(b) 等高线图

图 8-16　滚筒转速、喂料速率对破损率交互影响的三维曲面图和等高线图

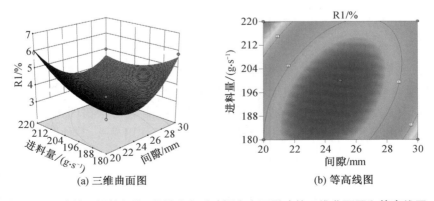

(a) 三维曲面图　　　　　　　　(b) 等高线图

图 8-17　滚筒凹板筛间隙、喂料速率对破损率交互影响的三维曲面图和等高线图

④ 脱净率数学模型及方差分析

对表 8-8 进行三元二次回归拟合及方差分析,可得脱净率 R_2 的编码值简化回归方程:

$$R_2 = 92.70 + 0.10A - 0.050B + 0.40C + 0.20AB + 0.052AC - 0.90BC +$$
$$0.92A^2 + 2.32B^2 + 0.63C^2 \tag{8-4}$$

方差分析见表 8-10。由表可知,模型显著性检验 $F = 46.8$,P 值小于 0.05,回归方程检验达到了显著水平,失拟检验为不显著,模型误差由随机误差产生,此回归分析的模型拟合度较好,可对脱壳设备破损率进行分析预测。由预测模型可知,滚筒转速、滚筒凹板筛间隙、喂料速率与脱净率存在二次非线性关系。方差分析可看出脱壳滚筒转速、滚筒凹板筛间隙、喂料速率的交互项对脱净率的影响较显著。

表 8-10　脱净率数学模型的方差分析

变异来源	平方和	自由度	F 值	P 值
Model	34.930	9	46.800	0.027 0
滚筒转速 $A/(\text{r} \cdot \text{min}^{-1})$	0.080	1	0.097	0.765 1
间隙 B/mm	0.020	1	0.024	0.880 9
喂料速率 $C/(\text{g} \cdot \text{s}^{-1})$	1.280	1	1.540	0.253 9
AB	0.160	1	0.190	0.023 61
AC	0.010	1	0.012	0.916 5
BC	3.240	1	3.910	0.048 5
A^2	3.600	1	4.350	0.075 5
B^2	22.760	1	27.470	0.001 2
C^2	1.640	1	1.990	0.201 7
残差	5.800	7	0.830	
失拟项	5.600	3	37.330	0.811 5
纯误差	0.020	4	0.050	
总变异	40.730	16		

注:$P < 0.01$ 为极显著;$P < 0.05$ 为显著

⑤ 脱净率响应曲面分析

图 8-18 ~ 图 8-20 是滚筒转速 A、滚筒凹板筛间隙 B、喂料速率 C 对脱净率的影响,根据等高线图分析 3 者对脱净率的影响。可看出滚筒转速和滚筒凹板筛间隙、喂料速率和滚筒凹板筛间隙的交互作用对脱净率的影响显著,其他交互作用的影响不显著。由图 8-18 可知,当滚筒凹板筛间隙一定时,提高滚筒转速脱净率先降低

后增加;由图 8-19 可知,当滚筒转速一定时,脱净率随喂料速率的减小逐渐减小。由图 8-20 可知,当滚筒凹板筛间隙一定时,脱净率随喂料速率的减小逐渐降低。

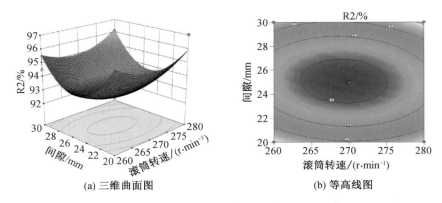

图 8-18 滚筒转速、滚筒凹板筛间隙对脱净率交互影响的三维曲面图和等高线图

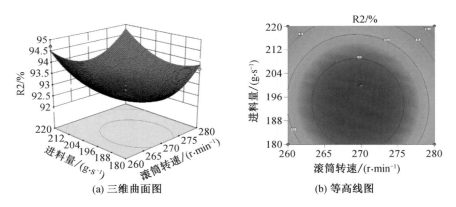

图 8-19 滚筒转速、喂料速率对脱净率交互影响的三维曲面图和等高线图

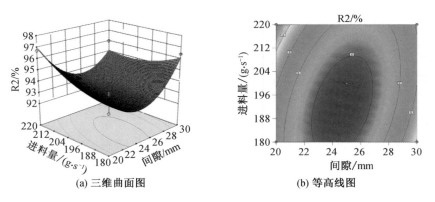

图 8-20 滚筒凹板筛间隙、喂料速率对脱净率交互影响的三维曲面图和等高线图

（3）参数优化

从脱壳机的实际工作质量考虑，需同时考虑响应值 R_1 及 R_2，使破损率 R_1 的响应值达到最小，脱净率 R_2 的响应值达到最大。为此本节对 2 个目标函数进行多目标优化，以探明满足这 2 个目标函数的最佳参数组合：

$$\begin{cases} R_1 \rightarrow R_{1min} \\ R_2 \rightarrow R_{2max} \end{cases}$$

同时设定约束条件为 $Y_j \geqslant 0$；$-1 \leqslant X_i \leqslant 1$，其中，$i = 1, 2, 3; j = 1, 2$。由于破损率和脱净率同等重要，在优化过程中重要程度均设置为 5。采用 Design expert 进行优化分析，可得出当脱壳滚筒转速在 274.8 r/min，滚筒凹板筛间隙在 24.7 mm，喂料速率在 204.6 g/s 时可得破损率及脱净率最佳值分别为 3.2% 及 94.6%。

（4）验证试验

为验证优化结果的可信度，将脱壳设备参数调整为脱壳滚筒转速 275 r/min、滚筒凹板筛间隙 25 mm、喂料速率 205 g/s，开展花生脱壳破损率及脱净率试验验证，试验次数 3 次，结果见表 8-11。

表 8-11　验证试验结果

考核指标	试验次数			平均值	相对误差
	1	2	3		
破损率/%	3.51	3.36	3.40	3.44	6.9
脱净率/%	96.40	95.60	96.00	96.00	1.5

破损率相对误差为 6.9%，脱净率相对误差为 1.5%，与优化结果理论值相差较小，进一步验证了试验结果的可信度及试验方案的可行性。

参考文献

［ 1 ］　胡志超. 半喂入花生联合收获机关键技术研究［M］. 北京:中国农业出版社,2013.

［ 2 ］　周德欢. 花生联合收获全喂入摘果特性研究及机构优化［D］. 北京:中国农业科学院,2017.

［ 3 ］　吕小莲,胡志超,于昭洋,等. 花生籽粒几何尺寸及物理特性的研究［J］. 扬州大学学报(农业与生命科学版),2013,34(3):61－64.

［ 4 ］　吕小莲,胡志超,于向涛,等. 花生种子挤压破碎机理的试验研究［J］. 华南农业大学学报,2013,34(2):262－266.

［ 5 ］　周祖锷. 农业物料学［M］. 北京:农业出版社,1994.

［ 6 ］　姚礼军. 花生全喂入收获捡拾台试验研究及机构优化［D］. 合肥:安徽农业大学,2017.

［ 7 ］　梁明,栾玉娜. 收获后花生植株力学特性研究［J］. 农业科技与装备,2013(2):49－51.

［ 8 ］　高连兴,李献奇,关萌,等. 双吸风口振动式花生荚果清选装置设计与试验［J］. 农业机械学报,2015,46(3):110－117.

［ 9 ］　高学梅,胡志超,谢焕雄,等. 打击揉搓式花生脱壳机脱壳性能影响因素探析［J］. 花生学报,2011,40(3):30－34.

［10］　高学梅,胡志超,王海鸥,等. 花生脱壳加工物理机械特性试验［J］. 中国农机化,2012(6):55－61.

［11］　陈有庆,王海鸥,彭宝良,等. 我国花生主产区种植模式概况［J］. 中国农机化,2011(6):66－69.

［12］　顾峰玮,胡志超,彭宝良,等. 国内花生种植概况与生产机械化发展对策［J］. 中国农机化,2010(3):8－10,7.

［13］　顾峰玮,胡志超,田立佳,等. 我国花生机械化播种概况与发展思路［J］. 江苏农业科学,2010(3):462－464.

［14］　何志文,王建楠,胡志超. 我国旋耕播种机的发展现状与趋势［J］. 江苏农业科学,2010(1):361－363.

［15］　顾峰玮,胡志超,王海鸥,等. 鸭嘴滚轮式花生播种器设计与运动轨迹分析［J］.

中国农机化,2010(4):60 – 63,67.

[16] 刘敏基,胡志超,陈有庆,等.2 种花生播种机的结构介绍与作业性能试验对比分析[J].江苏农业科学,2012,40(3):367 – 369.

[17] Lü Xiaolian,Hu Zhichao,Lü XiaoRong,et al. Development of the air-suction peanut precision mulching film and punching planter[J]. Journal of Convergence Information Technology,2013,18(11):268 – 275.

[18] Shinners K J,Stelzle M,Koegel R G. Improving the throwing effectiveness of an upward-cutting forage harvester[J]. Transactions of the ASAE,1994,37(4):1059 – 1067.

[19] Chattopadhyay P S,Pandey K P. Effect of knife and operational parameters on energy requirement in flail forage harvesting[J]. Journal of Agricultural Engineering Research,1999,73(1):3 – 12.

[20] Chattopadhyay P S,Pandey K P. Influence of knife configuration and tip speed on conveyance in flail forage harvesting[J]. Journal of Agricultural Engineering Research,2001,78(3):245 – 252.

[21] Lai Y L,Tai Y Q,Deng R,et al. Pneumatic transport of granular materials through a 90°bend[J]. Industrial & Engineering Chemistry Chemical & Engineering Data,2004,59(21):4637 – 4651.

[22] Tao Yugui,Wang Yaoming,Yan Shilei,et al. Optimization of omethoate degradation conditions and a kinetics model[J]. International Biodeterioration and Biodegradation,2008,62(3):239 – 243.

[23] 吕小莲,胡志超,刘敏基,等.2BQHM – 2 型花生覆膜穴播机的设计与试验[J].华南农业大学学报,2015,36(1):96 – 100.

[24] 吕小莲,胡志超,张会娟,等.气吸式花生膜上精量穴播轮田间作业性能测试[J].西北农林科技大学学报(自然科学版),2014,42(6):1 – 7.

[25] 吕小莲,王海鸥,刘敏基,等.国内花生铺膜播种机具的发展现状分析[J].安徽农业科学,2012(3):1747 – 1749,1752.

[26] 吕小莲,刘敏基,王海鸥,等.花生膜上播种技术及其设备研发进展[J].中国农机化,2012(1):89 – 92,88.

[27] 顾峰玮,胡志超,陈有庆,等."洁区播种"思路下麦茬全秸秆覆盖地花生免耕播种机研制[J].农业工程学报,2016,32(20):15 – 23.

[28] 林德志,吴努,陆永光,等.适用于免耕播种的叶片式抛送装置的数值模拟[J].农机化研究,2016(7):90 – 94.

[29] 林德志,吴努,陆永光,等.免耕播种机的抛送装置数值模拟与试验研究[J].

江苏农业科学,2016,44(8):410-414.

[30] 王伯凯,吴努,胡志超,等.国内外花生收获机械发展历程与发展思路[J].中国农机化,2011(4):6-9.

[31] 胡志超,王海鸥,胡良龙,等.我国花生生产机械化技术[J].农机化研究,2010(4):240-243.

[32] http://www.amadas.com/

[33] http://www.kelleymfg.com/

[34] http://www.pearmancorp.com/

[35] KIM N K, HUNG Y C. Mechanical properties and chemical composition of peanuts as affected by harvest date and maturity[J]. Journal of Food Science,2006,56(5):1378-1381.

[36] Azmoodeh-Mishamandani A, Abdollahpoor S, Navid H, et al. Comparing of peanut harvesting loss in mechanical and manual methods[J]. International Journal of Advanced Biological & Biomedical Research,2014,2(5):1475-1483.

[37] Zerbato C, Silva V F A, Torres L S, et al. Peanut mechanized digging regarding to plant population and soil water level[J]. Revista Brasileira de Engenharia Agrícola e Ambiental,2014,18(4):459-465.

[38] Roberson G T, Jordan D L. RTK GPS and automatic steering for peanut digging[J]. Applied Engineering in Agriculture,2014,30(3):405-409.

[39] 胡志超,陈有庆,王海鸥,等.我国花生田间机械化生产技术路线[J].中国农机化,2011(4):32-37.

[40] 陈有庆,胡志超,王海鸥,等.我国花生机械化收获制约因素与发展对策[J].中国农机化,2012(4):14-17,11.

[41] 吕小莲,王海鸥,张会娟,等.国内花生机械化收获的现状与研究[J].农机化研究,2012(6):245-248.

[42] 胡志超,王海鸥,彭宝良,等.国内外花生收获机械化现状与发展[J].中国农机化,2006(5):40-43.

[43] 胡志超,陈有庆,王海鸥,等.振动筛式花生收获机的设计与试验[J].农业工程学报,2008,24(10):114-117.

[44] 严伟,胡志超,吴努,等.铲筛式残膜回收机输膜机构参数优化与试验[J].农业工程学报,2017,33(1):17-24.

[45] 于昭洋,胡志超,杨柯,等.大蒜联合收获切根试验台设计与试验[J].农业工程学报,2016,32(22):77-85.

[46] 胡志超,彭宝良,谢焕雄,等.升运链式花生收获机的设计与试验[J].农业

机械学报,2008,39(11):220 - 222.

[47] 高学梅,胡志超,刘振德,等. 新式花生收获机:中国,ZL201320564934.9[P].
2014 - 2 - 12.

[48] 高学梅,仇春婷,顾峰玮,等. 一种皮带夹持输送清土装置:中国,
201621452006.3[P].2016 - 12 - 28.

[49] 王伯凯. 半喂入花生摘果机设计及研究[D].南通:南通大学,2012 年.

[50] 于向涛,胡志超,顾峰玮,等. 花生摘果机械的概况与发展[J]. 中国农机化,
2011(3):10 - 13.

[51] 王伯凯,胡志超,吴努,等.4HZB - 2A 花生摘果机的设计与试验[J].中国农
机化,2012(1):111 - 114.

[52] 陈有庆,王海鸥,胡志超,等.半喂入花生联合收获损失致因与控制对策研
析[J].中国农机化,2011(1):72 - 77.

[53] 胡志超,彭宝良,尹文庆,等.4LH2 型半喂入自走式花生联合收获机的研制[J].
农业工程学报,2008,24(3):148 - 153.

[54] 胡志超,王海鸥,王建楠,等.4HLB - 2 型半喂入花生联合收获机试验[J].
农业机械学报,2010,41(4):79 - 84.

[55] Ghate S R,Evans M D,Kvien C K,et al. Maturity detection in peanuts (*Arachis Hypogaea* L.) using machine vision[J]. Transactions of the ASAE,1993,6 (6):1941 - 1947.

[56] Ishihara A,Busono S,Iwasaki M. Studies on the Mechanical harvesting of Peanuts:3. harvesting test of digger screw type peanut harvester[J]. Journal of the Faculty of Agriculture Tottori University,1990,26:43 - 55.

[57] Padmanathan P K,Kathirvel K,Duraisamy V M,et al. Influence of crop,machine and operational parameters on picking and conveying effciency of an experimental groundnut combine[J]. Journal of Applied Sciences Research,2007(8): 700 - 705.

[58] Kiniry J R. Peanut leaf area index,light interception,radiation use efficiency,and harvest index at three sites in Texas[J]. Field Crops Research,2005,91(2 - 3): 297 - 306.

[59] Dey G. Influence of Harvest and post-harvest conditions on the physiology and germination of peanut kernels[J]. Peanut Science,1999,26(2):64 - 68.

[60] 胡志超,王海鸥,彭宝良,等.4HLB - 2 型花生联合收获机起秧装置性能分
析与试验[J].农业工程学报,2012,28(6):26 - 31.

[61] 游兆延,吴努,胡志超,等. 土下果实收获挖掘自动限深系统设计[J]. 中国

农机化学报,2013,34(3):184-187,191.

[62] 游兆延,吴惠昌,胡志超,等.4HLB-2型花生收获机挖掘深度的模糊控制[J].西北农林科技大学学报(自然科学版),2015,43(11):221-227.

[63] 游兆延,胡志超,吴惠昌,等.土下果实收获机械自动限深装置研制与试验[J].江苏农业科学,2015,43(3):354-357.

[64] 胡志超,王海鸥,彭宝良,等.4HLB-2型花生联合收获机清土机构运动分析与试验[J].农业机械学报,2011,42(S1):142-146.

[65] 胡志超,王海鸥,彭宝良,等.半喂入花生摘果装置优化设计与试验[J].农业机械学报,2012,43(S1):131-136.

[66] 吕小莲,王海鸥,张会娟,等.花生摘果技术及其设备的现状与分析[J].湖北农业科学,2012(18):4116-4117,4125.

[67] 陆永光.基于花生荚果压送式气力输送技术研究及其参数优化[D].南通:南通大学,2016.

[68] Mohammadreza Ebrahimi,Martin Crapper,Jin Y Ooi. Experimental and simulation studies of dilute horizontal pneumatic conveying[J]. Particulate Science and Technology,2014,32(2):206-213.

[69] Kharaz A H,Gorham D A,Salman A D. An experimental study of the elastic rebound of spheres[J]. Powder Technol,2001,120(3):281-291.

[70] Sommerfeld M. Analysis of collision effects for turbulent gas-particle flow in a horizontal channel:Part I. Particle transport[J]. International Journal of Multiphase Flow,2003,29(4):675-699.

[71] Li T,Grace J,Bi X. Study of wall boundary condition in numerical simulations of bubbling fluidized beds[J]. Powder Technology,2010,203(3):447-457.

[72] Mangwandi C,Cheong Y S,Adams M J,et al. The coefficient of restitution of different representative types of granules[J]. Chemical Engineering Science,2007,6(1):437-450.

[73] 谢焕雄,彭宝良,张会娟,等.我国花生脱壳技术与设备概况及发展[J].江苏农业科学,2010(6):581-582.

[74] 谢焕雄,彭宝良,张会娟,等.我国花生加工利用概况与发展思考[J].中国农机化,2010(5):46-49.

[75] 王建楠,谢焕雄,刘敏基,等.打击揉搓式花生脱壳设备作业质量制约因素与提升对策[J].中国农机化,2012(1):57-59,64.

[76] 高学梅.打击揉搓式花生脱壳试验研究与关键部件优化设计[D].北京:中国农业科学院,2012.

［77］ 高学梅,胡志超,王海鸥,等. 打击揉搓式花生脱壳试验研究［J］. 中国农机化,2012(4):89 – 93,27.

［78］ Guzel E,AKcali D,Mutlu H,et al. Research on the fatigue behavior for peanut shelling［J］. Journal of Food Engineering,2005,67(3):373 – 378.

［79］ Butts C L,Sorensen R B,Nuti R C,et al. Performance of equipment for in-field shelling of peanut for biodiesel production［J］. Transactions of the Asabe,52(5):1461 – 1469.

［80］ Hiroyuki DAIMON. Overview of groundnut production in Japan—recent developments in varietal improvement and its future［J］. Journal of Peanut Science,2004,33(2):7 – 10.

［81］ Norden A J. Effect of curing method on peanut seed quality［J］. Peanut Science,1975,2(1):33 – 37.

［82］ James I. Davidson Jr. Some effects of commercial-type peanut sheller design and operation on seed germination［J］. Peanut Science,1974,1(2):78 – 81.

［83］ 颜建春. 花生箱式热风干燥特性试验及装备改进研究［D］. 南通:南通大学,2013.

［84］ 颜建春,谢焕雄,胡志超,等. 固定床上下换向通风小麦干燥模拟与工艺优化［J］. 农业工程学报,2015,31(22):292 – 300.

［85］ 颜建春,吴努,胡志超,等. 花生干燥技术概况与发展［J］. 中国农机化,2012(2):10 – 13,20.

［86］ El – Sebaii A A,Shalaby S M. Solar drying of agricultural products：A review［J］. Renewable and Sustainable Energy Reviews,2012,16(1):37 – 43.

［87］ Belessiotis V, Delyannis E. Solar drying［J］. Solar Energy,2011,85(8):1665 – 1691.

［88］ Sarsavadia P N. Development of a solar – assisted dryer and evaluation of energy requirement for the drying of onion［J］. Renewable Energy,2007,32(15):2529 – 2547.

［89］ Sharma A, Chen C R, Lan N V. Solar – energy drying systems：A review［J］. Renewable and Sustainable Energy Reviews,2009,13(6 – 7):1185 – 1210.

［90］ Li J G,Othman M Y,Mat S,et al. Review of heat pump systems for drying application［J］. Renewable and Sustainable Energy Reviews,2011,15(9):4788 – 4796.

［91］ Artnaseaw A,Theerakulpisut S,Benjapiyaporn C. Development of a vacuum heat pump dryer for drying chilli［J］. Biosystems Engineering,2010,105(1):130 – 138.

［92］ Catton W,Carrington G,Sun Z. Exergy analysis of an isothermal heat pump dryer［J］.

Energy,2011,36(8):4616-4624.

[93] Gungora A,Erbayb Z,Hepbasli A. Exergoeconomic analyses of a gas engine driv-
en heat pump drier and food drying process[J]. Applied Energy,2011,88(8):
2677-2684.